Carl A. M. Balling

Compendium der metallurgischen Chemie

Propädeutik für das Studium der Hüttenkunde

bremen
university
press

Carl A. M. Balling

Compendium der metallurgischen Chemie

Propädeutik für das Studium der Hüttenkunde

ISBN/EAN: 9783955621742

Auflage: 1

Erscheinungsjahr: 2013

Erscheinungsort: Bremen, Deutschland

bremen
university
press

COMPENDIUM

DER

METALLURGISCHEN CHEMIE.

PROPÄDEUTIK

FÜR DAS

STUDIUM DER HÜTTENKUNDE.

VON

CARL A. M. BALLING,

ORDENTLICHEM PROFESSOR DER PROBIR- UND HÜTTENKUNDE AN DER
K. K. BERGAKADEMIE ZU PŘIBRAM.

BONN,

VERLAG VON EMIL STRAUSS.

1882.

Vorwort

Das vorliegende Compendium behandelt blos die chemischen Principien, auf welchen im Allgemeinen jene Verfahrungsarten beruhen, die bei der Gewinnung der Metalle im Grossen zur Anwendung gelangen; diesem rein chemischen Theil musste folgerichtig die Brennmaterialienlehre und das Capitel über feuerfeste Materialien angeschlossen werden, deren Bestandtheile, Zersetzungs- und Umsetzungsproducte zunächst und ganz unmittelbar bei der Darstellung der Metalle mitwirken, und auf die mehr weniger günstigen Erfolge der angewandten Hüttenprocesse oft sehr wesentlichen Einfluss nehmen.

Die chemischen Grundsätze der Metalldarstellungsmethoden sind die ausgedehnteste und wichtigste Partie der „allgemeinen Hüttenkunde", welcher gewöhnlich auch die Lehre von den Hüttenmaschinen als zugehörig angesehen wird; allein diese ist schon lange ein selbstständiger Zweig des Hüttenwesens geworden, und wenn ich nun die „metallurgische Chemie" ebenfalls als ein selbstständiges Ganzes betrachte, so werde ich hiebei von der Absicht geleitet, diese Doctrin auch in literarischer Hinsicht den anderen gleich zu stellen, was derselben als Grundlage der gesammten Hüttentechnik um so mehr zuzuerkennen ist, da sie als blos integrirender Bestandtheil der allgemeinen Hüttenkunde schon aus dem Grunde nicht leicht zu voller Geltung gebracht werden kann, weil letzterer auch die Beschreibung der Apparate und Hilfsapparate (alle Oefen, Meiler, Generatoren, Verkokungsöfen, Gasfänge, Gasreiniger, Winderhitzungsapparate, Flugstaubcondensationen u. s. f.) angehört, welche wohl besser dort gründlich erörtert werden, wo die unmittelbare Anwendung derselben gelehrt wird.

Ihren Ursprung findet diese Schrift in der Art, wie mir selbst die „Hüttenkunde" zum Vortrag zu bringen zugefallen ist, indem auf Grund der vorher über metallurgische Chemie abgehaltenen Vorträge als Propädeutik die Collegien über Hüttenkunde (Eisenhüttenkunde, Hüttenkunde der übrigen Metalle) zu folgen haben.

Das Buch ist in erster Linie für Studierende bestimmt, und soll diese für das Studium der Hüttenkunde vorbereiten. Bei Verfassung desselben ist jedoch auf die neueste Literatur Rücksicht genommen und hiebei wohl nichts Wichtiges übersehen worden, so dass es auch von Fortgeschritteneren und Jenen wird benützt werden können, welchen nicht die sämmtliche und neuere Literatur zu Gebote steht; ausserdem wurde auch die practische Anwendung der behandelten Theorien, soweit dies angezeigt erschien und in den engen Rahmen eines „Compendiums" einzufügen zulässig war, nicht ausser Acht gelassen, wo nöthig durch Beispiele erläutert, und somit kann ich erwarten, dass das Buch auch dem practischen Hüttenmann in vielen Fällen wird dienen können.

Pribram, im Mai 1882.

Der Verfasser.

Inhaltsverzeichniss.

VI

VII

VIII

Einleitung.

Die Metallurgie behandelt nicht allein die chemischen, sondern auch die mechanischen Processe, durch welche nutzbare Metalle oder ihre Verbindungen aus den natürlichen Vorkommnissen derselben, den Erzen, im Grossen gewonnen werden.

Derjenige Theil der Metallurgie, welcher sich nur mit den chemischen Grundsätzen befasst, auf welchen im Allgemeinen die Gewinnung der Metalle sich gründet, heisst die metallurgische Chemie.

Die metallurgische Chemie in ihrer Anwendung auf die einzelnen Operationen bei der Darstellung der Metalle nach den verschiedenen Verfahrungsarten nennt man Hüttenkunde, und es ist demnach die metallurgische Chemie der allgemein theoretische und vorbereitende, die Hüttenkunde der spezielle und angewandte Theil der Metallurgie.

Obzwar die metallurgische Chemie allein den Hauptbestandtheil der allgemeinen Hüttenkunde bildet, schliessen sich an dieselbe doch einige Capitel an, welche die chemischen Principien der Metallgewinnung selbst zwar nicht betreffen, aber mit denselben in sehr nahem Zusammenhange stehen; jene Capitel behandeln nämlich solche Materialien, welche bei der Darstellung der Metalle als unumgänglich nöthig einen sehr wichtigen Factor bei ihrer Erzeugung bilden und nicht ganz ohne Einfluss auf die Beschaffenheit der gewonnenen Educte und Producte bleiben, ausserdem auch bei der Gewinnung eines jeden Metalls Verwendung finden.

Diese Capitel sind die Brennstofflehre und die Lehre von den feuerfesten Materialien.

Diejenigen baulichen Anlagen, in welchen die zur Metallgewinnung benützten Apparate aufgestellt sind, nennt man Hüttengebäude, und einen ganzen zusammengehörigen Complex derselben ein Hüttenwerk.

Um mit Erfolg sich dem Studium des Hüttenwesens widmen zu können, sind Vorstudien nothwendig, um theils die bei den Hüttenprocessen stattfindenden Vorgänge erkennen und einsehen, theils aber auch im Vorhinein bestimmen zu können, ob bei einer eventuellen Verhüttung die Anlage- und Betriebskosten von den Gewinnungskosten nicht nur nicht gedeckt werden, sondern auch einen rationellen Gewinn abwerfen, ohne welchen die nöthigen Capitalien nicht verwendet werden würden; es ist aber auch nothwendig, dass derjenige, welcher sich mit der Metallgewinnung beschäftigt, der Hüttenmann, im Stande sei, die metallhaltenden Gesteine richtig zu erkennen, um nicht auf blosse Vermuthungen oder Täuschungen hin Geld und Arbeit für vergebliche Zwecke zu opfern. Es sind somit die unorganische Chemie in ihrem ganzen Umfange, dann die Probirkunde und die Mineralogie diejenigen Wissenschaften, die man sich zuerst eigen gemacht haben muss, bevor man überhaupt an das Studium der Hüttenkunde gehen kann; ausser diesen aber sind Mathematik, Mechanik und Physik, dann Geognosie und Bergbaukunde mit der Lehre über Aufbereitung der Erze, dann die Baukunst Wissenschaften, welche beständig in die Hüttentechnik eingreifen und das Hüttenwesen eben so unterstützen, wie umgekehrt jene durch die Erfolge und Fortschritte des Hüttenwesens unterstützt werden, und es ist demnach wünschenswerth, dass der Hüttenmann auch aus diesen Doctrinen sich die nöthigen Kenntnisse sammle, um auch hier selbstständig sein und selbstständig handeln zu können. Die speziell das Hüttenwesen betreffenden Wissenschaften aber muss er völlig inne haben, da er darin die leitende und massgebende Persönlichkeit ist, während er in Maschinen- und Bauangelegenheiten leichter von jenen unterstützt werden kann, welche diese technischen Zweige zu ihrem Berufe gewählt haben.

Geschichte der Metalle. Die Geschichte der Metalle ist so alt, als die Geschichte der Menschheit; das Kupfer und Eisen werden schon in dem Buche genannt, welches uns die ersten Nachrichten über unsere Erde bringt, und es wird in dem ersten Buch Mosis, unseres ältesten Geschichtschreibers, auch der Entdecker und Bearbeiter des Metalls namhaft gemacht (Tubal Kain). Ausser dieser genannten Quelle aber wird nirgends, selbst nicht bei den Indern, von welchen wir aus den frühesten Zeiten des historischen Alterthums schriftliche Denkmale besitzen, der Metalle anders erwähnt, als indem man die metallenen Waffen, Schmuck und andere Geräthe als bekannt voraussetzt, als ob dieselben immer da gewesen wären.

Allem zufolge waren die Aegypter das älteste Culturvolk der Erde, ihre noch jetzt bewundernswerthen Baudenkmale hätten sie ohne Kenntniss der Metalle und ohne den Gebrauch derselben nicht herstellen können, aber bis heute wurde nirgend auch nur die geringste Andeutung oder Aufzeichnung über diese ihre Wissenschaft gefunden, trotzdem aus der natürlichen Configuration und geologischen Beschaffenheit Aegyptens ersichtlich ist, dass alle zu Werkzeugen dienenden Metalle nur durch Handel herbeigeschafft werden mussten.

Von den Phöniziern, dem ältesten historisch bekannten Handelsvolk ist sowohl durch die biblischen Bücher, als auch durch die griechischen Schriftsteller des Alterthums bekannt geworden, dass sie zur Zeit ihres blühenden Handels die Cultur von Osten nach Westen verbreitend, die Metalle schon kannten und auch mit denselben handelten; wir kennen mancherlei Fundgruben der Metalle aus jener alten Zeit, aber über ihre Entdeckung und Erkenntniss erfahren wir nichts.

Das Wort „Metall" ist griechischen Ursprungs, von wo es in die übrigen Sprachen übergegangen ist, — μεταλλον. Die Griechen nannten übrigens auch die Bezirke, in welchen die Metalle gefunden wurden, μεταλλα, und auch die Römer gebrauchten das Wort in beiderlei Sinne.

μετ αλλα heisst „mit Anderen", und Plinius erklärt dies gelegentlich der Beschreibung eines Silberbergwerks — „da wo sich eine Ader findet, da ist auch eine andere".

μεταλλειν oder μεταλλᾶν heisst aber auch nachgraben, in der Erde forschen, wesshalb es auch möglich ist, dass das Wort Metall hier seinen Ursprung findet. (Zippe.)

Die Bekanntschaft mit den bereits im Alterthume bekannten Metallen Eisen, Kupfer, Gold, Silber, Zinn und Blei fällt in die vorgeschichtliche Zeit, blos für das Quecksilber lässt sich eine Periode in der historischen Zeit feststellen, in welcher es bekannt geworden sein mag, es ist das im Alterthume zuletzt bekannt gewordene Metall; Gold, Silber, Kupfer und Eisen finden sich in metallischem Zustande auf der Erdoberfläche und waren entschieden die ersten gekannt, Blei und Zinn mussten entdeckt und konnten erst dann entdeckt werden, nachdem bereits viele Erfahrungen an den bekannt gewesenen Metallen gemacht und ihr Verhalten zum Feuer, also ihre Gewinnung ermittelt worden ist.

Von den übrigen durch metallurgische Processe im Grossen dargestellten Metallen sind sowohl die Zeit ihrer Entdeckung als auch der Entdecker bekannt.

Das Arsen war in seinen Verbindungen mit Sauerstoff und Schwefel zwar schon im Alterthum bekannt, das Metall wurde jedoch erst im 13. Jahrhundert von Albertus Magnus (Albert von Bollstedt) entdeckt.

Das Antimon war ebenfalls schon im Alterthum in seiner Verbindung mit Schwefel (Antimonit, Grauspiessglanzerz) bekannt, aber erst Basilius Valentinus (in der zweiten Hälfte des 15. Jahrhunderts) erkannte darin das Metall und seine Eigenthümlichkeiten.

Das Zink wird zwar schon von Basilius Valentinus genannt, jedoch ohne Bezeichnung als Metall; der Entdecker desselben ist Theophrastus Paracelsus (im 16. Jahrhundert).

Das Kobalt wird ebenfalls schon von Basilius Valentinus, von Theophrastus Paracelsus und auch von Agricola genannt, aber erst 1733 wurde von Brand das Metall aufgefunden und dessen Existenz 1780 von Bergmann bestätigt.

Das Nickel entdeckte 1734 Cronstedt, und diese Entdeckung wurde ebenfalls 1754 von Bergmann bestätigt.

Das Wismuth kannte schon Agricola und nannte es Aschenblei, jedoch wurde es erst 1739 durch Pott und Bergmann genauer untersucht.

Das Mangan wurde 1774 von Scheele entdeckt und von Bergmann und Gahn näher untersucht.

Das Wolfram war als Begleiter des Zinns ebenfalls schon von Agricola gekannt, jedoch erst zu Ende des vorigen Jahrhunderts wurde das Metall daraus abgeschieden.

Das Uran wurde 1789 von Klapproth, in demselben Jahre das Titan von Gregor,

das Chrom 1797 von Vauquelin, und

das Cadmium erst 1818 durch Stromeyer und Herrmann entdeckt.

Das Platin ist zwar schon seit Mitte des vorigen Jahrhunderts bekannt, seine technische Verwendung aber erst durch Wollaston ermöglicht worden. Die übrigen hier nicht genannten Metalle werden nicht im Grossen durch hüttentechnische Operationen gewonnen.

_____

Allenthalben blieb die Kunst, Metalle aus ihren Erzen zu erzeugen, auf einer niedrigen Stufe stehen und man findet, dass sie erst im Laufe des letzten Jahrhunderts und in den neuesten Zeiten bedeutende Fortschritte gemacht hat in dem Masse, als Chemie und Mechanik sie machten, ihren Einfluss auf die Industrie auszuüben anfingen und der Verbrauch an Metall dadurch ungemein gesteigert wurde.

Die Einführung vervollkommneter Maschinen — Gebläse, Metallbearbeitungsvorrichtungen, wie Walzwerke, Hämmer, Scheeren, Sägen etc., um eventuell auch grosse Massen Metall bearbeiten zu können, die vielfältige Verwendung der Metalle zu industriellen Zwecken, die Einführung und Benützung der Dampfkraft, wo es an Wasser fehlt, haben auf den Fortschritt des mechanischen Momentes, — die Einführung der erhitzten Gebläseluft, die Verbesserungen im Vorbereiten der Erze, die Anwendung mineralischen Brennstoffs, die vielen wiederholten Versuche und das eingehende Studieren der dabei sich zeigenden Erscheinungen, die chemische Untersuchung der dabei erhaltenen Producte, die genauen Probirmethoden und die damit parallel laufenden Bestrebungen zur Vervollkommnung der Hüttenprocesse haben auf den Fortschritt des chemischen Momentes in der Metalldarstellung hingewirkt, und diese verbunden mit der Vergrösserung der Hüttenanlagen haben die Erzeugung an Metallen zu einer unvorhergesehenen Ausdehnung, Höhe und Wichtigkeit gebracht, wie sich aus einer Betrachtung der statistischen Verhältnisse ersehen lässt.

Im Allgemeinen kann man sagen, dass die Vermehrung der Metalldarstellung und der intelligentere Betrieb bei derselben in dem Masse zugenommen haben, als der Bedarf an Metall — den Anforderungen der fortschreitenden Industrie zu genügen, gestiegen ist, und auf derselben Grundlage immer mehr steigen wird.

So weit es möglich war, aus den Literaturblättern und vereinzelten Publicationen zu schöpfen, sind in der folgenden Tabelle die Productionen an Metallen mitgetheilt. Solche Nachrichten fliessen spärlich und sehr ungleich, und ist das Productionsjahr, auf welches sich die angeführten Ziffern beziehen, in der zweiten Colonne namhaft gemacht.

Ueber-

über die bis jetzt bekannt gewordene Metallproduction der euro-

Name des Landes oder Continents.	Jahr der Erzeugung.	Es wurde erzeugt in metrischen Centnern: an					
		Gold.	Silber¹).	Queck-silber.	Kupfer.	Blei.	Zink.
1. Oesterreich ohne Ungarn .	1880	0.41336	302.573	8691	5001	56490 Pb 35906 PbO	37557
2. Ungarische Länder	1879	15.935	186.61	1800 (1875)	10356	19674	127
3. Deutschland .	1879	4.598	175.35	0.20	96067	725370	967605
4. Frankreich ..	1876	—	—	—	—	213890	—
5. England ...	1878	—	277.05 (1875)	—	89520	614030	63090 (1875)
6. Italien.....	1877	4.5 ?	70.0	551.76	2402	364680?	8884
7. Spanien	1873	8.5 ?	360.819	9287	89460	1,500000? (1879)	
8. Russland ...	1876	331.630	127.32	—	38730	11680	. 46220
9. Schweden und Norwegen...	1879	—	15.94	—	9566	520 Pb 2817 PbO	—
10. Belgien	1876	—	—	—	—	73750	650100
11. Niederlande..	1876	—	—	—	—	—	—
12. Schweiz	jährlich geschätzt	—	—	—	—	—	—
13. Griechenland .	1876	—	—	—	—	8000	—
14. Türkei.....	1876	—	—	—	—	—	—
15. China	?	—¹)	—¹)	—	—	—	—
16. Japan	1075	0.700¹)	97.40¹)	—	50480	18800	—
17. Vereinsstaaten von Nordamerika......	1875	595.060	5648	20542	178570	813040 (1878)	148170
18. Mexico	jährlich	20.200	6000	--	—	—	—
19. Südamerika³).	ge-	79.800	374	—	—	—	—
20. Afrika	schätzt	14—15⁴)	—	—	—	—	—
21. Australien...	1875	298.78	—	—	—	—	—

Anmerkung: Die unter den Productionsziffern eingeklammerten Ziffern zeigen ein anderes Jahr an, als das in der zweiten Colonne für die übrigen Metalle angegebene.
1) Die Einfuhr nach Ostasien beträgt jährlich 2000 Millionen Mark in Gold und Silber.

sicht
päischen Staaten und einiger fremden Länder und Continente.

| Eisen. | Es wurde erzeugt in metrischen Centnern: an | | | | | | | | | |
	Kobalt²).	Nikkel³).	Antimon.	Arsen⁴).	Wismuth.	Zinn.	Cadmium.	Platin.	Schwefel.	Uranfarben.
3,203020	363.2	40	1249.5	7.06	4.25	291	—	—	4021	28.39
3,000000 (geschätzt)	—	—	529	—	—	—	—	—	120	—
21,000000 (geschätzt)	—	1491	1245	13070	2988	980	31 14	—	14870	—
17,831020 (1880)	—	—	—	—	—	—	—	—	—	—
77,218830	—	—	—	—	—	95000 (1877)	—	—	—	—
260000	—	—	—	—	—	—	—	—	2,603250	—
730000 (1879)	—	—	—	—	—	20	—	—	26219	—
4,415530	—	40.6	—	—	—	21	—	24.59 (1877)	—	—
4,092247	—	164	—	—	—	—	..	—	8344	—
6,186560	—	—	—	—	—	—	—	—	—	—
231658	—	—	—	—	—	—	—	—	—	—
70000	—	—	—	—	—	—	—	—	—	—
—	—	—	—	—	—	—	—	—	—	—
In Asien jährlich 600000 geschätzt	—	—	—	—	—	762	—	—	—	—
30,708750 (1880)	—	—	—	—	—	—	—	—	—	—
—	—	—	—	—	—	—	—	—	—	—
300000	—	—	—	—	—	—	—	—	—	—
150000	—	—	—	—	—	—	—	—	—	—

2) Blaufarbenproducte.   3) Nickelkupfer und Nickelspeise.   4) Arsenikalische Producte und Arsengläser.   5) Peru, Bolivien (Potosi), Neugranada, Brasilien und Chile.
6) Im Tausch gegen Salz.

Eigenschaften der Metalle.

Eintheilung der Metalle. Im Allgemeinen werden die Metalle nach dem ihnen eigenthümlichen specifischen Gewicht eingetheilt in schwere und leichte Metalle. Blos die ersteren sind es, welche durch hüttenmännische Processe im Grossen erzeugt werden, und wir haben uns auch nur mit diesen zu beschäftigen. Die leichten Metalle sind die der Alkalien, der alkalischen Erden und der reinen Erden.

Nach hervorragenden Eigenschaften, welche den schweren Metallen zukommen, dann nach der Seltenheit ihres Vorkommens sowie nach dem Verhalten der Oxyde derselben gegen Wärme theilen wir dieselben ein in edle und unedle Metalle.

Die Oxyde der edlen Metalle sind durch höhere Temperatur allein schon reducirbar; es gehören hierher das Gold, das Silber, das Platin und seine Gefährten und das Quecksilber.

Die unedlen Metalle können aus ihren Oxyden nur durch Anwendung eines Reductionsmittels bei hoher Temperatur dargestellt werden; dieselben sind das Kupfer, Nickel, Kobalt, Eisen, Mangan, Zinn, Chrom, Wolfram, Zink, Cadmium, Blei, Wismuth, Antimon, Arsen.

Dehnbarkeit der Metalle. Je nachdem den einzelnen Metallen die Eigenschaft der Dehnbarkeit, d. h. die Eigenschaft einer bleibenden Formveränderung durch Druck oder Schlag in grösserem oder geringerem Grade zukömmt, ohne dass dadurch der Zusammenhang ihrer Massentheilchen aufgehoben wird, unterscheiden wir dehnbare und nicht dehnbare (spröde) Metalle; zu den ersteren gehört das Gold, Silber, Platin, Kupfer, Nickel, Kobalt, Eisen, Zinn, Zink, Cadmium und Blei; zu den letzteren das Arsen, Antimon, Wismuth, Chrom, Mangan und Wolfram.

Die Dehnbarkeit der Metalle ist aber verschieden, je nachdem sie zu Blättern gewalzt oder zu Draht gezogen, je nachdem sie bei gewöhnlicher oder bei höherer Temperatur ausgedehnt werden; so ist z. B. das Zink nur bei einer 100° C. nicht viel übersteigenden Temperatur dehnbar, Kupfer in der Kälte und bei dunkler Rothgluth sehr gut dehnbar, in höherer Temperatur aber wieder spröde und lässt sich dann pulvern. Eisen dagegen behält seine Dehnbarkeit bis zum Schmelzen bei, Gold und Silber endlich lassen sich in der Kälte zu den feinsten Blättern aushämmern, auch Blei und Zinn, jedoch nicht so fein, wie Gold und Silber. Einige Metalle büssen durch das Aushämmern oder Walzen an Dehnbarkeit ein, ebenso durch die Art der Abkühlung, wenn sie einer Ausdehnung unterworfen worden sind; so ist es z. B. für das Kupfer gleichgültig, ob es rasch oder langsam abkühlt, es behält seine Dehnbarkeit bei, nicht so bei dem Stahl, welcher möglichst langsam abgekühlt und wieder erwärmt werden muss, wenn man ihn weiter ausdehnen will und derselbe seine Dehnbarkeit behalten soll.

Man unterscheidet eine zweifache Dehnbarkeit der Metalle; unter Malleabilität versteht man die Eigenschaft derselben, sich nach zwei Richtungen, nach Länge und Breite — zu Blech — ausstrecken zu lassen. Unter Ductilität, Ziehbarkeit, versteht man die Eigenschaft des Metalls, sich blos in einer Richtung — zu Draht — ausziehen zu lassen.

Die Metalle stehen in folgender Reihenfolge rücksichtlich ihrer

Dehnbarkeit.	Ziehbarkeit.
Gold	Gold
Silber	Silber
Kupfer	Platin
Zinn	Eisen
Platin	Nickel
Blei	Kupfer
Zink	Zink
Eisen	Zinn
Nickel	Blei.

Schmelzbarkeit der Metalle. Diese ist ebenfalls verschieden, und werden die Metalle in dieser Hinsicht eingetheilt in leicht schmelzbare und schwer schmelzbare Metalle; in einer über dem Schmelzpunkt liegenden Temperatur sind die Metalle entweder feuerbeständig oder flüchtig. Flüchtige Metalle sind das Zink, Quecksilber, Cadmium und Arsen; dieselben sind somit destillirbar (und sublimirbar), doch ist die Temperatur, bei welcher die Verflüchtigung stattfindet, verschieden, und in sehr hohen Temperaturen können selbst sonst nicht flüchtige Metalle zum Verflüchtigen gebracht werden (Silber, Mangan). Gegenwart von flüchtigen Metallen disponirt auch die nicht flüchtigen in höherer

Temperatur zur Verflüchtigung. (Antimon und Arsen das Silber bei dem Rösten, Zink das Silber bei der Destillation des Zinks u. s. w.)

Nach Pouillet zeigt sich

beginnende Rothglühhitze bei	525° C.	
dunkle „ „	700° C.	
Kirschrothgluth . . . . . „	900° C.	
Gelbgluth . . . . „	1100° C.	
Weissgluth . . . . . „	1300° C.	
Blendende Weissgluth . . „	1500—1600° C.	

Es schmilzt das Quecksilber bei —39° C.

„	Zinn	„	230° C.
„	Wismuth	„	249° C.
„	Cadmium	„	315° C.
„	Blei	„	334° C.
„	Zink	„	412° C.
„	Antimon	„	450° C.
„	Silber	„	1020° C.
„	Gold	„	1100° C.
„	Kupfer	„	1170° C.
„	Eisen	„	1300—1400° C.
„	Kobalt	„	1400° C.
„	Nickel	„	1600° C.
„	Platin	nur im Knallgasgebläse	
„	Chrom	} schwieriger wie Platin.	
„	Wolfram		

Das Arsen wird bei 180° C. flüchtig ohne zu schmelzen.

Die Grenze, über und unter welcher sich die Metalle rücksichtlich ihrer Schmelzbarkeit scheiden, wird mit 1000° C. angenommen; zu den leichtschmelzbaren Metallen gehört demnach das Blei, Zinn, Zink, Antimon, Wismuth und Cadmium, zu den schwer schmelzbaren die übrigen, von welchen das Kobalt und Nickel nur in den höchsten in unseren Ofenfeuern erreichbaren Temperaturen schmelzen, das Mangan, Chrom und Wolfram aber in reinem Zustande, so wie das Platin und die Metalle des Polyxens darin gar nicht zum Schmelzen gebracht worden sind.

Glanz, Durchsichtigkeit und Farbe der Metalle. Sämmtliche Metalle mit Ausnahme des Quecksilbers sind bei gewöhnlicher Temperatur fest und sie besitzen alle die Eigenschaft das Licht stark zurückzuwerfen, sie glänzen; dieser Glanz ist

bedingt durch einen besondern Aggregatszustand der Massentheilchen und kömmt, obwohl er auch bei andern Körpern gefunden
wird, doch unbedingt allen Metallen zu (Metallglanz). Bei dem
Pulvern der Metalle verschwindet dieser Glanz, wird aber durch
Drücken mit dem Polirstahl wieder hergestellt, weil dadurch eine
zusammenhängende Fläche erzeugt wird.

Die Metalle sind undurchsichtig und lassen kein Licht
durch; eine Ausnahme hiervon macht das Gold in Form dünner
Blättchen, wo dieselben lichtgrün erscheinen, wenn sie gegen das
Licht gehalten werden. Die Lichtstrahlen fallen durch eine grosse
Anzahl feinster Poren und Spalten, wodurch diese Erscheinung
hervorgerufen wird.

Die Metalle besitzen jedes eine eigenthümliche Farbe;
eine weisse Farbe besitzen das Silber, Quecksilber, Cadmium,
Zinn, gelblich weiss ist Nickel, röthlich weiss das Wismuth, bläu-
lich weiss das Antimon, Blei, Zink und Platin, das Gold ist gelb,
das Kupfer roth. Grau sind Eisen, Kobalt, Chrom und Wolfram,
röthlichgrau das Mangan.

Spezifisches Gewicht der Metalle. Dasselbe ist verschieden und reihen sich die Metalle in dieser Hinsicht in folgender Ordnung:

Das Arsen	hat eine Eigenschwere von				5.730
„ Chrom	„	„		„	5.766
„ Antimon	„	„	„	„	6.712
„ Zinn	„	„	„	„	7.291
„ Eisen	„	„	„	„	7.765
„ Zink	„	„	„	„	7.861
„ Mangan	„	„	„	„	8.013
„ Cadmium	„	„	„	„	8.659
„ Kobalt	„	„	„	„	8.710
„ Nickel	„	„	„	„	8.713
„ Kupfer	„	„	„	„	8.878
„ Wismuth	„	„	„	„	9.397
„ Silber	„	„	„	„	10.200
„ Blei	„	„	„	„	11.388
„ Palladium	„	„	„	„	12.100
„ Quecksilber	„	„	„	„	13.588
„ Wolfram	„	„	„	„	17.600
„ Gold	„	„	„	„	19.361

das Iridium hat eine Eigenschwere von 19.500

„ Platin „ „ „ „ 21.500

Durch Hämmern, Walzen und Prägen werden die Metalle dichter, specifisch schwerer.

Krystallisation der Metalle. Viele Metalle kennt man in krystallisirtem Zustande, so kommt z. B. Gold, Silber und Kupfer natürlich krystallisirt vor; leichtschmelzige Metalle können leicht zum Krystallisiren gebracht werden, und wahrscheinlich sind alle Metalle unter gewissen Bedingungen krystallisationsfähig. Man kennt auch krystallisirtes Eisen (im Innern der Spiegelflossen) und zeigen mehrere Eisensorten deutliche krystallinische Textur. Die Krystalle gehören mit wenigen Ausnahmen dem regulären System an.

Electricitäts- und Wärmeleitungsfähigkeit der Metalle. Die Metalle sind gute Leiter der Elektricität und der Wärme, auch in diesen Eigenschaften aber einander nicht gleich; hinsichtlich des Elektricitätsleitungsvermögens stehen dieselben nach Becquerel in folgender Ordnung:

Kupfer, Gold, Silber, Zink, Platin, Eisen, Zinn, Blei,

und hinsichtlich der Wärmeleitungsfähigkeit ordnen sich dieselben nach Depretz in folgender Reihe:

Gold, Platin, Silber, Kupfer, Eisen, Zink, Zinn, Blei, Antimon,
Wismuth.

Die Leitungsfähigkeit der Metalle für die Elektricität ist von ihrer Reinheit und von ihrem Molecularzustand abhängig.

Die Metalle dehnen sich durch die Wärme aus und ist diese Ausdehnung im Allgemeinen der Temperatur proportional.

Die mittlere Wärmecapacität der Metalle, die des Wassers = 1 gesetzt, ist bei:

Wismuth	0.0308
Blei	0.0314
Gold	0.0324
Platin	0.0324
Quecksilber	0.0330
Antimon	0.0508
Zinn	0.0562
Cadmium	0.0567
Silber	0.0570
Kupfer	0.0952
Zink ˙	0.0955

```
Kobalt  . . . . .  0.1070
Nickel  . . . . .  0.1086
Eisen . . . . . .  0.1138
```

Härte und Festigkeit der Metalle. Hinsichtlich der Härte, beziehentlich der Weichheit sind die Metalle ebenfalls verschieden; Blei und Zinn lassen sich mit dem Messer schneiden.

Ebenso verschieden sind sie auch hinsichtlich der Festigkeit, auf welche die Verunreinigungen der Metalle wesentlichen Einfluss nehmen. Ganz besondere Festigkeit zeigt das Eisen; so beträgt z. B. die absolute Festigkeit pro Quadratcentimeter Querschnitt in Kilogrammen:

```
Bei Eisen (Stabeisen)  . . . .   4000
 „  Eisendraht, 1 mm dick  . .   7200
 „  Gussstahl gehärtet . . . .  10000
 „  Kupfer gehämmert . . . .    3000
 „  Kupferdraht . . . . . .     5000
 „  Blei gewalzt . . . . . .     130
```

Absorptionsfähigkeit der Metalle für Gase. Einige Metalle absorbiren im erhitzten Zustande auch Gase; Palladium besitzt diese Eigenschaft in hervorragendem Masse für Wasserstoff (neueren von Müller angestellten Untersuchungen zufolge auch der Flussstahl), das Eisen, Kobalt, Nickel und Platin absorbiren Kohlenoxydgas, Gold und Silber Sauerstoffgas.

Werthigkeit der Metalle. Nach ihrer Werthigkeit, welche noch nicht bei allen Metallen übereinstimmend festgestellt ist, zerfallen die schweren Metalle in:

Einwerthig: . . . . Silber.
Zweiwerthige: . . . . Kupfer, Quecksilber, Blei, Zink, Cadmium.
Dreiwerthig: . . . . Gold.
Zwei- und Vierwerthige: . . . . . . Nickel, Kobalt, Zinn, Platin und die Polyxenmetalle.
Drei- und Fünfwerthige: . . . . . Antimon, Arsen, Wismuth.
Zwei-, Vier- und Sechswerthige: . . Chrom, Eisen.
Zwei-, Vier-, Sechs- und Siebenwerthig: Mangan.
Sechswerthig: . . . . Wolfram.

Die Metalle sind unserer gegenwärtigen Kenntniss nach einfache, unzerlegbare Körper, welche sich sowohl unter einander,

Analysen auf österreichischen Hütten erzeugter Metalle.

Das Metall ist erzeugt zu:	Cu	Ag	Pb	Zn	Fe	Co	Ni	As	Sb	Bi	Au	S	Cd	Sauerstoff	Unlöslich	Untersucht von
Kupfer von Klausen, Tirol....	—	0.077	0.590	—	Spur	—	—	—	0.057	Spur	—	Spur	—	—	—	v. Lill
„ Tergove, Croatien	—	0.011	Spur	—	Spur	—	—	0.069	0.08	—	Spur	—	—	0.48	—	v. Lill
„ Caik St. Domokos } in Siebenbürgen	—	0.018	—	—	Spur	0.062	0.29	0.13	—	—	—	Spur	—	0.522	0.085	Eschka
„ Skofie in Krain	—	0.028	—	—	Spur	0.055	0.055	0.008	—	—	—	Spur	—	0.422	0.055	Eschka
„ Mitterberg in Salzburg	—	Spur	—	0.043	0.010	—	0.010	0.030	—	—	—	—	—	—	—	Eschka
„ Mitterberg in Salzburg	—	—	—	—	Spur	—	0.64	0.507	Spur	—	—	0.006	—	—	—	
„ Reebanya in Ungarn	—	Spur	—	—	0.89	Spur	0.72	Spur	Spur	—	—	—	—	—	—	v. Lill
„ Georgshütte „	—	0.160	0.70	—	0.49	Spur	0.70	0.195	0.37	—	—	—	—	—	—	v. Lill
„ Jochberg „ Tirol.	•	0.030	0.006	—	0.007	0.005	0.090	Spur	0.398	0.080	—	Spur	—	—	—	Eschka
Blei von Dilln bei Schemnitz in Ungarn	0.087	0.00187	—	—	Spur	—	—	—	0.020	0.024	—	—	—	—	—	v. Lill
„ Raibl(Röhrblei), Kärnten	0.0001	0.00008	—	—	0.0070	—	—	—	0.0570	—	—	0.0040	—	—	—	Schneider
„ Zsarnowitz in Ungarn	Spur	—	—	—	Spur	—	—	—	Spur	—	—	—	—	—	—	Eschka
„ „ „	0.069	0.0015	—	—	Spur	—	—	—	0.0018	—	—	—	—	—	—	Eschka
„ Pribram in Böhmen	0.00096	0.00019	—	0.0010	0.00079	—	—	—	0.00277	0.00161	—	—	—	—	—	Priwoznik
„ Nagybanya in Ungarn	0.0011	0.00050	—	—	—	—	—	—	0.17521	—	Spur	Spur	—	—	—	v. Lill
Zink von Johannesthal in Kärnten	—	—	0.586	—	0.018	—	—	—	—	—	—	—	0.069	—	—	?
„ Sagor in Krain	—	—	0.450	—	0.150	—	—	—	—	—	—	—	—	—	—	?
„ Cilli in Steiermark	—	—	0.324	—	0.026	—	—	—	—	—	—	—	—	—	—	v. Lill

Das Metall ist erzeugt zu	Cu	Ag	Pb	Zn	Fe	Co	Ni	As	Sb	Bi	Au	S	Cd	Sauerstoff	Unlöslich	Untersucht von
Rohzinn von Schlaggenwald	2.826	—	—	—	0.624	—	—	Spur	—	—	—	Spur	—	—	—	K. K. General-Probiramt in Wien
„ „	2.726	—	—	—	0.684	—	—	—	—	—	—	—	—	—	—	
Bollenzinn von Schlaggenwald	1.860	—	—	—	0.006	—	—	—	—	—	—	—	—	—	—	
„ „	0.160	—	—	—	0.060	—	—	—	—	—	—	—	—	—	—	
„ „	1.600	—	—	—	Spur	—	—	—	—	—	—	—	—	—	—	
Nickel von Joachimsthal	0.26	—	—	Spur	0.83	0.90	—	—	—	—	—	Spur	—	—	0.92	v. Lill
„ „	0.25	—	—	—	0.35	0.85	—	—	—	—	—	Spur	—	—	1.20	Sturm
„ Schadming	1.80	—	—	—	1.92	6.75	—	0.89	—	—	—	—	—	—	0.76	Hillebrand 1.95 CaO
„ Oberungarn	Spur	—	—	—	0.21	—	—	—	—	—	—	0.22	—	—	1.40	Sturm
„ „	Spur	—	—	—	Spur	—	—	—	—	—	—	0.16	—	—	2.80	1.82 CaO

Stabeisen von	C	Si	P	S	As	Sb	Cu	Mn	Co	Untersucht von
Kiefer	0.200	0.056	0.018	—	Spur	0.050	0.047	0.086	Spur	v. Lill
Podurnoj, feinkörnig, zähe	—	0.088	0.016	0.008	—	0.058	0.097	Spur	Spur	Eschka
„ grobkörnig, rohbrüchig	—	0.029	0.197	0.182	—	—	Spur	—	—	K. K. General-probiramt
Dannemora, bestes Stabeisen	0.26	0.072	0.272	Spur	—	—	Spur	—	—	
Creutzburger-Hütte in Oberschlesien, beste	—	0.03	—	—	—	—	—	0.05	—	Thompson
Sorte	0.0228	0.0178	—	0.0006	—	—	—	—	—	

als auch mit andern Körpern verbinden. Die Metalle sind als
solche nicht löslich, sondern sié vereinigen sich stets mit dem
Lösungsmittel zu einem neuen Körper. Die meisten Metalle werden von Säuren gelöst, einige davon aber gar nicht angegriffen
(Gold, Platin, Wolfram, Chrom), andere von Salpetersäure blos
oxydirt (Zinn, Antimon). In Salzsäure lösen sich nur einige Metalle auf (Eisen, Zink, Cadmium, Zinn, Nickel, Kobalt). Königs-
wasser löst mit Ausnahme von Blei und Silber alle Metalle. (Siehe
Tabelle S. 14 und 15.)

Verbindungen der Metalle.

Verbindungen der Metalle untereinander.

Legirungen.

Die Metalle verbinden sich unter einander in verschiedenen
Verhältnissen, welche Verbindungen man Legirungen oder Leguren nennt; die Verbindungen der Metalle mit Quecksilber nennt
man speziell Amalgame, jene der Metalle mit Antimon oder
Arsen Speisen.

Die Legirungen haben Metallglanz und so vollständig die
Eigenschaften der einfachen Metalle, dass es ihrem äusseren An-
sehen nach nicht möglich ist, ein Unterscheidungszeichen zwischen
beiden aufzustellen.

Die Farbe der Legirungen ist verschieden und oft ab-
weichend, je nachdem bald mehr, bald weniger von dem einen
oder andern Metalle in die Mischung eingeht, ihre Härte aber ist
meistens grösser, als die Härte der einzelnen, die Legirung com-
ponirenden Metalle; sie schmelzen gewöhnlich leichter, als jedes der Metalle, aus welchen sie bestehen, oder doch leichter, als
der Hauptbestandtheil der Legur, und meistens leichter, als der
mittlere Schmelzpunkt beider.

Auffallenderweise aber entspricht das spezifische Gewicht
der Legur selten dem mittleren spez. Gewicht der einzelnen Metalle, und es ist entweder grösser in Folge einer Verdichtung,

oder kleiner, indem sich die Legur bei ihrer Bildung ausgedehnt haben muss.

Eine Verdichtung findet statt bei der Verbindung von

Gold mit Zinn, Zink, Wismuth, Antimon;

Silber „ Zinn, Zink, Blei, Wismuth, Antimon;

Kupfer „ Zinn, Zink, Wismuth;

Blei „ Antimon.

Eine Ausdehnung findet statt bei der Vereinigung von

Gold mit Silber, Kupfer, Blei, Eisen, Nickel;

Silber „ Kupfer;

Kupfer „ Blei;

Eisen „ Blei, Wismuth, Antimon;

Zinn „ Blei, Antimon;

Zink „ Antimon;

Nickel „ Arsen.

Zur Bestimmung des spez. Gewichts einer Legur muss man nach Karmarsch, vorausgesetzt, dass gleiche Gewichtsmengen hierzu verwendet wurden, die spez. Gewichte mit einander und das Product noch mit 2 multipliciren, und das schliessliche Product durch die Summe der beiden spez. Gewichte dividiren; z. B. Silber und Kupfer zu gleichen Theilen (österr. 20-Kreuzerstücke) legirt, hat in dieser Weise berechnet ein spez. Gewicht von

$$\frac{(10.2 \times 8.878)2}{10.2 + 8.878} = 8.968,$$

welche Zahl dem auf der Wage gefundenen spez. Gewicht sehr nahe kommen wird.

Sind zwei Metalle hinsichtlich ihrer Schmelzbarkeit sehr verschieden und haben sie keine besondere Verwandtschaft zu einander, oder überwiegt das leichter schmelzbare in der Menge bei Weitem das schwerer schmelzbare, so kann ersteres bei mässiger Hitze zum Schmelzen gebracht werden, während letzteres mit nur einem geringen Antheil des ersteren verbunden nach dem Erhitzen der Legur zurückbleibt (Absaigern silberhaltigen Bleies vom Kupfer), wobei gleichzeitig mit dem leicht schmelzbaren noch andere Metalle entfernt werden können, welche zu diesem grössere Verwandtschaft besitzen (das Silber mit dem Blei). Mit Eisen Legirungen einzugehen, sind sämmtliche Metalle am wenigsten geneigt.

Man kann im Allgemeinen die Legirungen nicht als chemische Verbindungen betrachten, da bei manchen Metallen, welche in ihren chemischen Beziehungen einander sehr nahe stehen, die wechselseitige chemische Anziehung so schwach ist, dass die Verbindung mehr den Character einer Lösung trägt, weil ihre Eigenschaften fast ganz das Mittel aus den Eigenschaften der beiden Componenten bilden; je weiter jedoch die Metalle in ihren Eigenschaften auseinanderstehen, um so näher steht die Legur einer wirklichen chemischen Verbindung.

Durch die Legirungen wird die Zahl der nutzbaren Metalle gewissermassen bedeutend vermehrt, doch ist wegen der grösstentheils bedeutenden Sprödigkeit derselben ihre Anwendung beschränkt.

Bei dem Legiren scheiden sich die Metalle häufig und gern nach dem specifischen Gewicht, so dass oben die spez. leichteren Metalle sich absetzen, unten die schwereren, und nur durch langes Rühren ist man im Stande, eine gehörige gleichmässige Mischung beider zu erzielen. Hauptsächlich zeigt sich dies bei dem Zusammenschmelzen grösserer Massen, welche schwieriger erstarren, und solche Legirungen werden dann bei wiederholtem Umschmelzen gleichartiger; man macht von dem letzteren Umstand vortheilhafte Anwendung bei der Erzeugung von Metallspiegeln.

Schmilzt man drei oder noch mehr Metalle zusammen, so treten in Folge der leichteren und schwereren Schmelzbarkeit und Oxydirbarkeit der einzelnen Metalle Schwierigkeiten ein, und es ist gewöhnlich besser, erst eine Legur aus zwei Metallen zu bilden, und dann erst ein drittes Metall oder eine Legirung zuzusetzen. Auf diesem Umstand, dass nicht alle Metalle sich gleich leicht mit einander legiren, beziehentlich geringe Verwandtschaft zu einander besitzen, beruht das Saigern. Die Legirungen sind meistens zäher, als die einzelnen Bestandtheile derselben; 12 Theile Blei und 1 Theil Zink sind doppelt so zähe, wie Zink allein.

Die Legirungen sind im Allgemeinen schlechtere Elektricitäts- und Wärmeleiter, als die Metalle, und häufig werden bei der Vereinigung der Metalle beträchtliche Mengen Wärme frei (Blei und Zinn in Form dünner Blättchen zusammengeschmolzen), mitunter selbst mit Feuererscheinung (Kupfer mit Zink).

Die Legirungen sind härter, als das darin anwesende weichste Metall, weniger schmiedbar, als das darin enthaltene schmiedbarste Metall, und in der Hitze werden sie zuweilen so spröde, dass sie sich leicht zerkleinern lassen (Messing, Schwarzkupfer).

Die Legirungen sind meistens oxydabler, als die dieselben zusammensetzenden Metalle; so z. B. entzündet sich Blei und Zinn bis zu Rothgluth erhitzt förmlich, und glüht längere Zeit wie ein Stück Torf fort.

Natürliches Gold ist eine Legur von Gold mit Silber, worin ein Theil Silber mit 4—12 Theilen Gold verbunden ist. Wenn man Amalgam durch Leder presst, bleibt eine Verbindung von 1 Theil Silber und 8 Theilen Quecksilber zurück, und wenig Silber mit viel Quecksilber fliesst ab. Von den Spiegelbelegen bleibt bei gleicher Operation ebenfalls eine Legur mit mehr Zinn zurück. Diese zurückbleibenden Leguren sind wirkliche chemische Verbindungen. Die künstlich dargestellten Legirungen finden eine ausgebreitete technische Anwendung in den Künsten und Gewerben. Bei der Gewinnung der Metalle werden solche Legirungen häufig erzeugt, welche jedoch stets als mit irgend einem Metall verunreinigte Rohmetalle anzusehen sind, aus welchen das eigentlich zu gewinnende Metall erst durch Raffination in reinem Zustande dargestellt wird.

Für Zwecke solcher Raffinationen, demnach unmittelbar der Hüttenindustrie selbst dienend, werden in neuerer Zeit auch Legirungen und zwar ebenfalls auf rein metallurgischem Wege erzeugt; es sind dies die Verbindungen des Mangans mit Eisen oder mit Eisen und Chrom oder Wolfram (Ferromangan, Chromferromangan, Wolframferromangan) und das Mangankupfer. Die ersteren werden bei der Darstellung des Flussstahls (Gussstahls), letzteres bei der Darstellung reinen Kupfers angewendet. Die Anwendung dieser Manganlegirungen beruht auf der leichten Oxydirbarkeit des Mangans, welches immer vorhandene Oxyde desoxydirt, indem es selbst den Sauerstoff jener Oxyde aufnimmt und so wesentlich beiträgt zur Darstellung sehr dichter, porenfreier Metallgussstücke. Zugleich bewirkt das Mangan (Chrom, Wolfram), wenn es zum Theil in metallischem Zustande in dem Stahl zurückbleibt, eine besondere Dehnbarkeit, Elasticität und Härte desselben, und verleiht diese Eigenschaften allen auch künstlich hergestellten Legirungen, welchen es, wie dem Stahl und dem Kupfer, zugesetzt wird. Die Isabellenhütte bei Dillenburg erzeugt ein Rohmangan (Kohlenmangan) mit 92—94 Procent Mangangehalt und nur sehr wenig Eisen zum Preise von 10 Mark pro Kilogramm und Kupfermangan zum Preise von

5.5 Mark pro Kilogramm. Das Manganmetall zerfällt aber wegen seiner leichten Oxydationsfähigkeit an der Luft sehr bald zu einem metallischen mit Oxyd untermengten Pulver, und muss daher, wenn man es erhalten will, unter Oel aufbewahrt werden.

Das Löthen, Ueberziehen und Plattiren der Metalle. Auf der Eigenschaft der leicht schmelzbaren Metalle, schwer schmelzbare aufzunehmen, wenn sie überhaupt Verwandtschaft zu einander besitzen, beruht die Möglichkeit die Metalle zu löthen; man versteht darunter die Kunst, entweder zwei Stücke desselben Metalls oder verschiedener Metalle mittelst eines leichtflüssigeren oder auch desselben Metalls zu vereinigen, zu einem Stücke zu verbinden, und man nennt das die beiden Metallstücke verbindende Metall das Loth, welches je nach der Natur und verschiedenen Schmelzbarkeit des zu löthenden Metalls gewählt werden muss. Wenn Metalle gelöthet werden sollen, ist es nöthig, dass die Löthstellen völlig frei von Oxyd sind, desshalb müssen dieselben blank geschabt und der Luftzutritt abgehalten werden, damit diese Stellen nicht wieder oxydiren, denn oxydirte Stellen nehmen das Loth nicht an; man bedeckt zu diesem Zweck die zu löthenden Stellen mit einer leicht schmelzenden Substanz, Borax, Kolophonium, welcher erstere etwa gebildetes Oxyd löst, und verwendet man Kolophonium für Schnellloth (Zinn und Blei zu gleichen Theilen), Borax für Schlagloth (Kupfer mit Zinn oder Silber mit Zinn), Salmiak mit Wasser oder Oel für Zinn. Das Schnellloth dient zum Löthen verzinnter Eisenbleche, dann zum Löthen von Zink und Blei, das Schlagloth zum Löthen von Eisen, das Zinn zum Löthen von Kupfer; zum Löthen von Platin wird Gold, zum Löthen von Gold wird Gold mit Silber oder Gold mit Kupfer, zum Löthen von Silber wird Silber mit Kupfer verwendet.

Das Ueberziehen der Metalle mit anderen leichtflüssigen Metallen ist dem Löthen ähnlich; es gehört hier zu nennen das Verzinnen des Eisen- und Kupferblechs, das Verzinken (Galvanisiren) des Eisens, das Versilbern und Vergolden mit Amalgam.

Das Plattiren ist hiervon verschieden, denn hierbei haftet ein starres Metall auf dem andern durch Aufwalzen in der Hitze, blos durch Adhäsion ohne Bindemittel. (So z. B. Silber auf Kupfer, Gold auf Kupfer; Lyoner Waaren.)

Die Amalgame haben Metallglanz, sind starr und teigartig, manchmal krystallisirt; sie sind eben so wenig als wirkliche chemische Verbindungen zu betrachten, wie die Legirungen, sondern als Lösungen von Metallen in Quecksilber.

Die Speisen sind gewöhnlich weiss oder röthlich, spröde, leicht schmelzbar und haben ausgezeichneten Metallglanz; einige Metalle zeigen zu Arsen und Antimon grosse Verwandtschaft, und lassen sich auf trockenem Wege nur schwer rein von diesen beiden darstellen. Jene Metalle sind das Nickel und Kobalt, auch das Eisen.

Verbindungen der Metalle mit Sauerstoff.

Oxyde.

Die Metalle verbinden sich mit dem Sauerstoff; man nennt die Metalle dann oxydirt, die neue Verbindung nennt man ein Oxyd und die Vereinigung beider Körper die Oxydation. Einige Metalle verbinden sich mit dem Sauerstoff in mehreren Verhältnissen, wie z. B.

das Eisen zu FeO, Fe_3O_4, Fe_2O_3,
„ Blei „ Pb_2O, PbO, PbO_2,
„ Zinn „ SnO, SnO_2,
„ Quecksilber „ Hg_2O, HgO,
„ Kupfer „ Cu_2O, CuO,
„ Kobalt „ CoO, Co_2O_3,
„ Nickel „ NiO, Ni_2O_3 u. s. f.

Die Verwandtschaft der Metalle zum Sauerstoff ist aber verschieden, und einige davon verbinden sich schon blos der atmosphärischen Luft ausgesetzt bei gewöhnlicher Temperatur mit dem Sauerstoff derselben, wobei sie unter Mitwirkung der Feuchtigkeit der Luft anlaufen (rosten) und das neugebildete Oxyd auch noch Kohlensäure aus der Luft aufnimmt, während dieselben Metalle in trockener atmosphärischer Luft unverändert bleiben; einige Metalle oxydiren sich erst in höherer Temperatur an der Luft, einige endlich oxydiren sich weder an der feuchten atmosphärischen Luft bei gewöhnlicher, noch in höherer Temperatur, und die Oxyde dieser letzteren Metalle werden durch Erwärmen wieder in ihre Bestandtheile zerlegt (edle Metalle).

Bei dem Erhitzen an der atmosphärischen Luft geht die Oxydation schneller vor sich, und wenn das Metall so weit erhitzt wird (bis zu seiner Entzündungstemperatur), dass das Oxyd sich unter Licht- und Wärmeentwickelung bildet, so erfolgt jene sehr rasche Oxydation, welche wir Verbrennung nennen, und wobei die Temperatur, welche in Folge dessen entsteht, erheblich steigt (Verbrennungstemperatur).

Bei dem Erhitzen an der atmosphärischen Luft bis zur Verbrennung bildet sich das Oxyd entweder in Form eines Staubes (Zinn, Zink, Cadmium), oder in Form einer zusammenhängenden Kruste (Eisen, Kupfer), oder es schmilzt zusammen (Blei, Wismuth), oder endlich das Metall verdampft und das Oxyd condensirt sich wieder, manchmal in Krystallen (Arsen, Antimon).

Auf nassem Wege erhält man die Oxyde:

1) Entweder durch Zersetzung von Wasser bei Behandlung der Metalle mit verdünnten Säuren, wobei Wasserstoffgas entweicht:

$$H_2SO_4 + Zn = ZnSO_4 + 2H.$$

2) Oder durch Zersetzung von Sauerstoffsäuren, wobei niedrigere Oxyde des Säureradicals entweichen.

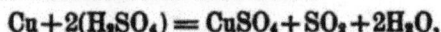

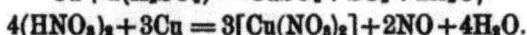

$$Cu + 2(H_2SO_4) = CuSO_4 + SO_2 + 2H_2O,$$
$$4(HNO_3)_2 + 3Cu = 3[Cu(NO_3)_2] + 2NO + 4H_2O.$$

3) Durch Desoxydation eines electropositiveren Metalls findet eine Oxydation eines zweiten Metalls nur dann statt, wenn letzteres in einer Wasserstoffsäure gelöst ist und ein Alkali oder eine alkalische Erde zugesetzt wird.

$$Fe_2Cl_6 + 3K_2O = Fe_2O_3 + 6KCl.$$

In der Glühhitze wird das Wasser zersetzt und unter Wasserstoffentwickelung Oxyd gebildet von Eisen, Mangan, Zink, Cadmium, Zinn, Kobalt und Nickel.

Alle Oxyde sind starre Körper, welche kein metallisches Aussehen mehr haben, sondern erdig sind; sie sind in Wasser unlöslich.

Zur Abscheidung der Oxyde als solche aus ihren Lösungen muss man stets diejenige Base im Ueberschuss hinzusetzen, welche zu der vorhandenen Säure eine grössere Verwandtschaft besitzt (siehe oben Punkt 3).

$$CuSO_4 + CaO = CaSO_4 + CuO;$$

die entstehenden Niederschläge enthalten das Oxyd meistens mit Wasser chemisch verbunden als Hydroxyd; die Hydroxyde sind meistens heller gefärbt, wie die Oxyde,

Oxyde: Fe_2O_3 roth, — CuO schwarz — PbO gelb — NiO grau;

Hydroxyde: $Fe_2(HO)_6$ rostgelb — $Cu(HO)_2$ blau — $Pb(HO)_2$ weiss —
$$Ni(HO)_2 \text{ lichtgrün.}$$

Die Metallhydroxyde sind in trockenem Zustande meistens pulverige Körper, sie sind in Wasser unlöslich, und durch Erhitzen lässt sich das Wasser aus denselben austreiben.

Sowohl aus den Oxyden, wie aus den Hydroxyden können die Metalle wieder in regulinischen Zustand überführt werden; diesen Process der Zurückführung nennt man Desoxydation oder Reduction; dieselbe kann auf trockenem, wie auch auf nassem Wege vorgenommen werden, aber in ersterer Art geschieht die Reduction nicht bei allen Metallen in gleich leichter Weise, und desshalb unterscheidet man leicht reducirbare und schwer reducirbare Metalloxyde. Als Reductionsmittel dienen hier Kohlenstoff und die gasförmigen Verbindungen desselben mit Sauerstoff und Wasserstoff (CO und CH₄) so wie der Wasserstoff.

Zu den ersteren gehören das Bleioxyd, Kupferoxyd, Wismuthoxyd, Arsenoxyd und Antimonoxyd.

Zu den letzteren das Eisenoxyd, Manganoxyd, Kobaltoxyd, Nickeloxyd, Zinnoxyd, Zinkoxyd, Cadmiumoxyd, Chromoxyd und Wolframoxyd.

Auf nassem Wege können die Metalle aus ihren Lösungen in metallischem Zustand erhalten werden, wenn man in die Lösung ein Metall bringt, das in Berührung mit derselben positiv electrisch wird, d. h. eine grössere Verwandtschaft zum Sauerstoff besitzt, als das aufgelöste. Man macht im Grossen hiervon Anwendung bei der Gewinnung des Silbers und Kupfers auf nassem Wege.

$$Ag_2SO_4 + Cu = 2Ag + CuSO_4$$
$$CuSO_4 + Fe = Cu + FeSO_4.$$

Auch durch Salze können einige Metalle regulinisch gefällt werden, wenn die Base des Salzes die Fähigkeit hat, sich höher zu oxydiren.

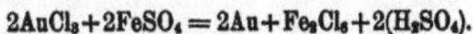

$$2AuCl_3 + 2FeSO_4 = 2Au + Fe_2Cl_6 + 2(H_2SO_4).$$

Endlich werden die Metalle aus ihren Lösungen auch durch die Elektrolyse regulinisch abgeschieden.

Verbindungen der Metalle mit Kohlenstoff.

Kohlenstoffmetalle.

Die Kohlenstoffmetalle finden sich in der Natur nicht, sie werden aber durch Reduction der Metalloxyde mit Kohle erzeugt und ist die Kenntniss dieser Verbindungen für die Metallurgie des

Eisens wichtig (weiches Eisen, Stahl, Roheisen). Die Verbindung des Eisens mit Kohlenstoff, die Kohlung des Eisens, beginnt nach Tunner bei einer Temperatur von etwa 1000° C., bei 1170° C. entsteht Stahl, und bei 1400° C. ist die Bildung des Roheisens vollendet. Die Kohlung des Eisens erfolgt entweder durch unmittelbaren Contact des Eisens mit fester Kohle von Rothglühhitze angefangen (Roheisenschmelzprocess) oder, obzwar langsamer, durch Einwirkung Kohlenstoff haltender Gase (Kohlenoxydgas, Kohlenwasserstoffgas, Cyangas) ebenfalls bei heller Rothgluth beginnend (Roheisenschmelzprocess, Cementation).

Auch im Zink wird gewöhnlich etwas Kohlenstoff gefunden, doch ist die Existenz eines Kohlenzinks noch fraglich; Percy theilt mit, dass durch Erhitzen von Cyanzink in geschlossenen Gefässen ein Kohlenzink gebildet werden soll.

Kohlenkupfer (junges Kupfer) wurde lange Zeit hindurch als bestehend angenommen; sprödes Kupfer wurde für kohlenstoffhaltend angesehen und als junges Kupfer bezeichnet. Wenn man aber galvanisch gefälltes Kupfer unter Kohle umschmilzt, erhält man weder in der Kälte noch in der Wärme brüchiges Kupfer, und ist demnach das Bestehen einer solchen Verbindung nicht anzunehmen, wie auch in dieser Richtung vorgenommene Versuche beweisen.

Verbindungen der Metalle mit Wasserstoff.

Wasserstoffmetalle.

Von Wasserstoffmetallen wurde bisher blos experimentell ein Wasserstoffpalladium hergestellt.

Verbindungen der Metalle mit Stickstoff.

Stickstoffmetalle.

Dieselben sind noch unvollständig studirt; Silvestri fand ein Stickstoffeisen als dünnen, fest an der Lava vom Aetnaausbruch, August 1874, haftenden Ueberzug.

Man erhält Stickstoffeisen durch Leiten von Ammoniakgas über fein zertheiltes glühendes Eisen, wobei Wasserstoff frei wird. Der Gehalt des Stickstoffs im Eisen wechselt mit der bei seiner Darstellung angewendeten Temperatur; es ist nach Buff weiss, spröde, magnetisch, widersteht der Einwirkung der Luft und des

Wassers mehr, wie reines Eisen und hat ein spezifisches Gewicht
= 5.0. In Wasserstoffgas erhitzt entweicht der Stickstoff aus dieser
Verbindung als Ammoniak; Salzsäure und Schwefelsäure lösen es
einfach, Salpetersäure wenig, es entwickelt sich Wasserstoff und
zugleich Ammoniak, welches mit der Säure verbunden zurückbleibt.
Man hat in neuerer Zeit in allen Arten des Eisens Stickstoff gefunden, und wird derselbe von Einigen für einen wesentlichen Bestandtheil des Eisens gehalten.

Verbindungen der Metalle mit Chlor.

Chlormetalle.

Die Chlormetalle sind starr, die meisten in der Hitze schmelzbar und sehr flüchtig, also sublimirbar; nur wenige werden durch
die Hitze zerlegt. Sie zersetzen das Wasser nicht oder nur dann,
wenn sie sich damit in saure und basische Salze scheiden (Wis-
muthchlorid, Antimonchlorid). In Wasser sind sie mit wenigen
Ausnahmen (Chlorsilber, Chlorblei, Quecksilberchlorür) löslich und
in der Hitze leichter schmelzbar, als die entsprechenden Metalle.
Kein Chlormetall ist in hoher Temperatur durch Kohle reducirbar.

In der Natur kommen dieselben selten vor, man stellt sie
aber dar:

1) Durch directe Einwirkung von Chlorwasserstoff auf glühende
Metalle oder durch Ueberleiten eines Chlorstroms über die Oxyde
bei höherer Temperatur, zuweilen unter Mitwirkung von Kohle
und gleichzeitiger Bildung von Kohlenoxydgas. Von dieser Art
der Darstellung macht man bei der Gewinnung des Silbers auf
nassem Wege Gebrauch (Amalgamation und Extraction). Das Chlorsilber ist löslich in Kochsalz und in einer Lauge von Natrium (Calcium) hyposulfit.

2) Durch Lösen der Metalle in Salzsäure unter Entwickelung
von Wasserstoffgas.

$$Zn + 2HCl = ZnCl_2 + 2H.$$

3) Durch Behandeln der Metalloxyde mit Salzsäure unter Bildung von Wasser.

$$CuO + 2HCl = CuCl_2 + H_2O.$$

4) Durch Umsetzung in Folge reciproker Affinität:

$$FeSO_4 + 2NaCl = FeCl_2 + Na_2SO_4$$
$$CuSO_4 + 2NaCl = CuCl_2 + Na_2SO_4.$$

Von dieser Art der Darstellung der Chlormetalle macht man bei der Kupferextraction nach Hunt und Douglas, dann bei der amerikanischen oder Haufen-Amalgamation Gebrauch.

Verbindungen der Metalle mit Phosphor.

Phosphormetalle.

Phosphormetalle entstehen entweder durch Glühen der phosphorsauren Salze mit Kohle durch Reduction, oder durch directe Verbindung bei dem Erhitzen der Metalle in Phosphordampf; auf nassem Wege können sie gebildet werden durch Einleiten von Phosphorwasserstoffgas in Metallsalzlösungen (Kupfer, Silber). In der Natur kommen sie nicht vor.

Durch Erhitzen an der Luft werden die Phosphormetalle oxydirt und geben entweder Phosphate oder ein Gemenge von Metall, Metalloxyd und Phosphorsäure, welche entweicht. Säuren zerlegen die Phosphormetalle unter Bildung von Phosphorwasserstoffgas.

Die Metallphosphide sind hart, spröde und glänzend. Von denselben sind einige für uns von Wichtigkeit.

Das Phosphoreisen ertheilt, in geringen Mengen dem reinen Eisen beigemengt, diesem die schädliche Eigenschaft der Brüchigkeit bei gewöhnlicher Temperatur; Phosphor ersetzt im weissen Roheisen das Silicium (des grauen Eisens) behufs dessen Raffination nach dem Thomas-Gilchrist'schen Verfahren.

Phosphorkupfer und Phosphorzinn werden, ersteres bei der Raffination des Kupfers, beide zur Veredlung der Bronze angewendet, und bewirken in Folge einer Reinigung der Metalle von Sauerstoff (Oxyden) eine besondere Elasticität, Festigkeit und Zähigkeit derselben.

Verbindungen der Metalle mit Schwefel.

Schwefelmetalle.

Schwefelmetalle sind in der Natur sehr häufig vorkommende Metallverbindungen, welche bei der Gewinnung der Metalle ebenfalls häufig erzeugt werden. Der Schwefel hat zu den Metallen grosse Verwandtschaft, und kann auf trockenem Wege ihre Darstellung erfolgen:

1) Durch Verschmelzen von Metalloxyden mit Schwefelverbindungen unter Entwickelung von Schwefeldioxyd.

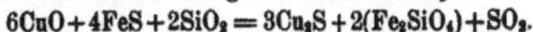

$$6CuO + 4FeS + 2SiO_2 = 3Cu_2S + 2(Fe_2SiO_4) + SO_2.$$

2) Durch Reduction der Sulfate mit Kohle in höherer Temperatur.

$$PbSO_4 + 4C = PbS + 4CO.$$

3) Durch unmittelbare Vereinigung beider Körper bei hoher Temperatur unter Feuererscheinung.

4) Durch Erhitzen eines Metalls oder Metalloxyds im Schwefelkohlenstoffdampf unter Abscheidung von Kohlenstoff oder Entwickelung von Kohlensäure.

$$CS_2 + 4Cu = 2Cu_2S + C$$
$$CS_2 + 2FeO = 2FeS + CO_2.$$

Blos die in den beiden ersten Puncten angeführten Bildungsweisen finden in der Hüttentechnik Anwendung.

Auf nassem Wege erhält man die Schwefelmetalle durch Ausfällen aus einer Salzlösung mittelst Schwefelwasserstoff oder Schwefelalkali.

$$CuSO_4 + H_2S = CuS + H_2SO_4$$
$$FeSO_4 + Na_2S = FeS + Na_2SO_4.$$

Die in der Natur vorkommenden Schwefelmetalle gehören zu den gewöhnlichsten und wichtigsten Erzen; man nennt sie Kiese, Glanze, Blenden.

Einige Metalle vereinigen sich mit dem Schwefel in mehreren Verhältnissen, welche den Oxydationsstufen des Metalls proportional sind. Die Darstellung der Metalle aus den Schwefelmetallen erfolgt schwieriger, als aus den Oxyden.

Durch Kohle wird kein Schwefelmetall reducirt, wohl aber in höherer Temperatur durch ein anderes Metall, welches zum Schwefel grössere Verwandtschaft hat, als das damit verbunden gewesene.

$$PbS + Fe = Pb + FeS.$$

Verbindungen der Metalle mit Silicium.

Siliciummetalle.

Siliciummetalle finden sich in der Natur nicht, sie können künstlich nur bei sehr hoher Temperatur aus Kieselerde haltenden Metallverbindungen oder aus einem Gemenge Kieselerde oder Silicaten mit Metalloxyden durch Schmelzen mit Kohle erzeugt werden, doch ertheilt das Silicium den Metallen schädliche Eigenschaften.

Den Metallurgen interessirt blos die Verbindung des Siliciums mit Eisen, das Silicium ist im Roheisen als Kohlenstoffsilicium, Kohlenstickstoff- und Stickstoffsilicium und Siliciumeisen vorhanden (Schafhäutl), auch als krystallisirtes Silicium kömmt es im Roheisen vor. Richter fand ein solches in einem Roheisen von Gradaz in Krain. Reines Siliciumeisen dürfte bis jetzt nicht bekannt sein.

Neuerer Zeit wird im Grossen eine Siliciumeisenverbindung, das Ferrosilium, ein bis 10 Procent Silicium haltendes Roheisen erzeugt, dann auch ein Siliciumferromangan; beide dienen ähnlich wie die bereits behandelten Manganlegirungen zur Reinigung des Flusseisens und Flussstahls.

Silicium und Kohlenstoff können sich im Roheisen zum Theil wechselseitig ersetzen.

Verbindungen der Metalle mit Säuren.

Salze.

Einige Metallsalze sind insofern wichtig für den Metallurgen, als dieselben theils natürlich vorkommen und zur Gewinnung der Metalle dienen (Cementwässer, Zn_2SiO_4, $PbCO_3$, $FeCO_3$, $PbSO_4$), theils absichtlich aus den Erzen erzeugt werden, um daraus die Metalle zu gewinnen. In letzterem Falle wird meistens der nasse Weg bei der Metallgewinnung eingeschlagen.

Die Metallsalze unterscheidet man in zwei Gruppen:

a) Salze, in welchen das Metall mit Elementen verbunden ist, — binäre Verbindungen, Haloidsalze. Wichtig für uns sind blos die Chloride (AgCl, CuCl, $CuCl_2$, $FeCl_2$).

b) Salze, in welchen das Metall mit Atomgruppen verbunden ist, und die daher mindestens ternär zusammengesetzt sind. Solche Salze sind Oxydsalze, wenn die Atomgruppe sauerstoffhaltig ist, Sulfosalze, wenn dieselbe Schwefel statt Sauerstoff enthält. Salze überhaupt entstehen durch Verbindung eines elektropositiven Körpers (Base) mit einem elektronegativen (Säure); auch die Schwefelverbindungen der Metalle zeigen elektropositive (basische) oder elektronegative (saure) Eigenschaften, und bei der wechselseitigen Einwirkung beider auf einander entstehen die Sulfosalze.

Die Metallsalze sind bei gewöhnlicher Temperatur meist starre Körper, zum grossen Theil krystallisirbar, doch auch oft amorph, sie sind gefärbt oder farblos, und haben alle einen eigenthümlichen Geschmack. In höherer Temperatur bleiben einige unverändert und sind feuerbeständig, einige werden zersetzt, einige schmelzen, einige sind flüchtig; in Wasser sind sehr viele Salze löslich, einige so sehr, dass sie an der Luft Feuchtigkeit anziehen und zerfliessen, oder verwittern und sich höher oxydiren. Auch die wässerigen Lösungen einiger Salze sind sehr unbeständig an der atmosphärischen Luft (z. B. Eisenoxydul- und Kupferoxydulsalze) und nehmen Sauerstoff auf; das neu gebildete auf einer höhern Oxydationsstufe stehende Salz scheidet sich aus der Lösung in fester Form ab. Die Salze krystallisiren theils wasserfrei, theils chemisch mit Wasser verbunden und können letztere durch Erhitzen von ihrem Wassergehalt befreit werden.

Bringt man zu der Lösung eines Salzes eine andere Base, als die in dem Salze enthaltene, und hat die neu zugesetzte Base eine stärkere Verwandtschaft zu der Säure, so wird die ursprüngliche Base des Salzes abgeschieden. Bringt man Lösungen zweier verschiedener Salze zusammen, so verbinden sie sich entweder zu einem Doppelsalze, oder es findet in Folge reciproker Affinität eine zweifache Umsetzung statt, wobei oft das neugebildete Salz ausgeschieden wird.

$$CuSO_4 + 2NaCl = CuCl_2 + Na_2SO_4.$$
$$PbN_2O_6 + K_2SO_4 = 2(KNO_3) + PbSO_4.$$

Durch den galvanischen Strom werden alle in flüssiger Form befindlichen Salze zerlegt, wobei sich das Metall am negativen Pol abscheidet.

Von den Salzen haben die folgenden für den Metallurgen Wichtigkeit:

1) Kohlensaure Salze, Carbonate; sie sind in Wasser unlöslich, leicht löslich in Säuren, und geben bei dem Erhitzen mehr weniger leicht ihre Kohlensäure ab.

2) Schwefelsaure Salze, Sulfate; von diesen sind die meisten in Wasser leicht, einige schwer, einige gar nicht löslich, durch starkes Erhitzen werden die meisten unter Austreibung der Schwefelsäure zersetzt und Oxyde bleiben zurück. Bei dem Glühen mit Kohle werden sie zu Schwefelmetallen reducirt, durch Schmel-

zen mit Kieselerde wird die Schwefelsäure daraus ausgetrieben und kieselsaure Salze gebildet.

3) **Unterschwefligsaure Salze, Hyposulfite;** sie sind zumeist in Wasser löslich und haben ein starkes Lösungsvermögen für Chlormetalle (Chlorsilber), Schwefelalkalien scheiden aus diesen Lösungen die Schwefelmetalle aus. In der Hitze zerfallen sie in Sulfate und Schwefelmetalle.

4) **Arsensaure Salze, Arseniate;** dieselben sind in Wasser meist unlöslich, in der Glühhitze werden sie nicht oder nur schwierig zersetzt, mit Kohle geglüht oder geschmolzen zu Arsenmetallen reducirt.

5) **Antimonsaure Salze, Antimoniate** verhalten sich ähnlich, wie die vorigen.

6) **Kieselsaure Salze, Silicate** sind in Wasser unlöslich und schmelzen in hohen Temperaturen; das Metall kann aus denselben nur in Contact mit festem Kohlenstoff reducirt werden, nicht durch Kohlenstoff haltende Gase.

7) **Sulfosalze** werden durch Sauerstoffsäuren meist derart zersetzt, dass sich das elektronegative Schwefelmetall (die Sulfosäure) abscheidet, während unter Entwickelung von Schwefelwasserstoffgas das Sauerstoffsalz der Sulfobase entsteht. Ihre Anwendung ist eine sehr beschränkte.

Bringt man zu einem Salze eine andere Säure, als die schon darin enthaltene, so entsteht häufig eine Verbindung der neu zugesetzten Säure mit der vorhandenen Base, und die ursprünglich anwesend gewesene Säure wird frei. Dies geschieht, wenn:

1) die zugesetzte Säure eine stärkere ist;
2) die ursprünglich anwesende Säure eine flüchtige ist;
3) die zugesetzte Säure mit der Base eine unlösliche Verbindung bildet.

Bei Einwirkung einer gasförmigen Säure auf das Salz einer andern gasförmigen Säure vertreibt, bei sonst gleicher Verwandtschaft zu den Basen, die in grösserer Menge vorhandene Säure die andere. Stärkere gasförmige Säuren vertreiben bei genügendem Erhitzen schwache Säuren gasförmig aus ihren Verbindungen.

Gewinnungsmethoden der Metalle.

Im Allgemeinen kann die Gewinnung der Metalle nach folgenden Methoden vorgenommen werden:

1) Durch Aussaigern, Ausschmelzen, d. i. eine Trennung der leichtflüssigen Metalle oder Metallverbindungen von den strengflüssigen oder von der Gangart und dem strengflüssigeren Erzgemenge bei niedriger Temperatur. (Gewinnung von Wismuth, Schwefelantimon, — Trennung silberhaltigen Bleies vom Kupfer).

2) Durch Destillation und Sublimation, d. i. ein Erhitzen der Erze bis zur Verflüchtigung und Condensation der Metalldämpfe in flüssiger (Quecksilber, Zink) oder fester Form (Arsen und Arsengläser).

3) Durch Reduction der Metalloxyde in hoher Temperatur. Die Metalle sind in verschiedenem Grade reducirbar, und es erfolgt die Reduction:

a) Bei den edlen Metallen, welche eine geringe Verwandtschaft zum Sauerstoff besitzen, durch blosses Erhitzen ohne Kohle, wobei das Oxyd in Metall und Sauerstoff zerfällt.

b) Durch Erhitzen der Metalloxyde mit Kohle oder andern Körpern, welche grössere Verwandtschaft zum Sauerstoff besitzen, als das Metall, und diesem den Sauerstoff entziehen; ausser starrer Kohle sind diese Reductionsmittel das Kohlenoxydgas, Kohlenwasserstoffgas und Wasserstoffgas, — dann der Schwefel bei den Flammofenprocessen zur Gewinnung von Kupfer und Blei.

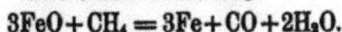

$$2PbO + C = 2Pb + CO_2.$$
$$FeO + C = Fe + CO.$$
$$FeO + CO = Fe + CO_2.$$
$$3FeO + CH_4 = 3Fe + CO + 2H_2O.$$
$$FeO + 2H = Fe + H_2O.$$
$$PbS + PbSO_4 = 2Pb + 2SO_2.$$
$$Cu_2S + CuSO_4 = 3Cu + 2SO_2.$$

4) Durch Zerlegung von Schwefelmetallen mittelst metallischen

Eisens in höherer Temperatur; Niederschlagsarbeit bei der Gewinnung von Blei und Antimon.

$$PbS + Fe = Pb + FeS.$$

5) Durch Extraction mittelst Blei auf feurig flüssigem Wege. Verbleiung edler Metalle.

$$AgCu + Pb = PbAg + Cu.$$

6) Durch Extraction auf feuerflüssigem Wege mit Zink, Parkesiren; bei Gewinnung von Silber und Gold.

7) Durch Extraction mittelst Quecksilber auf kaltem Wege; Amalgamation edler Metalle.

8) Durch Extraction auf nassem Wege und nachheriges Fällen des Metalls in regulinischem Zustand, als Oxyd oder Sulfid.

a) Durch Auflösen der Metallverbindung in Säuren; Trennung des Silbers von Gold, Gewinnung von Kupfer und Nickel.

b) Durch Auflösen absichtlich gebildeten Chlormetalls in Kochsalzlauge oder unterschwefligsaurer Salzlösung; Gewinnung von Silber nach Augustin's (und Kis's) Methode.

c) Durch absichtliche Bildung von Sulfat und Lösen desselben in Wasser; Gewinnung des Silbers nach Ziervogel's Methode.

d) Durch Behandeln von Oxyden mit Salzen; Kupfergewinnung nach Hunt und Douglas.

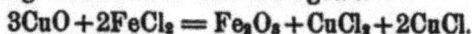

$$3CuO + 2FeCl_2 = Fe_2O_3 + CuCl_2 + 2CuCl.$$

9) Durch Elektrolyse.

10) Durch Einwirkung sehr oxydabler Substanzen auf Metallsalze; Fällung des Goldes aus seiner Lösung als Chlorid durch Eisenvitriol.

11) Durch Krystallisiren; Silbergewinnung nach Pattinson's Methode.

Die pyrometallurgischen Processe.

Das Rösten.

Unter dem Ausdruck „Rösten" begreift man das Erhitzen
einer Substanz unter Anwendung fester oder gasförmiger Brennstoffe bis zu einer Temperatur, bei welcher die Substanz noch fest
bleibt, d. h. nicht schmilzt, und wobei dieselbe je nach dem Zweck,
welchen man durch das Rösten erreichen will, der Einwirkung
einiger Körper ausgesetzt wird (Sauerstoff, Kohle, Chlor), welche
in höherer Temperatur eine grössere Verwandtschaft zu den einzelnen Bestandtheilen des Röstgutes besitzen, wodurch neue, in
dem Röstgut nicht enthalten gewesene Verbindungen erzeugt werden.

Das Rösten ist einer der wichtigsten Hüttenprocesse, bei fast
keiner Metallgewinnung fehlt dasselbe, es bezweckt stets eine entsprechende Vorbereitung der zu verhüttenden Materialien für einen
nachfolgenden Process, durch welchen entweder schon Metall gewonnen werden soll oder eine Anreicherung desselben in einem
Zwischenprodukt angestrebt wird, und werden dem Rösten demgemäss sowohl Erze, als auch Hüttenproducte unterworfen. Die
Erfolge der späteren Manipulationen hängen immer von der Art
der Durchführung der Röstung ab.

Dem vorher Gesagten zufolge ist der Zweck des Röstens ein
mehrfacher.

1) Will man durch die Erhitzung blos eine Auflockerung der
Substanz bewirken, oder flüchtige, als solche schon vorhandene
Stoffe unverändert austreiben, so nennt man diese Art der Erhitzung, bei welcher keine oder keine weitere chemische Veränderung (als die hier ausgesprochene) der zu erhitzenden Substanz
bewirkt wird, das Brennen. (Brennen von Quarz, Kalk, Zinn-
stein, dichter wasserfreier Rotheisensteine, des Eisenglanzes.) Die
flüchtigen, in den Erzen vorkommenden Körper, welche unverändert ausgetrieben werden, sind zumeist Kohlensäure und Wasser,
manchmal auch Schwefelsäure; man brennt so die Hydratwasser
enthaltenden braunen Eisenerze, die Eisenhydroxyde Göthit
($Fe_2H_2O_4$) und den Limonit (($Fe_2)_2H_6O_9$) und die linsenförmig kör-
nigen Rotheisensteine, welche stets auch Hydratwasser enthalten,
dann den Galmei ($ZnCO_3$). In neuerer Zeit gelangen in der Eisen-

industrie die blue billy, das sind die Rückstände von der Schwefel-
säuregewinnung aus Eisenkiesen, vielfach zur Verwendung; sie
repräsentiren in den meisten Fällen ein sehr reiches und reines
Eisenerz, doch müssen sie gut ausgebrannt sein und keine Schwefelsäure, beziehentlich kein basisch schwefelsaures Eisenoxyd (Fe_2SO_4)
mehr enthalten, da sonst im Hohofen Schwefeleisen daraus reducirt
und das Eisen dadurch verschlechtert wird. Bei diesen wird durch
das Brennen die Schwefelsäure dampfförmig ausgetrieben.

Bei dem Brennen ist die Hitze allein das wirksame Agens,
der Zutritt der atmosphärischen Luft ist hierbei ohne Einfluss.

2) Bezweckt man durch die Erhitzung neben der Austreibung
flüchtiger Körper oder der Auflockerung zugleich eine höhere Oxydation niederer Oxydate oder die Oxydation einer aus zwei oder
mehreren einfachen Körpern bestehenden Verbindung, wobei der
Sauerstoff der ungehindert zutretenden atmosphärischen Luft die
höhere Oxydation bewirkt, so nennt man die Operation das Rösten.
In dieser Art röstet man z. B. die Eisenspäthe ($FeCO_2$) um die
Kohlensäure auszutreiben und Eisenoxyd zu bilden, Schwefel-,
Arsen- und Antimonmetalle, um den Schwefel, das Arsen und Antimon auszutreiben und Metalloxyde zu bilden, und weil der Haupt-
zweck einer solchen Röstung gewöhnlich der ist, das Metalloxyd
in möglichst reinem Zustande aus einer andern Verbindung unter
dem Einflusse der atmosphärischen Luft zu erhalten, so nennt man
ein solches Rösten ein oxydirendes.

Gleichzeitig tritt hierbei häufig eine Auflockerung des Röstgutes ein, welche jedoch nicht eigentlich beabsichtigt wurde. Hat
man z. B. Spatheisenstein geröstet,
so wurde aus $2(FeCO_3) = 2(56 + 12 + 48) = 232$ Gewichtstheilen
ausgetrieben $2CO_2 = 2(12 + 32)$ $= 88$ Gewichtstheile,
dafür aber zur Bildung von Eisenoxyd aufgenommen $10 = 16$ „
somit weniger um . . . . 72 Gewichtstheile,
wodurch das geröstete Stück Eisenoxyd, welches die Form des
rohen Eisenspaths behalten hat, leichter und lockerer, poröser geworden ist.

Bei dem Rösten von Schwefelmetallen ergibt sich eine solche
Gewichtsabnahme und poröse Beschaffenheit des gerösteten Gutes
z. B. bei dem Galenit (PbS), der Blende (ZnS), dem Eisenkies
(FeS_2) u. and., welche für je 32 Gewichtstheile Schwefel blos 16

Gewichtstheile Sauerstoff eintauschen, bei dem Schwefelkupfer dagegen (Cu_2S) findet dies nicht statt, weil die 32 Gewichtstheile
Schwefel auch von 32 Sauerstoff (für die beiden Kupfer) ersetzt
werden müssen. Um aus dem Eisenkies Eisenoxyd zu bilden,
werden von $2FeS_2$ abgegeben $4S = 4 \times 32 = 128$ Gewichtstheile,
dafür werden aufgenommen $3O = 3 \times 16 = \underline{48 \qquad}$ „
weniger um . . . . 80 Gewichtstheile;
derselbe gibt demnach das leichteste und lockerste Röstproduct.

3) Bei dem oxydirenden Rösten der Schwefel-, Arsen- und
Antimonverbindungen werden beide Bestandtheile oxydirt, und der
eine davon soll möglichst verflüchtigt werden. Diese Verflüchtigung
würde vollständig gelingen können, wenn nicht das zuerst flüchtige niedrigere Oxydat zum Theil im Contact mit der glühenden
Röstpost sich höher oxydiren, eine stärkere Säure bilden und diese
sich an das neu entstandene Metalloxyd binden würde. Es entsteht also neben den Oxyden immer auch ein Antheil von Sulfat,
Arseniat oder Antimoniat, dessen Menge zunächst abhängig ist
von der bei der Röstung eingehaltenen Temperatur; je höher dieselbe sein kann, um so weniger jener Salze werden gebildet, aber
die Höhe der jeweilig einzuhaltenden Temperatur findet ihre
Grenze in der verschiedenen Leichtschmelzigkeit der ursprünglichen zu röstenden Verbindungen, und erst, wenn man schon
Oxyde oder wenigstens grösstentheils Oxyde im Röstgute hat,
kann die Temperatur erheblicher gesteigert werden. Es ist demnach, da die Röstung stets bei entsprechend niedriger Temperatur
begonnen werden muss, zum Theil das Entstehen der genannten
Salze unvermeidlich; bei den Schmelzungen aber, welche mit so
geröstetem Gut vorgenommen werden, würden diese Salze wieder
zu ihren ursprünglichen Verbindungen regenerirt werden, was bei
der Verhüttung nicht beabsichtigt ist.

Man zersetzt demnach diese Salze, indem man die Röstpost
mit Kohle mengt, und das Gemenge bei Ausschluss der atmosphärischen Luft erhitzt; hierbei verbrennt der Kohlenstoff
blos auf Kosten des Gehaltes des Metallsalzes an vorhandenem
Sauerstoff, und die ursprünglichen Metallverbindungen werden
daraus regenerirt, ohne zum Schmelzen gebracht worden zu sein.
Man nennt ein solches Rösten ein reducirendes, es folgt stets
auf das oxydirende, und eben so folgt der reducirenden stets wieder eine oxydirende Röstung, um die regenerirten Verbindungen

nach und nach ebenfalls in freie Oxyde umzuwandeln. Schwefelsäure könnte man zwar durch blosse Erhöhung der Temperatur in
einigen Fällen dampfförmig aus dem gebildeten Sulfat austreiben,
allein in den meisten Fällen würde die Temperatur zu hoch gesteigert werden müssen, was mit bedeutendem Brennstoffaufwand
verbunden ist. Um diesen zu ersparen, röstet man eben bei niedrigerer Temperatur reducirend.

Ein reducirendes Rösten wird demnach überall da, wo eine
möglichste Entfernung aller neu gebildeten Salze gewünscht wird,
stets zur Unterstützung des oxydirenden Röstens in Anwendung
kommen, und nennt man ein solches möglichst vollständiges Rösten,
wo durch abwechselnd auf einander folgendes Oxydiren und Reduciren blos Oxyde dargestellt werden sollen, ein Todtrösten.

So weit es überhaupt durchführbar ist, die Praxis in völliger
Uebereinstimmung mit den theoretischen Grundsätzen zur Geltung
zu bringen, kann ein Todtrösten im Grossen auch erreicht werden,
wenn nicht schon ursprünglich in dem zu röstenden Gut Substanzen, d. i. Salze, enthalten sind, welche sich bei der Röstung nicht
zerlegen lassen (Gyps, Schwerspath) und unverändert in dem Röstgut verbleiben. Ebenso nachtheilig ist auch gleichzeitige Anwesenheit von Schwefelmetallen und Kalk, weil hierbei die Bildung von
Gyps nicht vermieden werden kann,

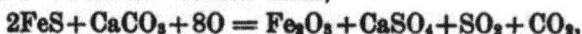

$$2FeS + CaCO_3 + 8O = Fe_2O_3 + CaSO_4 + SO_2 + CO_2,$$

während Sulfate mit metallischer Basis durch hinreichend hohe
Temperatur in ihre beiden Bestandtheile leicht zerlegt werden
können.

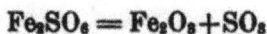

$$Fe_2SO_6 = Fe_2O_3 + SO_3$$
$$CuSO_4 = CuO + SO_3.$$

4) Unter Umständen ist es, entgegengesetzt dem Vorigen, erwünscht, die Röstung so zu leiten, dass neben wenig Oxyd verhältnissmässig viel Salze, — jedoch blos Sulfate — gebildet werden; es dient diese Art des Röstens als Vorbereitung für hydro-
metallurgische Processe, und nennt man ein solches Rösten ein
sulfatisirendes. Im Allgemeinen erfordert dasselbe eine niedrigere Temperatur, eventuell beschränkten Luftzutritt oder sogar
gänzlichen Luftmangel, was später erörtert werden soll.

5) In einigen Fällen dient schon die blosse Röstung unmittelbar zur Metallgewinnung (Quecksilber) oder zur Darstellung eines
Productes, das nur noch einer Raffination bedarf. (Arsenige Säure.)

Von diesen speziellen Fällen haben wir hier abzusehen. Häufiger aber wird jene Methode angewendet, wo blos ein Theil der Röstpost wirklich abgeröstet, das Röstproduct aber dazu benützt wird, durch Einwirkung auf den noch roh gebliebenen Theil der erhitzten Substanz das Metall auszuscheiden. Man nennt ein solches Rösten Reactionsrösten und macht von diesem Verfahren absichtlichen Gebrauch bei der Gewinnung des Bleies in Flammöfen und Heerden und bei der Gewinnung des Kupfers in Flammöfen. (Siehe auch Reduction durch Schwefel.)

6) Hat man die Absicht, bei dem Rösten Chlormetalle zu bilden, so wird unter Zutheilung von Kochsalz geröstet und nennt man dieses Verfahren eine chlorirende Röstung. Es sind zwar diejenigen Körper, welche durch die Röstung entfernt werden sollen, gerade als Chlorverbindungen sehr flüchtig, und könnten in dieser Weise sehr leicht entfernt werden; es verursacht dies aber eine erhebliche Vermehrung des Kochsalzzuschlags, also der Röstkosten, die vermehrte Flüchtigkeit jener Chlormetalle disponirt auch andere weniger flüchtige und zur Gewinnung bestimmte Metalle zu stärkerer Verflüchtigung, vermehrt demnach das Calo, und um beides zu vermeiden, lässt man der chlorirenden Röstung fast immer eine oxydirende vorangehen, wodurch der grösste Theil der auch als Oxyde flüchtigen Körper vorher entfernt wird, bevor man das Kochsalz zusetzt.

Die Producte des Röstens von Schwefel-, Arsen- und Antimonmetallen sind demnach neben den Metalloxyden Schwefeldioxyd und Schwefelsäure, arsenige Säure und Arsensäure, Antimonoxyd und Antimonsäure.

Oxydirendes Rösten.

Fassen wir zunächst die Schwefelmetalle in's Auge, so ist es das Schwefeldioxyd und die Schwefelsäure, welche beide zuweilen selbst activ bei dem Röstprocess mitwirken, worüber uns die von Plattner vorgenommenen Versuche belehren.

Das gasförmige Schwefeldioxyd zeigt, je nachdem dasselbe mit verschiedenen Körpern in höherer Temperatur in Berührung kömmt, auch ein verschiedenes Verhalten.

1) Das Schwefeldioxyd oxydirt sich im Contact mit der

glühenden Röstpost auf Kosten des Sauerstoffs der zutretenden atmosphärischen Luft zu Schwefelsäure.

$$SO_2 + O = SO_3.$$

2) Die schweflige Säure reducirt höhere Metalloxyde und oxydirt sich selbst,

$$2CuO + SO_2 = Cu_2O + SO_3$$

wenn der Zutritt atmosphärischer Luft beschränkt ist.

3) Auf eine unveränderliche Contactsubstanz geleitet zerfällt die schweflige Säure mehr weniger vollständig in Schwefelsäure und Schwefel.

$$3SO_2 = S + 2SO_3.$$

4) Dasselbe Verhalten zeigt das Schwefeldioxyd bei dem Zusammentreffen mit indifferenten Substanzen.

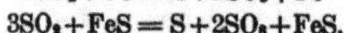

$$3SO_2 + Fe = S + 2SO_3 + Fe$$
$$3SO_2 + FeS = S + 2SO_3 + FeS.$$

5) Schwefeldioxyd und Kohlensäure wirken auf einander nicht ein.

6) Schwefeldioxyd und Kohlenoxyd zersetzen sich unter Bildung von Kohlensäure und Abscheidung von Schwefel.

$$SO_2 + 2CO = 2CO_2 + S.$$

7) Schwefeldioxyd und Kohlenstoff zersetzen sich je nach der Menge des vorhandenen Kohlenstoffs in Schwefel und Kohlensäure oder Kohlenoxydgas.

$$SO_2 + C = CO_2 + S$$
$$SO_2 + 2C = 2CO + S.$$

8) Schwefeldioxyd und Wasserstoffgas bilden unter Abscheidung von Schwefel Wasserdampf.

$$SO_2 + 4H = S + 2H_2O.$$

9) Schweflige Säure und Grubengas (leichtes Kohlenwasserstoffgas) zersetzen sich unter Bildung von Wasserdampf, Kohlenoxydgas und Abscheidung von Schwefel.

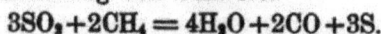

$$3SO_2 + 2CH_4 = 4H_2O + 2CO + 3S.$$

10) Schweflige Säure und Elayl (Aethylen, ölbildendes Gas, schweres Kohlenwasserstoffgas) geben dieselben Zersetzungsproducte.

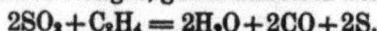

$$2SO_2 + C_2H_4 = 2H_2O + 2CO + 2S.$$

Wie wir so eben gesehen haben (Punct 1—4) bildet sich bei dem Rösten von Schwefelmetallen auch Schwefelsäure, und auch diese erleidet und bewirkt bei der Röstung in verschiedener Weise Veränderungen.

1) Niedrigere Oxyde werden von der Schwefelsäure höher oxydirt und sie selbst reducirt.

$$Cu_2O + SO_3 = 2CuO + SO_2.$$

2) Schwefelsäure in einen glühenden engen Raum geleitet zerfällt mit den Wänden dieses Raums in Berührung mehr weniger vollständig in Schwefeldioxyd und Sauerstoff.

$$SO_3 = SO_2 + O.$$

3) Auf glühende Metalle geleitet, die geneigt sind, in hoher Temperatur sich zu oxydiren, gibt die Schwefelsäure an dieselben einen Theil ihres Sauerstoffs ab.

$$2Ag + SO_3 = Ag_2O + SO_2.$$

4) Wird Schwefelsäure in genügender Menge auf glühende Schwefelmetalle geleitet, die auf niedrigerer Schwefelungsstufe stehen, so gibt sie an dieselben Sauerstoff ab und verwandelt sie in Oxyde.

$$Cu_2S + 3SO_3 = Cu_2O + 4SO_2$$
$$Cu_2S + 4SO_3 = 2CuO + 5SO_2.$$

5) Schwefelsäure und Schwefeldampf bilden Schwefeldioxyd, bei zu wenig Schwefelsäure bleibt ein Theil Schwefel unzersetzt.

$$2SO_3 + S = 3SO_2$$
$$2SO_3 + 2S = 3SO_2 + S.$$

6) Schwefelsäure und Kohlensäure wirken auf einander nicht ein.

7) Schwefelsäure und Kohlenoxydgas geben Schwefeldioxyd und Kohlensäure.

$$SO_3 + CO = SO_2 + CO_2.$$

8) Schwefelsäure und Kohlenstoff bilden Schwefeldioxyd und Kohlensäure.

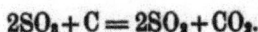

$$2SO_3 + C = 2SO_2 + CO_2.$$

9) Schwefelsäure und leichtes Kohlenwasserstoffgas bilden unter Abscheidung von Schwefel Wasserdampf und Kohlensäure.

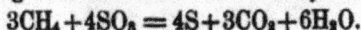

$$3CH_4 + 4SO_3 = 4S + 3CO_2 + 6H_2O.$$

10) Schwefelsäure und Elayl geben dieselben Producte.

$$C_2H_4 + 2SO_3 = 2S + 2CO_2 + 2H_2O.$$

Aus dem so eben Angeführten ergibt sich:

a) dass die gasförmige schweflige Säure nicht allein bei Luftzutritt, sondern auch bei Abschluss atmosphärischer Luft in Berührung mit schwach glühenden, leicht reducirbaren Metalloxyden auf Kosten des Sauerstoffs der-

selben sich höher oxydirt, wobei die Oxyde selbst reducirt werden;

b) dass die dampfförmige Schwefelsäure oxydirend auf glühende niedere Oxydate, Metalle und Schwefelmetalle wirkt;

c) dass die Schwefelsäure aber auch sulfatisirend auf Metalloxyde wirkt, wenn dieselben geneigt sind, Sulfate zu bilden und wenn die Temperatur nicht zu hoch gestiegen
ist, in welchem letzteren Fall sie dampfförmig frei wird;
sie wirkt ausserdem auch sulfatisirend auf arsensaure
und antimonsaure Salze, wie später gezeigt werden wird.

Das sub a) angegebene Verhalten des Schwefeldioxyds ist
wichtig für die Theorie der Schachtofenprocesse bei der Silber-,
Kupfer- und Bleigewinnung, das sub b) und c) angegebene Verhalten der Schwefelsäure wichtig für die Theorie der Röstprocesse,
namentlich bei Gewinnung der Metalle auf nassem Wege.

Die vorstehend angeführten Versuche Plattner's gelten aber
nur für Substanzen in fein zertheiltem Zustand, in welcher Form
sie auch in Flammöfen zur Röstung gelangen.

Die Veränderungen, welche fein zertheilte Schwefelmetalle
bei der Röstung erleiden, lassen sich im Allgemeinen durch das
folgende Schema darstellen:

Rohe Substanz: FeS.

Bei dem Erhitzen bis zu einer Temperatur, die gerade hinreicht, die Affinität des Eisens und des Schwefels zum Sauerstoff
der atmosphärischen Luft rege zu machen, entstehen zunächst:

$$1.\ FeS + 3O = FeO + SO_2.$$

Das Eisenoxydul kann als solches nicht bestehen, das Schwefeldioxyd entweicht zum Theil, zum Theil oxydirt es sich im Contact mit der glühenden Röstpost auf Kosten des Sauerstoffs der zutretenden atmosphärischen Luft, daher

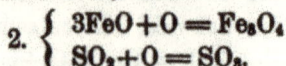

$$2.\ \begin{cases} 3FeO + O = Fe_3O_4 \\ SO_2 + O = SO_3. \end{cases}$$

Die neugebildete Schwefelsäure wirkt nun theils oxydirend,
theils sulfatisirend, und es bilden sich:

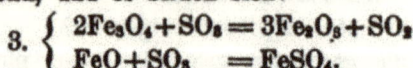

$$3.\ \begin{cases} 2Fe_3O_4 + SO_3 = 3Fe_2O_3 + SO_2 \\ FeO + SO_3 = FeSO_4. \end{cases}$$

Das Ferrosulfat ist in höherer Temperatur ebenfalls nicht beständig, sondern übergeht in basisches Ferrisulfat

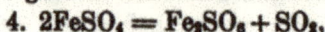

$$4.\ 2FeSO_4 = Fe_2SO_6 + SO_2,$$

und steigert man jetzt die Temperatur, so wird auch das Ferrisulfat zerlegt, und die Schwefelsäure entweicht als solche.

$$5.\ Fe_2SO_6 = Fe_2O_3 + SO_3.$$

Wirkt ein Ueberschuss von dampfförmiger Schwefelsäure auf
rohe Theilchen von Schwefelmetall, so erfolgt ebenfalls Oxydation

$$6.\ FeS + 3SO_3 = FeO + 4SO_2,$$

und es erfolgt demnach die völlige Abröstung nicht allein durch
den Sauerstoff der atmosphärischen Luft, sondern auch durch die
Schwefelsäure, woraus folgt, dass Verbindungen, welche mehr
Schwefel enthalten, wie z. B. FeS_2, trotz Entweichens eines Theils
des Schwefels sich vollständiger und rascher abrösten als niedriger
geschwefelte.

Bei dem Rösten von Erzen und Hüttenproducten in Stücken,
welche zumeist aus Gemengen von mehreren Schwefelmetallen,
oder solchen mit Erden bestehen, geschieht die Entzündung stets
von unten, und die Röstung schreitet, wenn bei der Oxydation der
Schwefelmetalle durch den Sauerstoff der Luft so viel Wärme frei
wird, dass sie auch in den überliegenden Schichten des Röstgutes
die Affinität des Schwefels und der Metalle zum Sauerstoff erregt,
von selbst fort. Jedes Stück oxydirt sich zunächst an der Oberfläche, die Oxydation schreitet nach dem Innern zu fort, die Stücke
bekommen Risse und Sprünge, welche der atmosphärischen Luft
den Zutritt erleichtern, und die Oxydation erfolgt ebenfalls um so
schneller, je mehr Schwefel die Schwefelmetalle enthalten, da dieser
später selbst als Brennstoff wirkt.

Man hat hierbei im Allgemeinen zu berücksichtigen:

1) Die chemische Beschaffenheit des Erzes oder Productes.
d. h. ob sie auf einer hohen oder auf einer niederen Schwefelungsstufe stehen, und ob die Schwefelverbindung leicht oder schwer
oxydirbar ist.

2) Die physische Beschaffenheit des Röstguts, d. h. ob es
mehr oder weniger dicht ist, und von der atmosphärischen Luft
genügend durchdrungen werden kann.

3) Ob die Substanz todtzurösten oder die Röstung früher zu
unterbrechen ist, so dass noch ein Antheil Schwefel nach erfolgter
Röstung unzersetzt zurückbleiben soll.

4) In welchem Apparat die Röstung geschieht.

5) Den richtigen Hitzegrad.

Ist letzterer zu gross, so entstehen leicht Sinterungen, wodurch die Stücke weniger porös werden und die Röstung verzögert wird; ist die Temperatur zu niedrig, so wird der Zweck des Röstens nicht erreicht.

Von der chemischen und physischen Beschaffenheit des Röstgutes hängt die Grösse der Stücke ab, die man dem Rösten unterwirft; jedenfalls müssen dieselben stets eine genügend lange Zeit bei ununterbrochenem Luftzutritt in einer entsprechenden Hitze verweilen, um die Oxydation auch im Innern möglichst vollständig bewirken zu können. Hoch geschwefelte und leicht oxydirbare Verbindungen können in grösseren Stücken, bis Faustgrösse, und auch mit kleineren gemengt der Röstung unterworfen werden; zu grosse, im Innern nicht vollständig durchgeröstete Stücke zeigen, wenn sie nach der Röstung zerschlagen werden, rohe Kerne und werden nochmal geröstet. Will man solche rohe Kerne absichtlich erzeugen, so können die Stücke selbst über Faustgrösse, sie müssen aber alle ziemlich gleich gross sein (Kernröstung).

Hüttenproducte enthalten die Metalle fast nur auf niedrigeren Schwefelungsstufen; sie dürfen nicht zu klein, sie sollen etwa 50—60 ccm gross sein.

Als Beispiel mag hier das Abrösten eines Kupferlechs (Rohstein, Concentrationsstein, Kupferstein, Spurstein) dienen; dasselbe ist eine Verbindung von Halbschwefelkupfer mit Schwefeleisen, oder von Halbschwefelkupfer mit Halbschwefeleisen, eventuell hier noch mit Schwefeleisen in wechselnden Verhältnissen, wo das Halbschwefelkupfer in den bei den späteren Schmelzungen erhaltenen Lechen prävalirt. Halbschwefelkupfer zeigt bei der Verröstung in fein zertheilter Form das folgende Verhalten:

Bei vorsichtiger Röstung (bei starkem Erhitzen schmilzt es um so leichter, je mehr Schwefelkupfer es enthält) entwickelt sich Schwefeldioxyd unter gleichzeitiger Bildung von Kupferoxydul,

$$Cu_2S + 3O = Cu_2O + SO_2,$$

welche Producte sich auf Kosten des Sauerstoffs der atmosphärischen Luft höher oxydiren, wobei jedoch für die Oxydation der schwefligen Säure der Contact mit der glühenden Röstpost nothwendig ist,

$$Cu_2O + SO_2 + 2O = 2CuO + SO_3;$$

letztere wirkt sofort oxydirend auf das vorhandene Kupferoxydul wie auf noch unzersetztes Schwefelkupfer

$$Cu_2O + SO_3 = 2CuO + SO_2$$
$$Cu_2S + 3SO_3 = Cu_2O + 4SO_2.$$

Das frei werdende Schwefeldioxyd entweicht entweder als solches, oder es oxydirt sich unter gleichen Verhältnissen, wie früher, sogleich wieder mehr weniger vollständig zu Schwefelsäure, welche Bildung so lange fort dauert, als noch unzersetztes Schwefelkupfer in merklicher Menge vorhanden ist; wenn dieses jedoch abnimmt, so dass alle schweflige Säure in Schwefelsäure sich umwandeln kann, so oxydirt sich nur noch das Kupferoxydul zu Oxyd durch die Schwefelsäure und den Sauerstoff der atmosphärischen Luft und das Oxyd wird zum Theil sulfatisirt;

$$CuO + SO_3 = CuSO_4,$$

so lange aber noch Schwefeldioxyd in merklicher Menge gebildet wird, kann nicht alles Oxydul in Oxyd übergehen, weil das Schwefeldioxyd sich auf Kosten des Sauerstoffgehalts des Kupferoxyds oxydirt,

$$2CuO + SO_2 = Cu_2O + SO_3,$$

daher der Rost nach der Abschwefelungsperiode neben Kupferoxyd stets noch 20—30 Procent Kupferoxydul enthält.

Das Kupfersulfat wird erst in höherer Temperatur zerlegt und in Oxyd umgewandelt, indem einestheils die Schwefelsäure dampfförmig als solche, anderntheils in Sauerstoff und Schwefeldioxyd zerlegt entweicht, wobei das noch freie Kupferoxydul höher oxydirt wird.

Bei zu Anfang zu hoch angewendeter Temperatur tritt Sinterung ein, und man findet in den Röstknoten des Röstgutes viel unzersetztes Schwefelkupfer, wogegen bei anfangs niederer Temperatur nichts davon zurückbleibt.

Im Grossen jedoch wird sehr selten reines Halbschwefelkupfer der Röstung unterworfen, sondern stets ein kupferhaltendes Lech von der allgemeinen Zusammensetzung $mFeS + nCu_2S$, welche Beimischung von Schwefeleisen fördernd auf die Röstung des Kupfersülfürs wirkt, da die zum Schluss aus dem basischen Ferrisulfat frei werdende Schwefelsäure mit zur Oxydation der Kupfertheile beiträgt.

Bei dem Rösten eines Kupferlechs in Stücken zeigt sich nun ein von dem eben angegebenen etwas abweichendes Verhalten.

Ist bei einem Leche der Kupfergehalt nicht bedeutend, so findet sich derselbe in den gut gerösteten einzelnen Stücken neben freiem Eisenoxyd meistentheils ebenfalls als Oxyd mit etwas

Sulfat und Oxydul, ist aber der Kupfergehalt bedeutend, so findet sich das Kupfer viel metallisch ausgeschieden neben Eisenoxyd und Eisenoxyduloxyd, das aber noch etwas Kupferoxyd enthält. Diese Bildung metallischen Kupfers findet in der Art statt, dass das anfangs gebildete Kupferoxydul wegen Entwickelung von Schwefeldioxyd nicht in Kupfer übergehen kann, und das Kupferoxydul selbst oxydirend auf die mit ihm in Berührung befindlichen Schwefelverbindungen des Kupfers und Eisens einwirkt, wobei neben Schwefeldioxyd auch Kupfer metallisch ausgeschieden wird,

$$2Cu_2O + Cu_2S = 6Cu + SO_2,$$

und je mehr diese beiden auf einander einwirken können, um so grösser sind die Kupferausscheidungen.

Das Kupferoxydul wirkt auch auf das Schwefeleisen oxydirend ein, wenn es damit in unmittelbarer Berührung bei genügend hoher Temperatur ist, wobei ebenfalls eine Ausscheidung metallischen Kupfers erfolgt.

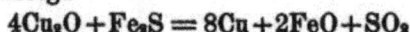

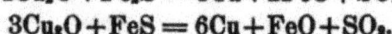

$$4Cu_2O + Fe_2S = 8Cu + 2FeO + SO_2$$
$$3Cu_2O + FeS = 6Cu + FeO + SO_2.$$

Die Röstung schreitet nun von aussen nach innen derart fort, dass, nachdem die Lechstücke von einer porösen mehr weniger starken Rinde umgeben sind, nicht mehr die atmosphärische Luft auf die Schwefelmetalle einwirkt, sondern die Oxydation nur durch die sich bildende Schwefelsäure fortgeführt wird, wobei aber häufig rohe Kerne entstehen, indem ein Theil der gebildeten schwefligen Säure in Schwefeldampf und Schwefelsäure zerfällt,

$$3SO_2 = S + 2SO_3,$$

und der Schwefel von dem weniger erhitzten Theil aufgenommen wird.

Enthält das Lech S c h w e f e l s i l b e r, so verwandelt sich dieses anfangs in Silberoxydul und Schwefeldioxyd, ersteres wird aber später sulfatisirt, und hierbei können, da das Silber flüchtig ist, empfindliche Verluste entstehen, hauptsächlich bei Zuführung von viel atmosphärischer Luft, und es muss desshalb, um die Silberverluste möglichst gering zu machen, der Luftzutritt bei dem Rösten solcher Leche beschränkt werden. Bei einem grösseren Kupfer- und Silbergehalt beobachtet man im Innern der Röststücke auch haarförmige Ausscheidungen von metallischem Silber und Kupfer. Bei Röstung silberhaltender Kupfersteine, welche für die Extraction (des Silbers) nach Ziervogel's Methode bestimmt sind, soll die Ausscheidung metallischen Kupfers möglichst vermieden werden,

weil eben auch ein Theil des Silbers metallisch ausgeschieden
wird, das sich später nicht mehr sulfatisirt und der Extraction
entgeht. Darum werden Kupfersteine granulirt und in fein zertheiltem Zustand der Röstung unterworfen; ein Silbergehalt derselben bedingt weiters die Abwesenheit leicht sinternder, Silber-
theilchen einhüllender Substanzen, eine langsam gesteigerte Temperatur, bis eben das Kupfersulfat, welches bei etwas geringerer
Hitze zerlegt wird, wie das schwefelsaure Silberoxyd, möglichst
alles in freies Oxyd umgewandelt ist, ein stetiges, langsames
Krählen und Wenden der Röstpost, endlich die Zuführung von
Verbrennungsgasen auf den Röstheerd, welche frei sind von russi-
gen Theilchen oder reducirend wirkenden Gasen, weil sonst leicht
Kupferoxydul und Eisenoxyduloxyd entsteht, welche auf schon gebildetes Silbersulfat zerlegend einwirken.

Kernröstung. Ein eigenthümliches Verhalten bei der Röstung zeigt ein Kupfer haltender Schwefelkies; wenn man nämlich
solche Erze in grösseren Stücken in Haufen röstet, so zieht sich
bei langsamer Röstung das Kupfer immer mehr in die Mitte des
Erzstücks, wo es sich concentrirt, während die äussere Rinde aus
vorwaltend Eisenoxyd mit nur wenig Kupferoxyd besteht. Dieser
Vorgang erklärt sich folgends: die bei der Röstung des Stücks
nach aussen tretenden Schwefeldämpfe schützen das Schwefelkupfer
nicht nur vor einer Oxydation, sondern dasselbe wird durch die
beständige Oxydation des Schwefeleisens und durch die Verbrennung des Schwefels stetig in einer Temperatur erhalten, in welcher
es vermöge seiner Leichtschmelzigkeit flüssig erhalten wird und
sich mit den dahinter befindlichen Schwefelmetallen vereinigt,
so dass nach rückwärts, d. i. nach Innen zu eine Anreicherung
des Kupfers stattfindet. Es beruht dieses Verhalten auf der so
grossen Verwandtschaft des Kupfers zum Schwefel, angefangen
von der Temperatur, bei welcher das Schwefeleisen erweicht, so
dass dann der ungehinderte Zutritt der atmosphärischen Luft selbst
diese Verwandtschaft nicht aufzuheben vermag. So lange noch
die Rinde von Eisenoxyd dünn ist, wirkt der Sauerstoff der atmosphärischen Luft direct oxydirend auf das Schwefeleisen ein, diese
Einwirkung nimmt aber stetig mit dem Dickerwerden der Rinde
ab, und die oxydirende Wirkung durch die sich bildende Schwefelsäure in demselben Masse zu, weil die in der porösen Eisenoxyd-
kruste sich vorfindende schweflige Säure entstanden durch:

$$FeS + 3O = FeO + SO_2 \text{ und}$$
$$FeS + 3SO_3 = FeO + 4SO_2$$

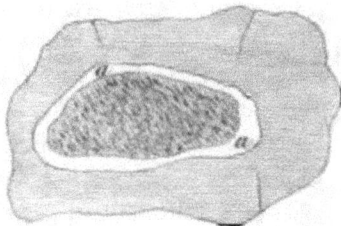

und der von innen nach aussen dringende Schwefeldampf den zutretenden Sauerstoff früher absorbiren, ehe er noch zu den Schwefelmetallen nach innen gelangt; es bildet sich hinter der Eisenoxydrinde eine Schicht a, welche nahezu die Zusammensetzung des Kupferkieses($Cu_2S + Fe_2S_3$) zeigt (Fig. 1); bei anhaltender Röstung wird nun stets nur das Schwefeleisen oxydirt, während das Kupfer durch die aus dem Innern entweichenden Schwefeldämpfe beständig vor Oxydation geschützt ist, und die Anreicherung schreitet fort, so

Fig. 1.

dass nach und nach eine dem Buntkupfererz ($3Cu_2S + Fe_2S_3$) ähnlich zusammengesetzte Verbindung entsteht, welche sich später in eine noch reichere, dem Kupferlech ähnliche Verbindung ($Cu_2S + FeS$) umwandeln kann, so lange die Hitze nicht bis in die Mitte des Erzstücks gedrungen ist, und die sich von innen aus entwickelnden Schwefeldämpfe nur langsam unter dem Druck der in den Poren der Rinde befindlichen schwefligsauren und schwefelsauren Gase und Dämpfe entweichen können. Bei zunehmender Temperatur, wenn die an Schwefel ärmere Kiesmasse erweicht, drängt sich das Schwefelkupfer immer mehr nach der Mitte hin, wodurch verschiedene Verbindungen des Schwefelkupfers mit dem Schwefeleisen entstehen, und wenn endlich die Entwickelung von Schwefeldämpfen aufhört, so sucht sich das Halbschwefelkupfer in dem Schwefeleisen gleichmässig zu vertheilen, bis eine dem Kupferlech ähnliche Verbindung als Kern b in der Mitte des Stücks entsteht (Fig. 2), wobei die Oxydation des Schwefeleisens auf Kosten der sich bildenden Schwefelsäure fortschreitet, ohne dass merkliche Mengen Schwefelkupfer oxydirt würden. Bei weiter fortgesetzter Röstung, wenn der Kern blos mehr noch aus Halbschwefelkupfer und Einfachschwefeleisen besteht, würde sich, weil eben nur mehr Einfachschwefel-

Fig. 2.

eisen vorhanden ist, auch das Schwefelkupfer oxydiren, Kupferoxydul entstehen, und durch Reaction desselben auf Schwefelkupfer
metallisches Kupfer ausgeschieden werden. (Plattner.)

$$2Cu_2O + Cu_2S = 6Cu + SO_2.$$

Wie bedeutend die Anreicherung des Kupfers bei dieser Art
der Röstung erfolgt, ergeben die folgenden Analysen, ausgeführt
im k. k. Generalprobiramt zu Wien:

	Rohes Erz	Reines Kernerz
Kupfer	1.60	41.64
Eisen	43.50	28.76
Schwefel	50.25	29.28
Quarz	5.00	0.08

Die um dieses Kernerz gelagerte innere, die an Kupfer
reichste, Kernerzrinde (Oxydkruste) enthielt:

Kupfer	3.31
Schwefel	0.92
Quarz	2.85
Kupferoxyd	1.58
Eisenoxydul	0.10
Eisenoxyd	85.70
Schwefelsäure	2.50
Glühverlust	3.04

Stöckelröstung. Sollen Schliche in Haufen oder Schachtöfen geröstet werden, so werden sie vorher in Stückform gebracht;
dies geschieht zu Agordo im Venetianischen durch Einbinden des
Erzschlichs mit Eisenvitriollauge von 26—30° B. Concentration.
Die zu einem steifen Teig angemachte Masse wird in Formen geschlagen, die fertigen Stöckel aus der Form herausgedrückt und
an der Luft sehr langsam getrocknet, wo sie binnen drei Wochen
erhärten. Es ist nöthig, dass der zur Stöckelerzeugung dienende
Schlich recht trocken sei, damit er so viel wie möglich Lauge
aufnehme, und die Stöckel müssen sehr langsam trocknen, da sie
sonst rissig werden; ein zu grosses Korn des Schlichs ist nachtheilig, weil dies bei kupferarmen Eisenkiesen zur Kernbildung
Veranlassung gibt. Zu grosse Stöckel bleiben auch nach der
Röstung zum Theil noch roh; ein solches Stöckel hat ein entsprechendes Gewicht, wenn es 2 Kilo wiegt.

Von A. Hauch wurde zum Abrösten goldhaltiger Kiesschliche
ein schachtofenförmiger Apparat angegeben; die Abröstung darin hat

aber blos den Zweck, den ursprünglichen Lechgehalt von 60% auf
etwa 30% herabzubringen, und muss die Röstung um jede Gold-
verflüchtigung zu vermeiden, bei möglichst niedriger Temperatur
vorgenommen werden. Zu Szalathna in Siebenbürgen wird der
Kiesschlich blos mit Wasser befeuchtet in Formen geschlagen; die
fertigen Stöckel erhärten in einer Trockenkammer oder im Freien
an warmer, trockner Luft sehr bald in Folge Austrocknung des
frisch gebildeten Eisenvitriols, zerfallen aber in der Feuchte wieder.
Bei dem Rösten entzünden sich diese Stöckel und die Oberfläche
derselben löst sich in Form eines feinen Staubes fortwährend ab,
bis das ganze Stöckel verröstet ist, und frisch nachgetragene entzünden sich an den bereits brennenden, so dass diese Verröstung
ununterbrochen vor sich geht. Bei dem Verrösten der Kupfererze
und der geschwefelten Kupferhüttenproducte kömmt es nicht immer
auf ein vollkommenes Abrösten an, erst wenn das hinlänglich im
Metallgehalt concentrirte Kupferlech unmittelbar zur Darstellung
des Metalls dienen soll, wird dasselbe völlig todtgeröstet.

Bei der Verhüttung der Bleierze nach Art der ordinären
Bleiarbeit (Röstreductionsarbeit) ist jedoch eine möglichst vollkommene Durchführung der Oxydation des Schwefelbleies, ein Todtrösten geboten, derart, dass möglichst viel Bleioxyd und womög-
lich gar kein Bleisulfat erhalten wird, weil bei dem folgenden
Schmelzen der gerösteten Erze mit Kohle aus dem Bleisulfat
Schwefelblei reducirt wird, dieses sich als Lech (mit Schwefeleisen)
absondert und der Gewinnung entgeht, beziehentlich zur Gewinnung des darin enthaltenen Bleies mehrfache Nacharbeiten erfordert.

Das Schwefelblei oxydirt zwar nur sehr langsam, und es
wird trotz ungehinderten Zutritts atmosphärischer Luft also auch
nur wenig Schwefeldioxyd frei, doch zeigt die daraus im Contact
mit der glühenden Röstpost sich bildende Schwefelsäure viel Affinität zu dem Bleioxyd, und das entstandene Bleisulfat lässt sich
durch hohe Temperatur allein nicht zerlegen, ja selbst bei Anwendung einer reducirenden Röstung hinterlässt das Schwefelblei doch
nur etwa zwei Drittel als Oxyd und ein Drittel als Sulfat.

Im Allgemeinen unterscheidet man die folgenden Methoden
des Röstens fein vertheilter Röstsubstanzen in Flammöfen:

1) Das Staubrösten, welches um so vollkommener ausfällt,
je feiner vertheilt das Röstgut ist, verlangt eine sehr vorsichtige
Röstung bei sehr niederer Temperatur, um jede Bildung von Röst-

knoten zu vermeiden, und abwechselndes oxydirendes und reducirendes Rösten. Dem ungeachtet bleibt bei dem Rösten von Bleiglanz stets ein ansehnlicher Theil Bleisulfat in der Röstpost zurück,
und ausserdem hat diese Röstmethode im Allgemeinen den Nachtheil, dass man das geröstete Gut wieder in Schlichform erhält,
was wegen des Vorrollens der feinen Theilchen in Schachtöfen für
den Betrieb derselben nachtheilig ist.

2) Um dem letztgenannten Uebelstande zu begegnen, wird
häufig ein Sinterrösten in Anwendung gebracht, was aber zur
Folge hat, dass mehr unzersetzte Röstsubstanz (Bleiglanz) in der
Röstpost verbleibt, was bei dem darauf folgenden Schmelzen einen
vermehrten Bleisteinfall verursacht und zur Bleiausscheidung daraus einen erhöhten Eisenzuschlag bedingt.

3) Die vollkommenste Methode bei dem Verrösten der Bleierze ist demnach das verschlackende Rösten, d. i. ein Zusammenschmelzen des vorher wohl oxydirend abgerösteten Gutes
mit entweder schon in dem Röstgute enthaltener, oder bei Mangel
daran mit zu diesem Zwecke in vorher berechneter Menge absichtlich zugesetzter Kieselerde bei höherer Temperatur im Röstofen
selbst, wobei man die folgenden Vortheile erreicht:

a) Man erhält das Röstgut in für den Hochofenbetrieb geeigneter Form, in Stücken.

b) Die Schwefelsäure des Sulfats wird durch die in der Röstpost enthaltene Kieselerde am vollständigsten ausgetrieben,
$$2(PbSO_4)+SiO_2 = Pb_2SiO_4+2SO_3,$$
worauf das Blei aus dem gebildeten Bleisilicat dann
leicht im Hohofen zu reduciren ist.

Rösten von Arsen- und Antimonmetallen. Aehnlich,
wie bei dem Rösten von Schwefelmetallen Schwefelsäure und Sulfate gebildet werden, wird bei dem Rösten von Arsen- und Antimonmetallen Arsensäure und Arseniat, Antimonsäure und Antimoniat gebildet.

Das metallische Arsen oxydirt sich in höherer Temperatur
bei ungehindertem Luftzutritt ohne zu schmelzen zu arseniger
Säure, bei niedriger Temperatur und beschränktem Luftzutritt zu
arseniger Säure und Arsensuboxyd. Die neu gebildete arsenige
Säure aber erleidet in hoher Temperatur unter verschiedenen Umständen die folgenden Veränderungen:

1) Die arsenige Säure oxydirt sich im Contact mit den glü-

henden Metalloxyden und mit indifferenten Körpern auf Kosten des Sauerstoffs der atmosphärischen Luft zu Arsensäure.

$$As_2O_3 + 2O = As_2O_5.$$

2) Die arsenige Säure ist geneigt, auf Kosten leicht reducirbarer Metalloxyde sich in Arsensäure umzuändern und zugleich arsensaures Metalloxyd zu bilden.

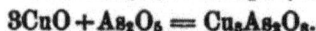

$$4CuO + As_2O_3 = 2Cu_2O + As_2O_5$$
$$3CuO + As_2O_5 = Cu_3As_2O_8.$$

3) Die arsenige Säure oxydirt sich auf Kosten des Sauerstoffs der in Sulfaten enthaltenen Schwefelsäure und setzt jene in Arseniate um.

$$6CuSO_4 + 3As_2O_3 = 2(Cu_3As_2O_8) + As_2O_5 + 6SO_2.$$

4) Das Arsentrioxyd zersetzt sich in Berührung mit solchen Metalloxyden, welche keinen Sauerstoff an dieselbe abgeben, in Arsensäure und Arsensuboxyd um, wovon die erstere mit dem Oxyd sich verbindet.

$$3NiO + 2As_2O_3 = Ni_3As_2O_8 + As_2O.$$

5) In Berührung mit starren Körpern, welche weder Sauerstoff abgeben, noch mit Arsensäure sich verbinden, zerfällt die arsenige Säure ebenfalls in Arsensäure und Arsensuboxyd.

$$2As_2O_3 + SiO_2 = As_2O_5 + As_2O + SiO_2.$$

Der Vorgang bei der Röstung fein zertheilter Arsenmetalle in Flammöfen ist nun der folgende:

Bei Anwesenheit von viel Arsen, d. i. mehr Arsen, als zur Bildung zuerst eines arsenigsauren, dann arsensauren Salzes mit dem freiwerdenden Oxyd nöthig ist, wird so viel arsenige Säure frei, dass dieselbe im Contact mit der glühenden Röstpost sich in Arsensäure verwandelt, und ein arsensaures Salz bildet, während Arsensuboxyd entweicht.

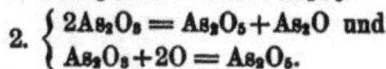

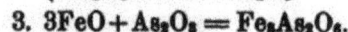

1. $FeAs_2 + 4O = FeO + As_2O_3.$

2. $\begin{cases} 2As_2O_3 = As_2O_5 + As_2O \text{ und} \\ As_2O_3 + 2O = As_2O_5. \end{cases}$

3. $3FeO + As_2O_5 = Fe_3As_2O_8.$

welches Salz in höherer Temperatur unbeständig, sich höher oxydirt auf Kosten des Sauerstoffs der Arsensäure, oder in arsensaures Salz und in sich verflüchtigendes Arsen zerfällt.

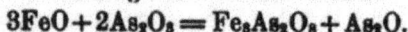

$$3FeO + 2As_2O_3 = Fe_3As_2O_8 + As_2O.$$

Bei weniger als der eben nöthigen Menge Arsen, welche zur Bildung eines basischen Salzes nothwendig ist, geht die Oxydation und Salzbildung ohne Entstehen von Arsensuboxyd vor sich. Ist das Metalloxyd nicht geneigt, mit Arsensäure ein Salz zu bilden, so bleibt nur freies Metalloxyd zurück, da aber die Arsensäure nicht flüchtig ist, während des Krählens jedoch mit unveränderten Arsenmetallen in Berührung kömmt, wird sie reducirt,

$$3As_2O_5 + 4As = 5As_2O_3,$$

welche Reduction auch durch niedrigere Oxydate bewirkt wird, wenn sie das Bestreben haben, sich auf Kosten ihres Sauerstoffgehaltes höher zu oxydiren,

$$4FeO + As_2O_5 = 2Fe_2O_3 + As_2O_3$$

und wird in beiden Fällen verflüchtigt.

Ein Theil der Arsensäure bleibt zuletzt an das Metalloxyd gebunden zurück, und da dieses Arseniat durch Glühhitze nicht zersetzt wird, findet sich in dem abgerösteten Gut Arseniat neben freiem Oxyd.

Wirkt aber gleichzeitig dampfförmige Schwefelsäure im Ueberschuss auf Arsenmetalle ein, so werden sie zerlegt und in Sulfate umgewandelt.

Auch das Antimon bildet mit Metalloxyden Antimoniate, vorausgesetzt, dass die Oxyde geneigt sind, sich mit Antimonsäure zu verbinden; das Antimonoxyd ist sehr geneigt, schon bei eintretender Rothgluth sich auf Kosten des Sauerstoffs der atmosphärischen Luft höher zu oxydiren und entweder antimonsaures Antimonoxyd zu bilden oder ganz in Antimonsäure zu übergehen.

Das Antimonoxyd zerlegt aber in Berührung mit Sulfaten die Schwefelsäure und oxydirt sich höher,

$$Sb_2O_3 + 2SO_5 = Sb_2O_5 + 2SO_2$$

und bildet mit dem vorhandenen Oxyd, das an die Schwefelsäure gebunden war, ein neues Salz.

Dies ist nun namentlich dann sehr nachtheilig, wenn das geröstete Gut für die Extraction des Silbers mit Wasser bestimmt ist, da antimonsaures Silberoxyd in Wasser unlöslich ist; nur wenn das Röstgut viel Halbschwefelkupfer enthält, das sich bei der Röstung zum Theil in Kupfersulfat umwandelt, kann bei hinreichend hoher Temperatur die aus dem Kupfersulfat frei werdende Schwefelsäure das Antimoniat wieder zersetzen und schwefelsaures Silberoxyd bilden, aber bei zu hoher Temperatur wird das Silber metallisch ausgeschieden, ein Theil davon kann leicht oxydirt und verflüchtigt werden, wodurch der Silberverlust vermehrt würde, wenn nicht sofort Schwefelsäure auf dasselbe einwirkt.

Anwendung von Wasserdampf bei dem Rösten. Bei dem Rösten von Schwefelmetallen und Arsenmetallen wird nur sehr selten Wasserdampf angewendet; bei Abschluss der atmosphärischen Luft geschieht hier die Oxydation durch den Sauerstoff des Wasserdampfes unter Entwickelung von Schwefelwasserstoffgas, oder es erfolgt eine Ausscheidung der Metalle im regulinischen Zustande unter gleichzeitiger Entwickelung von Schwefelwasserstoffgas und Schwefeldioxyd,

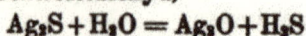

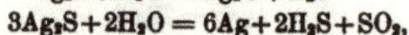

$$Ag_2S + H_2O = Ag_2O + H_2S$$
$$3Ag_2S + 2H_2O = 6Ag + 2H_2S + SO_2,$$

welche beide Gase jedoch einander unter Abscheidung von Schwefel zerlegen

$$2H_2S + SO_2 = 2H_2O + 3S.$$

Je nach der höheren oder niedrigeren Schwefelungsstufe des Schwefelmetalls und je nach der Art des Metalls, ob sich dasselbe nämlich oxydirt oder metallisch ausscheidet, wird neben Schwefelwasserstoff auch Wasserstoff und Schwefeloxyd gebildet, auch Schwefel dampfförmig abgeschieden;

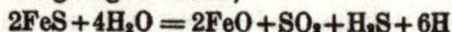

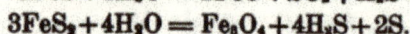

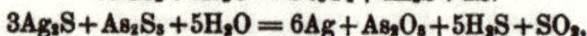

$$2FeS + 4H_2O = 2FeO + SO_2 + H_2S + 6H$$
$$3FeS_2 + 4H_2O = Fe_3O_4 + 4H_2S + 2S.$$
$$3Ag_2S + As_2S_3 + 5H_2O = 6Ag + As_2O_3 + 5H_2S + SO_2,$$

bei gleichzeitigem Zutritt atmosphärischer Luft wird mehr Schwefeldioxyd, demnach auch mehr Schwefelsäure gebildet, indem sowohl der Schwefelwasserstoff als auch die schweflige Säure auf Kosten des Sauerstoffs der Luft verbrennen,

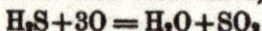

$$H_2S + 3O = H_2O + SO_2$$
$$SO_2 + O = SO_3,$$

und es entstehen auch Sulfate und höhere Oxydationsstufen der Metalle. Da die Zerlegung der Schwefelmetalle durch Wasserdampf bei Abschluss der atmosphärischen Luft nur bei hoher und durchschnittlich bei einer höheren Temperatur geschieht, als wenn man auf gewöhnliche Weise röstet, so ist auch der Brennstoffaufwand ein sehr hoher, nicht allein aus diesem Grunde, sondern auch darum, weil die Zerlegung der Schwefelmetalle durch Wasserdampf eine viel längere Zeit in Anspruch nimmt, wesshalb diese Röstmethode theuer ist; sie ist auch nur dann von Vortheil, wenn Schwefel, Arsen und Antimon möglichst abgeschieden, oder bei sehr reichen Silbererzen ein namhafter Verlust an Silber vermieden werden soll.

In Russland werden Eisenerze, welche Schwefel- und Arsenkies enthalten, in eigenen Dampfflammschachtröstöfen geröstet. Es ist aber auch hier die Anwendung des Wasserdampfs beschränkt und unter allen Verhältnissen ist der gleichzeitige Zutritt genügender Mengen atmosphärischer Luft bei hinreichend hoher Temperatur im Ofen erforderlich, um den gebildeten Schwefelwasserstoff in Form von Schwefeldioxyd zu entfernen,

$$3S + 2H_2O = 2H_2S + SO_2$$
$$H_2S + 3O = SO_2 + H_2O,$$

weil der Sauerstoff ein weit kräftiger oxydirendes, beziehentlich entschwefelndes Agens ist, als der Wasserstoff, und da man durch Erhaltung der Dampferzeugungsapparate den Röstbetrieb nur vertheuert, ist ein Vortheil der Anwendung von Dampf bei dem Eisensteinrösten zum mindesten fraglich.

Bei unvollkommenem Zutritt der atmosphärischen Luft setzt der Schwefelwasserstoff in höherer Temperatur freien Schwefel ab, und setzt sich auch mit den glühenden Metalloxyden in Schwefelmetall und Wasser um.

$$2Fe_2O_3 + 6H_2S = 4FeS + 6H_2O + 2S$$
$$FeO + H_2S = FeS + H_2O.$$

Bei Gegenwart von Kalk wird man nie den Schwefel völlig entfernen können, da sich immer Gyps bildet.

Eisenerze, welche Schwefelkupfer enthalten, dürfen mit Anwendung von Wasserdampf gar nicht geröstet werden, da man den Schwefel nicht entfernen, wohl aber als Schwefelsäure an das gebildete Kupferoxyd binden soll, um das Kupfersulfat nach erfolgter Röstung auszulaugen.

Nach Regnault verhalten sich die am häufigsten vorkommenden Schwefelmetalle folgends bei dem Rösten mit Wasserdampf:

1) Schwefeleisen hinterlässt unter Entweichen von Wasserstoff- und Schwefelwasserstoffgas Eisenoxyduloxyd.

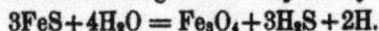

$$3FeS + 4H_2O = Fe_3O_4 + 3H_2S + 2H.$$

2) Schwefelkupfer zerlegt sich bei Rothglühhitze wenig, bei Weissglühhitze entweicht Wasserstoff, Schwefelwasserstoff und Schwefeldioxyd und ein Theil Schwefel sublimirt über; das Kupfer bleibt metallisch zurück.

$$4Cu_2S + 2H_2O = 8Cu + 2H_2S + SO_2 + S.$$

3) Schwefelblei wird unter Bildung einer Bleihaut nur wenig zerlegt.

4) **Schwefelzink** wird nur in hoher Temperatur in Zinkoxyd umgewandelt.

$$ZnS + H_2O = ZnO + H_2S.$$

5) **Schwefelantimon** wird unter Bildung von Schwefelwasserstoff und Antimonoxyd zerlegt, welches letztere mit unzerlegtem Schwefelantimon sich als citronengelbe Substanz verflüchtigt und sublimirt.

$$2Sb_2S_3 + 3H_2O = 3H_2S + (Sb_2O_3 + Sb_2S_3).$$

6) **Schwefelarsen** verhält sich ganz wie Schwefelantimon.

7) **Schwefelquecksilber** verflüchtigt sich zum Theil als solches, zum Theil verwandelt es sich in regulinisches Metall.

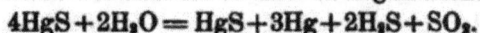

$$4HgS + 2H_2O = HgS + 3Hg + 2H_2S + SO_2.$$

8) **Schwefelsilber** hinterlässt metallisches Silber in haarförmiger Gestalt, ähnlich, wie es in der Natur vorkömmt.

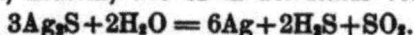

$$3Ag_2S + 2H_2O = 6Ag + 2H_2S + SO_2.$$

Reducirendes Rösten.

Nachdem der Zweck des oxydirenden Röstens blos der ist, freie Oxyde zu bilden, das gleichzeitige Entstehen von Sulfaten, Arseniaten und Antimoniaten aber nicht vermieden werden kann, so müssen diese Salze aus dem Röstgute möglichst wieder entfernt werden, da sie die völlige Reduction des zu gewinnenden Metalls beeinträchtigen, beziehentlich aus den Salzen wieder nur die ursprüngliche Verbindung, und nicht das Metall selbst, gewonnen werden kann.

Stärkeres Erhitzen allein, um die Säure des Salzes als solche auszutreiben, genügt hier nicht, da sich manche Salze hierdurch gar nicht, einige nur bei sehr hoher Temperatur, also bei grossem Brennstoffaufwand nur zerlegen lassen. Am leichtesten wird in dieser Art das Ferrisulfat, schwieriger Kupfersulfat, noch schwieriger Zinksulfat, Bleisulfat aber und Arseniate werden so gar nicht zerlegt. Die Umwandlung dieser Salze in Oxyde gelingt jedoch, wenn man Kohlenstoffhaltende Körper einmengt und nun die Post bei Abschluss der atmosphärischen Luft erhitzt, so dass die Kohle auf Kosten des in der Säure des Salzes enthaltenen Sauerstoffs, bei leicht reducirbaren Metalloxyden auch auf Kosten des Sauerstoffs des Oxyds verbrennt, wobei Schwefeldioxyd entweicht und entweder freie Oxyde zurückbleiben, oder das Sulfid wieder regenerirt wird.

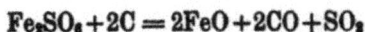

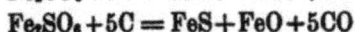

$$Fe_2SO_6 + 2C = 2FeO + 2CO + SO_2$$
$$Fe_2SO_6 + 5C = FeS + FeO + 5CO$$
$$PbSO_4 + 4C = PbS + 4CO.$$

Die nach einer solchen Röstung entstandenen Schwefelmetalle etc. werden, nachdem bei genügendem Luftzutritt die überschüssige Kohle fortgebrannt ist, wieder durch oxydirendes Rösten in Oxyde umgewandelt.

Die Arseniate lassen sich in derselben Weise, jedoch nicht alle gleich leicht, reducirend rösten; Eisenarseniat wird ziemlich leicht, Kupferarseniat nur schwer, Kobalt- und Nickelarseniat gar nicht zerlegt.

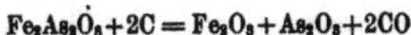

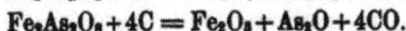

$$Fe_2As_2O_8 + 2C = Fe_2O_3 + As_2O_3 + 2CO$$
$$Fe_2As_2O_8 + 4C = Fe_2O_3 + As_2O + 4CO.$$

Das Nickel und Kobalt haben zu Arsen eine so bedeutende Affinität, dass bei dem reducirenden Rösten eine völlige Entfernung des Arsens nicht möglich wird, und als niedrigste Verbindungen neuntelarsensaure Metalloxyde zurückbleiben, wenn der Gehalt an Nickel grösser ist, als an Kobalt, dagegen basische Salze von unbestimmter Zusammensetzung, wenn der Gehalt an Kobalt den an Nickel überwiegt. Diese basischen Salze sind in der Hitze beständig.

Kohlenstoff und Kohlenwasserstoff haltende Gase bewirken unter gleichen Umständen in Sulfaten dieselbe Reduction, wie die starre Kohle, nur dass das Kohlenoxydgas zu Kohlensäure verbrennt; ebenso wirken auch andere feste, ausser Kohlenstoff noch Wasserstoff und Sauerstoff enthaltende Brennstoffe. Die Letzteren entwickeln in höherer Temperatur brennbare, Kohlenstoff, Kohlenwasserstoff und Wasserdampf enthaltende Gase, die auf Kosten des Sauerstoffs der basischen Salze zu Kohlensäure und Wassergas, zum Theil aber auch mit dem Sauerstoff der, wenn auch in geringer Menge zutretenden, atmosphärischen Luft verbrennen.

Sulfatisirendes Rösten.

Diese Art der Röstung findet sehr häufige Anwendung, obwohl seltener für sich allein, meist als vorbereitende Arbeit für eine nachfolgende Chloration. Ein blos sulfatisirendes Rösten findet

statt, um das Silber für die Ziervogel'sche Extraction zu vitrioli-
siren, und es wurde versucht, um aus viel Blende führenden Blei-
erzgeschicken vor dem Verschmelzen derselben das Zink zu extrahiren. Der letztere Zweck wird nur theilweise erreicht und ist
das Verfahren auch etwas kostspielig. Die Sulfatisation des Silbers
erfordert die Gegenwart von viel Kupfer, beziehentlich Kupfersulfat in der Röstpost, ein sehr reines, namentlich von Arsen und
Antimon freies Rohmaterial, weil sonst auch Silberarseniat und Silberantimoniat entsteht, welche in Wasser unlöslich sind, demnach ein
Theil des Silbers der Extraction entgehen würde, während bei einer
nachfolgenden chlorirenden Röstung die letztgenannten Salze durch
Kochsalz zerlegt werden und das Chlorsilber mit Kochsalzlösung
auslaugbar ist, worin ein wesentlicher Vorzug des Augustin'schen
Verfahrens vor der Methode Ziervogel's liegt. Nothwendige Bedingung für das Gelingen einer sulfatisirenden Röstung sind niedere Temperatur, beschränkter Luftzutritt und starke Schicht der
Röstpost. Eine höhere Temperatur begünstigt das Entweichen
dampfförmiger Schwefelsäure, da die Bildung derselben ohnehin
hauptsächlich nur auf der Oberfläche der Röstpost und an den
durch die Röstkrücken blosgelegten Stellen stattfindet, weil es hier
doch nie an atmosphärischer Luft fehlt, eventuell würde dieselbe
sogar aus schon fertigen Sulfaten ausgetrieben; bei nur schwachem
Luftzutritt und starker Schicht der Röstpost erfolgt die Bildung
der Schwefelsäure jedoch auch aus dem Schwefeldioxyd auf Kosten
bereits gebildeter, aber leicht zu niedrigeren Oxydationsstufen reducirbarer Oxyde

$$2CuO + SO_2 = Cu_2O + SO_3,$$

sowie durch Zersetzung des Schwefeldioxyds im Contact mit der
röstenden Substanz in Schwefelsäure und Schwefel.

Der chemische Vorgang bei dem Rösten von Schwefelsilber in fein zertheiltem Zustande ist nach Plattner im Allgemeinen der folgende:

Bei mässiger Rothgluth verwandelt sich dasselbe in metallisches Silber und Schwefeldioxyd

$$Ag_2S + 2O = 2Ag + SO_2,$$

indem der Sauerstoff der atmosphärischen Luft allein das Silber
nicht oxydirt, sondern Silberoxyd selbst in hoher Temperatur in
Sauerstoff und metallisches Silber zerfällt.

Das bei dem Rösten des Schwefelsilbers sich bildende Schwe-

feldioxyd ist nicht hinreichend, das Silber zu oxydiren und zu
sulfatisiren, und Silbersulfat kann nur dann entstehen, wenn eine
hinreichende Menge dampfförmiger Schwefelsäure auf glühendes,
fein zertheiltes metallisches oder Schwefelsilber einwirkt

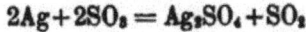

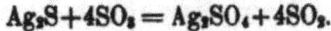

$$2Ag + 2SO_3 = Ag_2SO_4 + SO_2$$
$$Ag_2S + 4SO_3 = Ag_2SO_4 + 4SO_2.$$

Die Gegenwart anderer Schwefelmetalle, hauptsächlich solcher,
die sich gern sulfatisiren, und welche als Sulfat hartnäckig viel
Schwefelsäure zurückhalten, befördern die Sulfatisation des Silbers,
und das Silbersulfat wird erst bei höherer Temperatur und hauptsächlich durch Einwirkung solcher Metalloxyde zerlegt, die geneigt
sind, sich höher zu oxydiren.

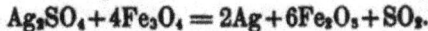

$$Ag_2SO_4 + 4Fe_3O_4 = 2Ag + 6Fe_2O_3 + SO_2.$$

Wenn das Silberoxyd nicht vollständig sulfatisirt wird, so
bleibt ein Theil davon mit den anderen Oxyden und Erden des
Erzes verbunden, ein Theil aber verflüchtigt sich und zerfällt bei
der Condensation theilweise in Silber und Sauerstoff.

Solche Schwefelmetalle, welche sich rasch in Oxyd verwandeln (FeS_2), geben weniger Veranlassung zur Bildung von Silbersulfat als solche, welche erst in höherer Temperatur die Schwefelsäure dampfförmig entlassen (CuSO_4, Fe_2SO_6). Mangansulfat und
Zinksulfat werden zwar auch erst in höherer Temperatur zersetzt,
aber diese muss dann schon so hoch sein, dass das schwefelsaure
Silberoxyd nicht mehr darin bestehen kann, sondern auch zerlegt
wird, wobei eine Silberverflüchtigung eintritt.

Gemenge von Halbschwefelkupfer, Schwefeleisen und Schwefelsilber lassen sich derart abrösten, dass zum Schluss nur das
Silber als Sulfat, die anderen Metalle als freie Oxyde vorhanden
sind, welches Verhalten für die Extraction des Silbersulfats mit
Wasser wichtig ist, indem Silber enthaltende Kupfersteine einer
solchen Röstung unterworfen werden müssen, wozu jedoch nöthig
ist, dass ausser der feinen Vertheilung des Leches dasselbe frei
ist von solchen Schwefelmetallen, welche als Sulfate leicht sintern
(PbSO_4), Theile der zu röstenden Post einhüllen oder bei der Röstung selbst Säuren bilden (As, Sb), die sich mit dem Silberoxyd
verbinden und dessen Sulfatisation hindern. In den Röstraum
dürfen keine reducirenden Gase gelangen, weil sonst niedrigere
Oxydationsstufen gebildet werden, welche das Silbersulfat zerlegen,

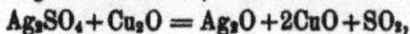

$$Ag_2SO_4 + Cu_2O = Ag_2O + 2CuO + SO_2,$$

ausserdem aber das Kupferoxydul bei dem Auslaugen des Silbersulfats
mit Wasser immer einen Theil des Silbers metallisch niederschlägt,

$$Ag_2SO_4 + Cu_2O = CuO + CuSO_4 + 2Ag.$$

Je mehr niedrigere Oxyde anwesend sind, um so grösser ist
auch der Silberverlust, da derselbe überhaupt nur durch chemische
Action veranlasst wird und dann eintritt, wenn das Silber aus
seiner Verbindung mit Schwefel in den metallischen Zustand übergeht und wenn das schon gebildete Silbersulfat
zersetzt wird.

Arsensaures und antimonsaures Silberoxyd sind weniger leicht
zerlegbar, und das Silber desshalb daraus auch weniger leicht flüchtig.

Arsen und Antimon haltende Silbererze enthalten das Silber
nach erfolgter Röstung grösstentheils als Antimoniat und Arseniat,
welche beide die Bildung von Silbersulfat hindern, indem hauptsächlich das Antimonoxyd sich gern auf Kosten des Sauerstoffs
der Schwefelsäure höher oxydirt,

$$Sb_2O_3 + 2SO_3 = Sb_2O_5 + 2SO_2,$$

und die Röstposten enthalten dann neben freiem noch schwefelsaure, antimonsaure und arsensaure Metalloxyde. Enthält aber das
zu röstende Gut viel Halbschwefelkupfer, das sich immer zum
Theil in Kupfersulfat umwandelt, so kann die bei hinreichend
hoher Temperatur aus dem Kupfersulfat frei werdende Schwefelsäure schon gebildetes Silberantimoniat mehr weniger vollständig
in Silbersulfat umändern, bei zu hoher Temperatur aber scheidet
sich das Silber metallisch aus. Antimon ist hauptsächlich für die
zur Extraction nach Ziervogel's Methode bestimmten Materialien
nachtheilig, weil abgesehen von der Unlöslichkeit des Silberanti-
moniats in Wasser dessen Zersetzung durch Schwefelsäure immer
nur eine unvollständige ist, desshalb immer Silber im Rückstand
verbleibt, ausserdem das Antimon zu Silberverlusten durch Verflüchtigung Veranlassung gibt, indem antimonsaures Silberoxyd in
hoher Temperatur sehr rasch zerlegt wird, das Silber sich hierbei
metallisch ausscheidet, und hiervon ein Theil leicht oxydirt und
als Oxyd verflüchtigt werden kann, wenn nicht sofort Schwefelsäure auf dasselbe einwirkt.

Arsen ist weniger gefährlich, und obwohl Arsensilberverbin-
dungen nie ohne Silberverlust geröstet werden können, ist das
Silber doch meist nur mechanisch beigemengt in der verflüchtigten
und condensirten arsenigen Säure enthalten.

Chlorirendes Rösten.

Einem chlorirenden Rösten werden nur silberhaltige Materialien (Erze und Hüttenproducte) unterworfen, um das Silber an Chlor zu binden und hierauf durch Amalgamation oder durch Auslaugen mit Kochsalzlösung zu gewinnen.

Soll eine Silberverbindung chlorirend geröstet werden, so wird das Chlor nicht in gasförmigem Zustand zugeführt, wie die atmosphärische Luft, sondern es wird in an einen zweiten Körper gebundenem Zustand der zu röstenden, zumeist vorher oxydirend gerösteten Post zugefügt, aus welcher Verbindung sich das Chlor bei fortgesetzter Röstung leicht austreiben lässt. Man verwendet als solchen Zuschlag das Kochsalz, weil es einestheils billig ist, anderntheils durch freie Schwefelsäure sowohl, als auch durch Metallsulfate leicht zersetzt wird, indem man der Röstpost entweder calcinirten Eisenvitriol zusetzt, oder durch vorsichtiges Rösten zu Anfang des Processes mehr Sulfate bildet, welche dann das Kochsalz zerlegen.

Die Producte dieser Zerlegung sind verschieden, je nachdem die wasserfreie Schwefelsäure dampfförmig auf das Kochsalz einwirkt, oder die Sulfate durch directe Berührung die Zersetzung veranlassen; im ersten Falle wird Chlor gasförmig frei

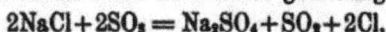

$$2NaCl + 2SO_3 = Na_2SO_4 + SO_2 + 2Cl,$$

im zweiten Falle entsteht die neue Chlorverbindung durch einfache Umsetzung in Folge reciproker Affinität

$$2NaCl + CuSO_4 = Na_2SO_4 + CuCl_2.$$

Bei gasförmig frei werdendem Chlor bilden sich auch flüchtige Chloride, welche, wie das Kochsalz, andere Metalle und Schwefelmetalle chloriren; es wird demnach in Folge dieser Einwirkungen das in der Röstpost enthaltene Silber in Chlorsilber umgeändert, wenn die Substanz hinreichend fein zertheilt war. Ist die in dem Röstofen zutretende atmosphärische Luft feucht, so bildet sich auch gasförmige Salzsäure,

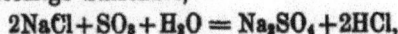

$$2NaCl + SO_3 + H_2O = Na_2SO_4 + 2HCl,$$

welche ebenfalls auf freie Metalloxyde sowohl, als auch auf schwefel-, arsen- und antimonsaure Salze chlorirend einwirkt, so wie auch bei Gegenwart von Kieselerde und Wasser aus dem Kochsalz Salzsäure entbunden wird,

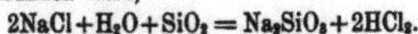

$$2NaCl + H_2O + SiO_2 = Na_2SiO_3 + 2HCl_2.$$
$$Ag_2O + 2HCl] = 2AgCl + H_2O.$$

Kochsalz mit fein zertheiltem metallischem Silber in Berührung verwandelt sich direct in Chlorsilber und Natriumcarbonat, wobei die Kohlensäure den gasförmigen Verbrennungsproducten entnommen wird,

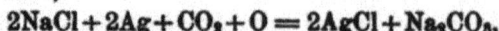

$$2NaCl + 2Ag + CO_2 + O = 2AgCl + Na_2CO_3,$$

während bei Gegenwart von Schwefelmetallen unter gleichen Verhältnissen die Chlorirung indirect erfolgt, indem zuerst Sulfate entstehen, durch welche das Kochsalz zerlegt wird, und erst jetzt das frei gewordene Chlor an das Silber tritt.

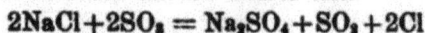

$$2NaCl + 2SO_3 = Na_2SO_4 + SO_2 + 2Cl$$
$$2Cl + 2Ag = 2AgCl.$$

Arsenmetalle werden nicht direct durch Kochsalz zerlegt, sondern diese oxydiren sich zuerst an der atmosphärischen Luft, entwickeln arsenige Säure und verwandeln sich in basisch arsensaure Metalloxyde, von welchen nur eine ganz geringe Menge durch Kochsalz zerlegt wird.

Andere Metalloxyde werden entweder gar nicht oder nur zum Theil von Kochsalz chlorirt, blos das Silber verwandelt sich wegen seiner grossen Verwandtschaft zum Chlor vollständig in Chlorid; Arseniate und Antimoniate sintern mit dem Kochsalz zusammen, und die gesinterten Massen enthalten das Silber als Chlorid. Hierin liegt eben der grosse Vorzug des Augustin'schen Verfahrens vor dem Ziervogel'schen, dass das Silber aus solchen Verbindungen zum Theil wenigstens in löslichen Zustand gebracht werden kann, während die Zersetzung dieser Salze durch Schwefelsäure nur sehr unvollständig ist.

Energischer als das Kochsalz bewirkt Salzsäure die Zersetzung der Silbersalze und chlorirt das Silber unter Bildung flüchtiger Chlorverbindungen und freien Chlors, welches Letztere jedoch durch das gleichzeitig sich bildende Wasserstoffgas mehr weniger vollständig wieder in Salzsäure umgeändert wird.

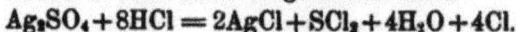

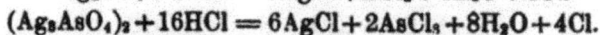

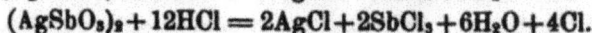

$$Ag_2SO_4 + 8HCl = 2AgCl + SCl_2 + 4H_2O + 4Cl.$$
$$(Ag_3AsO_4)_2 + 16HCl = 6AgCl + 2AsCl_3 + 8H_2O + 4Cl.$$
$$(AgSbO_3)_2 + 12HCl = 2AgCl + 2SbCl_3 + 6H_2O + 4Cl.$$

Eisenchlorid (Fe_2Cl_6) und Kupferchlorid ($CuCl_2$) geben auch, während sie flüchtig werden, an metallisches Silber, so wie an Schwefel- und Arsenmetalle einen Theil ihres Chlorgehaltes ab, wobei sie selbst in niedrigere Chlorirungsstufen übergehen; sie zerlegen auch schwefel-, arsen- und antimonsaure Metallsalze, wenn die Basen mehr Verwandtschaft zum Chlor haben (namentlich Silberoxyd) als das Radical des schon gebildeten Chlorids, während das Chlormetall in freies Oxyd übergeht, oder dessen Radical mit der Säure des zersetzten Salzes sich verbindet.

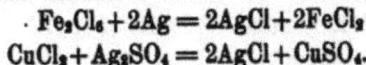

$$\cdot \; Fe_2Cl_6 + 2Ag = 2AgCl + 2FeCl_2$$
$$CuCl_2 + Ag_2SO_4 = 2AgCl + CuSO_4.$$

Reactionsrösten.

Mit diesem Processe ist zugleich eine sofortige Gewinnung (Reduction) von Metall verbunden, wobei der Schwefel als Reductionsmittel wirkt; derselbe findet Anwendung bei der Verhüttung sehr reiner Bleierze (Bleiglanz) in Heerden und Flammöfen und bei der Gewinnung des Kupfers in Flammöfen.

Das Reactionsrösten beruht auf der Bildung von Bleisulfat neben Bleioxyd und Zerlegung des noch unzersetzt gebliebenen Antheils Schwefelblei durch die Producte der Oxydation, welche Reactionen so oft neu hervorgerufen werden müssen, als noch unzersetzter Bleiglanz sich in der zu verhüttenden Post befindet.

Bleiglanz, welcher dieser Art der Verröstung unterworfen werden soll, darf keine oder nur möglichst wenig Kieselsäure enthalten, da dieselbe leichtflüssige und dünnflüssige Schlacken bildet, welche die zu röstenden Erztheilchen bedecken und der Zerlegung entziehen; alle einen trockenen Röstgang befördernden, durch ihre Schwerschmelzigkeit eine Schmelzung oder Sinterung verhindernden Körper, wie Kalk, Spatheisenstein, Eisenkies u. and. wirken hierbei günstig, letzterer unterstützt auch noch die Röstung und es bildet sich mehr Bleioxyd. Antimonverbindungen sind wegen ihrer Geneigtheit zu sintern, und desshalb, weil sie zu grossen Blei- und Silberverlusten Veranlassung geben, nachtheilig.

Man unterscheidet hauptsächlich drei Methoden des Reactionsröstens.

1) Das Kärnthner Verfahren, wonach bei niedriger Temperatur soviel Bleisulfat erzeugt werden soll, dass für je 1 Schwefelblei 1 Bleisulfat vorhanden ist, worauf bei etwas erhöhter Temperatur die beiden unter Bleiausscheidung sich zerlegen,

$$PbS + PbSO_4 = 2Pb + 2SO_2.$$

Das Bleioxyd wirkt in gleicher Art auf Schwefelblei,

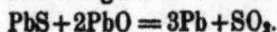

$$PbS + 2PbO = 3Pb + SO_2.$$

2) Das englische Verfahren bezweckt die Bildung von nur wenig Bleisulfat, also kurze Röstzeit, wonach man die Temperatur etwas erhöht, wobei eine theilweise Bleiausscheidung erfolgt,

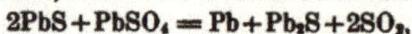

$$2PbS + PbSO_4 = Pb + Pb_2S + 2SO_2,$$

und bei der darauf folgenden Abkühlung wird zum zweitenmale Blei ausgeschieden, indem das Unterschwefelblei in niederer Temperatur nicht bestehen kann, und von selbst in Blei und Schwefelblei zerfällt.

$$Pb_2S = Pb + PbS.$$

3) Nach dem französischen Verfahren erzeugt man eine grosse Menge Bleisulfat gegenüber dem unzersetzt bleibenden Schwefelblei, so dass bei der Einwirkung beider auf einander in etwas erhöhter Temperatur blos Bleioxyd entsteht,

$$PbS + 3PbSO_4 = 4PbO + 4SO_2,$$

welches dann durch Einmengen von Kohle reducirt wird.

Das Schmelzen.

Wurde ein fester Körper soweit erhitzt, dass derselbe in den tropfbarflüssigen Zustand übergegangen ist, so nennt man denselben geschmolzen, und die Operation selbst, wodurch diese Umänderung des Aggregatzustandes bewerkstelligt wurde, das Schmelzen. Schmelzprocesse nennt man alle jene Operationen, welche bei der Gewinnung der Metalle auf feurig flüssigem Wege zur Anwendung gelangen, und welche theils zur unmittelbaren Darstellung des Metalls, theils vorher einer Metallverbindung dienen.

Reducirendes (desoxydirendes) Schmelzen.

Die völlige Umwandlung eines Oxydes in Metall bezeichnet man mit dem Ausdrucke Reduction. Häufig ist aber diese nicht allein Zweck der vorgenommenen Schmelzung, es genügt unter Umständen blos eine theilweise Entziehung des Sauerstoffs der höheren Oxyde und Verwandlung derselben in eine niedrigere Oxydationsstufe, z. B. Eisenoxyd zu Eisenoxydul; diese theilweise Reduction wollen wir mit dem Ausdruck Desoxydation bezeichnen, und findet dieselbe hauptsächlich Anwendung bei der Gewinnung (Reduction) der Metalle aus leicht reducirbaren Metalloxyden (Blei- und Kupferhüttenprocesse), wobei dieselben in Metall übergehen, die schwer reducirbaren aber blos desoxydirt, also auf eine niedrigere Oxydationsstufe gebracht und als solche verschlackt werden.

Die Reduction ist der am häufigsten angewendete Schmelzprocess; er bezweckt die Darstellung der Metalle aus ihren Oxyden oder anderen Verbindungen durch feste oder gasförmige Körper, welche zu dem an das Metall gebundenen Stoffe grössere Verwandtschaft besitzen, als das Metall selbst.

In den weitaus meisten Fällen sind es Oxyde, aus welchen das Metall dargestellt werden soll, und ebenso ist es meistens der Kohlenstoff oder eine gasförmige Verbindung desselben, welche als Reductionsmittel dient. Die Reduction erfolgt in solchem Falle theils unter Bildung von Kohlenoxydgas, theils unter Bildung von Kohlensäure.

Diese Reductionsmittel sind:

1) Fester Kohlenstoff. Der Kohlenstoff wirkt in allen Temperaturen, von Rothglühhitze angefangen bis zu hellster Weissgluth auf feste oder flüssige Sauerstoffverbindungen der Metalle reducirend ein, sobald seine Verwandtschaft zum Sauerstoff stärker ist, als die des mit dem Sauerstoff verbundenen Metalls; das Product dieser Reduction ist immer Kohlenoxydgas.

$$MnO + C = Mn + CO.$$

Kohlensäure kann sich hierbei nicht bilden, weil das frisch gebildete Kohlenoxydgas sofort entweicht; an einer andern Stelle des Ofens aber kann dieses Gas wieder reducirend wirken, wenn es im Ueberschuss anwesend auf Oxyde einwirkt. Die Verwandtschaft des Kohlenstoffs zum Sauerstoff nimmt von der Entzündungstemperatur des Kohlenstoffs angefangen in beständigem Verhältnisse mit der Temperatur zu.

Gewisse Metalle können aus ihren Oxyden oder Metallverbindungen nur durch festen Kohlenstoff reducirt werden, so z. B. das Mangan, dann das Eisen und andere Metalle (Blei aus dem bei dem verschlackenden Rösten erhaltenen Röstproduct) aus ihren

Verbindungen mit Kieselerde, sowie aus allen geschmolzenen Verbindungen; bei der Reduction des Eisens aus seinen Silicaten bildet sich nach Percy stets Trisilicat, indem aus Eisensilicaten, welche mehr Eisen enthalten, als dem genannten kieselsauren Salz entspricht, durch Kohle nur so viel reducirt wird, dass das Trisilicat als die constanteste Verbindung zurückbleibt.

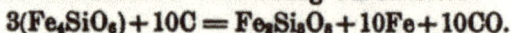

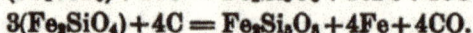

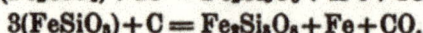

$$3(Fe_4SiO_6)+10C = Fe_2Si_3O_6+10Fe+10CO.$$
$$3(Fe_2SiO_4)+4C = Fe_2Si_3O_6+4Fe+4CO.$$
$$3(FeSiO_3)+C = Fe_2Si_3O_6+Fe+CO.$$

2) Kohlenoxydgas. Das Kohlenoxydgas entsteht in den Hohöfen:

a) Durch directe Verbrennung des Kohlenstoffs, theils auf Kosten des Sauerstoffs der eingeblasenen atmosphärischen Luft, theils durch Bindung des Sauerstoffs aus einem schwer reducirbaren Oxyd.

$$MnO+C = Mn+CO.$$

Das Kohlenoxydgas ist immer das Product der Verbrennung des Kohlenstoffs in hoher Temperatur bei Reduction schwer reducirbarer Oxyde, oder bei grosser dem zutretenden Sauerstoff dargebotener Oberfläche an Kohlen.

b) Durch Dissociation der Kohlensäure.

$$CO_2 = CO+O.$$

c) Durch Aufnahme von Kohle in die Kohlensäure.

$$CO_2+C = 2CO.$$

Je grösser der Gehalt an Kohlenoxydgas in den Ofengasen, um so schneller erfolgt die Reduction, wobei hohe Temperatur im Allgemeinen die Reduction noch beschleunigt; das Kohlenoxydgas zerfällt zwar in hohen Temperaturen, solche werden jedoch in unsern Ofenfeuern kaum erreicht, und je mehr die Temperatur sich dieser Grenze nähert, um so schwächer wird die Reductionsfähigkeit desselben.

Das Product der Verbrennung des Kohlenoxydgases ist Kohlensäure.

$$Fe_6O_7+7CO = 6Fe+7CO_2.$$

Dieselbe kann in hoher Temperatur nicht bestehen, schon bei 1200° C. beginnt wieder die Dissociation derselben

$$CO_2 = CO+O,$$

und dieses Bestreben, in Kohlenoxydgas und Sauerstoffgas zu zerfallen, wächst mit zunehmender Temperatur, wobei die Anwesenheit oxydationsfähiger Körper diese Dissociation begünstigt.

Die Gegenwart der Kohlensäure in den Gasen der Hohöfen hat aber noch andere Quellen, und zwar entsteht dieselbe:

a) Durch directe Verbrennung des Kohlenstoffs theils auf Kosten des Sauerstoffs der mit eingeblasenen Luft bei Ueberschuss derselben vor den Formen (sehr wenig), theils durch Verbrennung mit dem Sauerstoff leicht reducirbarer Metalloxyde bei niedriger Temperatur.

b) Durch die schon angeführte Ausscheidung von Kohle aus Kohlenoxydgas in den höchsten Temperaturen (Deville).

$$2CO = CO_2 + C.$$

c) Durch Austreibung als solche aus den in den Oefen enthaltenen Schmelzmaterialien; die Kohlensäure ist bei einer 800° C. betragenden Temperatur aus den Carbonaten der Metalloxyde zwar schon ausgetrieben, kohlensaurer Kalk jedoch bedarf, wie Versuche dargethan haben, der Weissgluth, bevor er die Kohlensäure vollständig entlässt.

d) Durch Oxydation des Kohlenoxydgases bei der Reduction der Erze.

$$FeO + CO = Fe + CO_2.$$

e) Sie wird mit der atmosphärischen Luft eingeblasen — die geringste Menge, etwa blos 0.04 Vol. %.

Nachdem die Kohlensäure verhältnissmässig leicht dissocirt, also oxydirend wirkt, so muss, wenn aus schwer reducirbaren Metalloxyden Metalle reducirt werden sollen, was nur in hoher Temperatur geschehen kann, ein grosser Ueberschuss von Kohlenoxydgas gegenwärtig sein, und haben Untersuchungen ergeben, dass in den Gasen der Eisenhohöfen über 50 Procent Kohlenoxydgas anwesend sein müssen, um das Eisen aus seinem Oxyd zu reduciren.

3) Das Wasserstoffgas. Der Wasserstoff verbrennt mit Sauerstoff sehr leicht zu Wasserdampf, aber schon bei 900° C. beginnt derselbe wieder in Wasserstoff und Sauerstoff zu zerfallen, und Anwesenheit oxydationsfähiger Körper befördert diese Zersetzung; je höher also die Temperatur ist, um so weniger wirksam ist der Wasserstoff für die directe Reduction, wesshalb auch empfohlen wurde, zur Vermehrung der Reductionsmittel in Eisen-

hohöfen das Wasser (Wasserdampf) erst in der Kohlensackhöhe, d. i. in der grössten Weite der Rast einzuführen.

Nach Gay Lussac geschieht die Reduction in reinem Wasserstoffgas und Kohlenoxydgas schon bei 400° C., während dieselbe nach Tunner in einer Atmosphäre von Hohofengasen (Eisenhohofen) erst bei 700—900° C. erfolgt.

Das Wasserstoffgas bewirkt weniger unmittelbar die Reduction der Oxyde, aber es ist ein vorzügliches Mittel, den Kohlenstoff in gasförmigen Zustand zu überführen und den letztern, dessen Verwandtschaft zum Sauerstoff grösser ist, an den Sauerstoff der Erze zu übertragen; es macht den Vermittler zwischen der starren Kohle und dem starren Erz.

Der geringe Wasserstoffgehalt der Hohofengase rührt her von dem Wassergehalt der eingeblasenen Luft und dem Wassergehalt der Brennstoffe; hygroscopisches so wie Hydratwasser der Erze wird schon in den oberen Ofentheilen bei einer 100° C. nicht viel übersteigenden Temperatur ausgetrieben.

4) Das Kohlenwasserstoffgas. Das Kohlenwasserstoffgas ist zwar leicht entzündlich, erfordert aber zu seiner Verbrennung eine hohe Temperatur; dasselbe gelangt demnach nur in jenen Ofentheilen zur vollen Wirkung, welche nahe dem Verbrennungsraum liegen. Hier ist nun, da dieses Gas aus zwei ausgezeichnet reducirend wirkenden Gasen besteht, auch seine Reductionsfähigkeit eine vorzügliche, und eine Vermehrung des Wasserstoffgases im Hohofen ist demnach in so fern von Vortheil, als es zur Bildung, beziehentlich Vermehrung des Kohlenwasserstoffs dient; der in den Hohofen eingeführte Wasserdampf wird durch die glühende Kohle zerlegt.

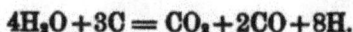

$$4H_2O + 3C = CO_2 + 2CO + 8H.$$

Das Kohlenwasserstoffgas bildet sich selbst noch in einem der Formtiefe nahen Horizonte und zwar bei allen Brennstoffen.

Petroleum als Brennstoff in Hohöfen. In Amerika hat man versucht, durch überhitzten Wasserdampf vergastes Petroleum gleichzeitig mit Luft durch die Formen in den Hohofen einzuführen; durch ein mit der Gasleitung verbundenes Rohr, welches in der Mitte des Ofenschachtes eingesetzt ist und bis in den Rastraum hinabreicht, wird dieses Gas auch in die Reductions- und Kohlungszone geführt. Man erspart zwar in diesen Oefen jedenfalls an

Brennstoff und erzielt eine grössere Production, allein das Petroleum wird als Beleuchtungsmaterial doch besser verwerthet.

Den Erdölquellen entströmende Gase werden in Pennsylvanien mittelst Rohrleitungen zu den Flammöfen (Puddelöfen) geführt, und dort mit grossem Vortheil zur Unterstützung der Rostfeuerungen eingeleitet.

G. Criner hat sich einen Apparat patentiren lassen, welcher die Injection flüssiger Brennstoffe in Eisenhohöfen durch die Formen zum Zwecke hat, vornehmlich jedoch dazu dienen soll, durch Temperaturerniedrigung entstandene Störungen des Hohofenganges momentan zu beseitigen.

Anwendung von Wasserdampf mit dem Winde in Hohöfen (Eisenhohöfen), und chemische Wirkung des Wasserdampfs hierbei. Die atmosphärische Luft enthält immer etwas Wasserdunst, im Mittel 1 Procent; dieser Wasserdunst kann in Berührung mit heftig glühenden Kohlen nicht bestehen, sondern wird in Kohlenoxydgas und Wasserstoffgas zerlegt, welches Letztere fortwährend in Berührung mit glühender Kohle Kohlenwasserstoffgas bilden muss. Dieser Vorgang ist nicht ohne Einfluss auf den Hohofenschmelzprocess im Allgemeinen, und wenn dies nothwendig zugegeben werden muss, so frägt es sich nur darum, nachzuweisen, welche Wirkung der Wasserstoff im Hohofen auf die Reduction der Metalle aus den Oxyden hat, und wie viel man davon ohne Nachtheil in den Ofen bringen darf; das Minimum ist mit dem Gehalt der atmosphärischen Luft an Wasserdunst gegeben, und schon dieser Gehalt ist veränderlich.

Der Wasserdampf übergeht bei der Erhitzung aus einem dichteren in einen weniger dichten Zustand, er bindet hierbei Wärme, und die dazu nöthige Wärme müssen die glühenden Kohlen liefern; ohne Mitwirkung einer Wärmequelle kann demnach der Wasserdampf durch glühende Kohlen nicht zerlegt werden, im Wasserdampf allein kann keine Verbrennung der Kohle und keine Wärmeentwickelung stattfinden, es muss im Gegentheil das Feuer erlöschen. Soll demnach Wasserdampf durch glühende Kohlen zerlegt werden, so muss dem Kohlenfeuer gleichzeitig atmosphärische Luft zugeleitet werden, welche die stetige Verbrennung der Kohle unterhält, und durch welche eine solche Temperatur und eine solche Menge Wärme hervorgebracht wird, als zur ununterbrochenen Zersetzung des Wasserdampfes durch die glühenden Kohlen nothwendig ist. Es wird dadurch Kohle in grösseren Mengen consumirt.

Nach Bunsen's Untersuchungen gibt Wasserdampf über glühende Kohlen geleitet ein Gasgemisch von constanter Zusammensetzung; man erhält:

4 Volumina Wasserstoff $= 56.52$ Gewichtstheile,
2   „   Kohlenoxydgas $= 28.71$ „
1 Volumen Kohlensäure $= 14.77$ „

und die Menge Wärme, welche aus dem Feuer dabei gebunden wird, gelangt genau in derselben Menge wieder in Freiheit, wenn das entwickelte Wasserstoffgas unter Zutritt atmosphärischer Luft wieder verbrennt. Die Temperatur wird dadurch nicht gesteigert. Bringt man jedoch unter den Rost eines Ofens in einem Gefässe Wasser, so verdampft dieses durch den Luftzug im Aschenfall, der Wasserdampf strömt mit der Luft zwischen das Kohlenfeuer, bringt aber in Letzterem keine grössere Hitze hervor, sondern verstärkt bloss die Flamme des Kohlenfeuers, wesshalb die Anwendung dieses verdampfenden Wassers unter der Rostfläche sich für kurzflammiges Brennmaterial empfiehlt.

Bei den Eisenhohöfen aber ist der Zweck ein anderer, und die chemische Wirkung, welche der Wasserdampf hervorbringt, wenn er entweder mit dem Winde oder in einer gewissen Höhe über dem Winde, d. i. über der Form in das Gestelle des Hohofens zugeführt wird, lässt sich vollkommen erklären, wenn man dabei die folgenden Puncte berücksichtigt.

1) Der Wasserdampf wird bei starker Glühhitze durch glühende Kohlen zerlegt, es bildet sich dabei zunächst Kohlenoxydgas und Wasserstoffgas, welches Letztere mit glühender Kohle in Berührung in Kohlenwasserstoffgas übergeht.

2) Zu dieser Zerlegung des Wasserdampfes ist eine gewisse höhere Temperatur, und zur Erzeugung dieser ist Brennstoff nothwendig; durch Zuführung von Wasserdampf in den Hohofen kann also unmittelbar kein Brennstoff erspart werden, vielmehr ist dann ein etwas grösserer Kohlenaufwand nöthig.

3) Der Sauerstoff hat in der Glühhitze eine nähere Affinität zum Kohlenstoff, als zum Wasserstoff und zum Eisen.

4) In den Eisenhohöfen befindet sich immer das Eisenoxyd mit einem Ueberschuss glühender Kohlen umgeben.

Daraus folgt nun:

a) Dass das niederschmelzende Roheisen durch den einströmenden, glühend heissen Wasserdampf nicht oxydirt werden kann, so lange Kohle im Ueberschuss vorhanden ist, und dies um so weniger, weil das niederschmelzende Eisen mit einer schützenden Schlackendecke umgeben ist.

b) Das durch die Zersetzung des Wasserdampfs gebildete Kohlenoxydgas vermehrt die Menge des im Ofen durch die Verbrennung gebildeten, reducirend wirkenden Kohlenoxydgases, was nur vortheilhaft sein kann.

c) Das entstandene Kohlenwasserstoffgas wirkt reducirend, indem es den Kohlenstoff an den Sauerstoff der Erze überträgt, und indem der freie Wasserstoff mit glühender Kohle in Berührung wieder Kohlenstoff in die gasförmige Verbindung überführt; diese Wirkung wiederholt sich mehrmal und so lange bei dem Aufsteigen im Ofen, als die Temperatur daselbst diesem Processe entspricht.

d) Durch die Vermehrung der Reductionsmittel im Hohofen überhaupt und durch die Bildung eines solchen von so kräftiger und ausgezeichnet reducirender Wirkung, wie es das Kohlenwasserstoffgas ist, wird die Reduction des Eisens aus den Erzen während ihres Niedergangs im Ofenschacht beschleunigt, in derselben Zeit wird eine grössere Menge Eisenerz reducirt und Eisen erzeugt, und der Reductionsraum im Hohofen wird dadurch verkürzt. Desshalb kann man die eingeblasene Windmenge vergrössern und die Gichten schneller treiben, um die grössere Menge des reducirten Eisens auch in derselben Zeit zu schmelzen; es bedingt dies eine Vergrösserung der Erzeugung an Roheisen.

5) Cyangas und Cyankaliumdampf. Stickstoff und Kohlenstoff vereinigen sich bei Gegenwart starker Basen (Alkalien, Kalk, Magnesia) in verhältnissmässig niedriger Temperatur, direct aber nur in hoher Hitze. Cyan ist ein sehr kräftiges Reductionsmittel für Oxyde und Schwefelmetalle.

Die reducirende Wirkung der gasförmigen Kohlenstoffverbindungen wiederholt sich während ihres Aufsteigens im Ofenschacht öfters und so lange, als die Temperatur dazu günstig ist; die Reduction der Oxyde in Hoböfen durch Ofengase erfolgt stets durch die Zusammenwirkung aller hier genannten Kohlenstoff haltenden Verbindungen.

6) Der Schwefel. Ueber die reducirende Wirkung des

Schwefels — richtiger über die Einwirkung der Schwefelmetalle auf Sulfate bei Flammofenprocessen — ist in dem Capitel „Rösten" (siehe Röstreactionsprocesse) schon gesprochen worden.

7) Metalle, welche zum Sauerstoff grössere Verwandtschaft besitzen. Von diesen wird seltener Gebrauch gemacht; das wichtigste Metall dürfte in dieser Beziehung das Eisen sein, welches bei dem Roheisenschmelzprocess zur Reduction des Siliciums aus der Kieselerde der Erze beiträgt, welcher Umstand für die Erzeugung eines an Silicium reichen Eisens wichtig ist.

Reducirend für Metalloxyde wirken weiter noch bei den Raffinationsschmelzungen die neuerer Zeit dargestellten Manganlegirungen, dann das Phosphorkupfer. Blei findet manchmal bei dem Raffiniren des Kupfers in Gebläseflammöfen (Spleissöfen) Anwendung.

Aus allem über das reducirende Schmelzen hier Mitgetheilten geht hervor, dass in Hohöfen die Reduction stets nur durch den Kohlenstoff oder seine verbrennbaren Verbindungen bewirkt werde, womit ein bestimmter Verbrauch von Kohle verbunden ist. Um die nöthige Schmelztemperatur hervorzubringen, ist ein weiterer Aufwand an Kohle erforderlich.

Aus einem bestimmten Quantum Schmelzgut lässt sich auch nur ein seinem Metallgehalt entsprechendes Quantum Metall ausbringen, es ist also das Ausbringen beschränkt. Zur Erzeugung einer Gewichtseinheit Metall werden verschiedene Mengen an Brennstoff aufgewendet; es muss aber nach der Wärmeerzeugungsfähigkeit der Kohle eine Grenze ihres Bedarfes geben, über welche hinaus jedes davon mehr aufgewendete Quantum nutzlos verbrennt. Da der Brennstoff ein sehr theures, bei der Eisenerzeugung sogar das kostspieligste Materiale und jede Ersparniss an demselben gewinnbringend ist, man demnach alle Ursache hat, damit möglichst haushälterisch umzugehn, so ist es wichtig, die Kohlenmenge kennen zu lernen, welche zur Erzeugung einer bestimmten Quantität Metall absolut nothwendig ist.

Ein näheres Eingehen in dieses Theorem gehört in die spezielle Hüttenkunde, und muss demnach hiervon hier Abstand genommen werden, aber es ist hierbei ein speziell mit der Reduction in nahem Zusammenhang stehender Umstand zu erörtern, der bislang, wie es scheint, nicht allgemein genug die verdiente Würdigung gefunden hat.

Hat sich erfahrungsmässig für einen normalen Betrieb die entsprechende Satzführung ergeben, so handelt es sich darum, der Kohle auch die nöthige Menge Luft zuzuführen, um dieselbe auf das Vortheilhafteste zu verbrennen, d. h. man muss die Windführung der Satzführung entsprechend einrichten. Ein Beispiel wird dies am deutlichsten klar stellen.

Es werde ein Eisenhohofen für Gusseisenerzeugung mit Holzkohle betrieben und werde regelmässig beschüttet mit einem Kohlensatz von 140 Kilo und einem Erzsatz von 420 Kilo pro Gicht; in 24 Stunden werden 40 Gichten getrieben und wöchentlich erzeugt an Roheisen 350 metr. Ctr., in 24 Stunden also 50 metr. Ctr.

Zur Darstellung von 100 Gewichtstheilen Eisen aus seinem Oxyd sind nöthig:

$$100 \ Fe_2O_3 : 70 \ Fe = x : 100$$
$$x = 142.85 \ \text{Eisenoxyd} \ (= 100 \ \text{Eisen} + 42.85 \ \text{Sauerstoff})$$

welches zu seiner Reduction unter Bildung von Kohlensäure aus Kohlenoxydgas benöthigt:

$$16 \ \text{Sauerstoff} : 28 \ \text{Kohlenoxyd} = 42.85 : y$$
$$y = 75 \ \text{Gewichtstheile Kohlenoxydgas},$$

und diese enthalten an Kohle:

$$28 : 12 = 75 : z$$
$$z = 32.1 \ \text{Gewichtstheile Kohlenstoff}.$$

Von dem täglichen Aufwand an Kohle, d. i. von 140.40 = 5600 Kilo bleiben demnach übrig 5600—1605[1] = 3995 Kilo. Nimmt nun das Eisen auch noch z. B. 3 Procent Kohlenstoff auf, so sind in der täglichen Production von 50 metr. Ctr. 150 Kilo Kohlenstoff enthalten, und es bleiben demnach ohne Rücksicht auf die Reduction von Phosphorsäure, Kieselerde, Erdmetallen u. s. w. zur Erzeugung der nöthigen Schmelz- und Reductionstemperatur 3995—150 = 3745 Kilo Kohle übrig, und mit dieser Kohlenmenge muss die eingeblasene Windmenge im Verhältniss stehen.

Präcipitirendes Schmelzen. Niederschlagsschmelzen.

Wird aus einer geschmolzenen Metallverbindung das Metall durch ein anderes, absichtlich zu diesem Zwecke zugesetztes Metall

---

1) 50 × 32.1 = 1605.

ausgeschieden (präcipitirt, niedergeschlagen), so nennt man ein solches Schmelzen ein präcipitirendes oder Niederschlags-schmelzen. In den weitaus meisten Fällen sind es Schwefel-metalle, welche in dieser Art zerlegt werden, und eben so sind es das Eisen und seine Oxyde, so wie an Eisenoxyd reiche'Verbin-dungen (Frischschlacken), welche als Präcipitationsmittel dienen. Aus den Oxyden und den Subsilicaten muss das Eisen während des Schmelzprocesses durch die Kohlen erst reducirt werden (siehe Artikel: Zuschläge). Die meiste Anwendung findet das Nieder-schlagsschmelzen bei der Gewinnung des Bleies und Antimons (Niederschlagsarbeit).

$$PbS + Fe = Pb + FeS.$$

Gegenwärtig findet das Kupfer als Präcipitationsmittel nur selten mehr Anwendung; es diente zur Abscheidung des Silbers aus dem Lech bei dem Abdarrprocess, bei dem Kupferauflösungs-process steht es zu diesem Behufe noch im Gebrauch.

Oxydirendes Schmelzen.

Ein oxydirendes Schmelzen hat die Oxydation anwesender zum Sauerstoff mehr Affinität besitzender Metalle oder anderer Körper zum Zweck, um diese als Oxyde von den weniger oxy-dablen Metallen zu trennen. Diese Oxyde scheiden sich, weil sie spezifisch leichter sind, als die Metalle, je nach ihrer Schmelzbar-keit entweder als homogene geschmolzene, oder als blos gesinterte Massen auf der Oberfläche des Metallbades ab (Oxydschlacken). Dieses verschiedene Verhalten der Metalle wird hauptsächlich bei der Gewinnung des Silbers zur Trennung desselben vom Blei durch die Treibarbeit, sowie bei den Raffinationsschmelzungen der Metalle überhaupt (Spleissen des Kupfers, Frischen des Eisens, Feinbren-nen des Silbers etc.) benützt. Manche Metalle werden bei dem oxydirenden Schmelzen auch in gasförmigen Zustand überführt und in diesem verflüchtigt (Arsen und Antimon).

Als Oxydationsmittel dienen:

1) Atmosphärische Luft, welche theils frei zuströmen, theils mittelst Gebläsen auf die Oberfläche des Metallbades zuge-führt oder auf das flüssige niedertropfende Metall einwirken ge-lassen wird; das oxydirende Agens ist der freie Sauerstoff der atmosphärischen Luft.

2) **Metalloxyde**. Von diesen finden Braunstein, Glätte, Eisenoxyd und Eisenoxyduloxyd (siehe Artikel: Zuschläge) bei der Eisengewinnung, arsenige Säure bei der Darstellung der Smalte u. and. Anwendung. Weiters

3) **Einige Salze**, wie Salpeter, Soda u. and. Salpeter und Soda finden meist nur dann Anwendung, wenn das oxydirende Schmelzen in Gefässen (Tiegeln, Kesseln) geschieht, in welchem Falle der gebundene Sauerstoff der zugesetzten Salze oder Oxyde in unmittelbarem Contact mit der geschmolzenen Post die Oxydation bewirkt. Streng genommen verlangt ein oxydirendes Schmelzen vollständigen Luftzutritt und es sollte hierbei die unmittelbare Berührung des zu behandelnden Metalls mit Brennstoff ausgeschlossen sein, da diese die Oxydation hindert; dennoch wird manche oxydirende Schmelzung bei unmittelbarem Contact der Metalle mit dem Brennstoff vorgenommen (Frischen des Eisens in Heerden, Garmachen des Kupfers im kleinen Heerd).

Solvirendes Schmelzen.

Ein **solvirendes** (**auflösendes**) Schmelzen nennt man ein solches, wobei entweder alle Bestandtheile eines Schmelzgutes, oder blos einzelne Bestandtheile desselben durch schon vorhandene oder absichtlich zugesetzte Auflösungsmittel abgeschieden werden sollen.

Eine rein solvirende Schmelzung kommt nur bei der Smaltebereitung in Anwendung; dagegen ist diese Art des Schmelzens ein steter Begleiter jeder anderen Schmelzmethode, da es mit Ausnahme des oben genannten Falles immer darauf ankömmt, blos einen gewissen Theil der zu schmelzenden Materialien zu gewinnen, den anderen aber aufzulösen (zu verschlacken) und so zu entfernen. Es sind demnach die vorher bereits abgehandelten Schmelzmethoden stets zugleich auch solvirende (reducirend solvirend, präcipitirend solvirend u. s. f.), also stets combinirte Schmelzungen, bei welchen alle jene Stoffe, deren Gewinnung unmittelbar nicht beabsichtigt ist, beziehentlich deren Entfernung möglichst angestrebt wird, in leicht auflösbare Verbindungen überführt und (meistens in der Schlacke) abgeschieden werden, oder man erzeugt zugleich ein Product, worin sich gewisse Metalle ansammeln. (Silber, Gold, Kupfer im Lech.)

Als Auflösungsmittel gelangen meist Kieselerde, kieselsaure Verbindungen, Metalloxyde, Schwefelkies, Leche u. s. w. zur Anwendung. (Siehe Artikel: Zuschläge.)

Gewöhnlich dient das solvirende Schmelzen zur Auflösung der ein Erz begleitenden erdigen Gangarten, oder zur Trennung der leicht reducirbaren von den schwer reducirbaren Metalloxyden (Gewinnung von Blei und Kupfer etc.), welche Letzteren in die Schlacke geführt, erstere dagegen metallisch ausgeschieden oder in einem Lech angesammelt werden.

Separirendes Schmelzen. Saigern.

Das Saigern bezweckt die Trennung eines leichter flüssigen Metalls, einer Legur oder einer Metallverbindung von der Gangart oder einem strengflüssigeren Metall; es beruht demnach blos auf der verschiedenen Schmelzbarkeit der Metalle oder der damit vorkommenden Gemengtheile und die Erhitzung darf hierbei nur bis zu einer Temperatur geschehen, bei welcher die strengflüssigeren Massen noch starr bleiben und die leicht flüssigeren von selbst abfliessen. (Trennung silberhaltigen Bleies vom Kupfer, Gewinnung von Wismuth und antimonium crudum.)

Es muss hier bemerkt werden, dass bei fast allen Schmelzungen ein Trennen oder Separiren der geschmolzenen Massen stattfindet, welches hier unter der Bezeichnung „separirendes" Schmelzen nicht verstanden sein will. Metall, Speise, Lech und Schlacke haben verschiedene spezifische Gewichte, in flüssigem Zustand scheiden sich dieselben in derselben Reihenfolge über einander ab, wie sie vorher genannt wurden, und es finden sich unter Umständen alle vier, manchmal drei, manchmal blos zwei derselben, nie aber eines allein (Schlacke ist immer anwesend) in dem Schmelzraum in ziemlich scharf getrennten Schichten beisammen, und können nach der Entfernung aus dem Ofen in noch flüssigem Zustand und Auffangen derselben in einer besondern Vorrichtung (Stichtiegel), da die Erstarrungstemperatur derselben auch eine verschiedene ist, bei der allmählichen Abkühlung der einige Zeit der Ruhe überlassenen geschmolzenen Massen von einander in umgekehrter Ordnung getrennt (die Schlacke abgezogen, das Lech und die Speise in Scheiben abgehoben) werden.

Mischendes Schmelzen.

Dasselbe kömmt nur bei Darstellung bestimmter Metalllegirungen zur Anwendung, welche theils schon fertige Handelsproducte sind (Leguren), theils zur späteren Trennung schwer flüssiger von leicht flüssigen Metallen durch das Saigern dienen. Der letztere Fall tritt nur bei der Gewinnung des Silbers aus Silber haltendem Kupfer ein, wo das zugesetzte Blei in Folge der grösseren Verwandtschaft zum Silber dieses aus dem Kupfer grösstentheils bindet und bei dem Ausschmelzen fortführt.

Ein mischendes Schmelzen von silberhaltigem Lech mit Blei nennt man Eintränken. (Eintränkarbeit bei der Gewinnung des Silbers.)

Das Umschmelzen.

Dasselbe kommt nur bei Metallen zur Anwendung und dient theils zur Reinigung der bei der Verhüttung gewonnenen Rohmetalle (Blei haltendes Rohzink), wobei ebenfalls das spezifische Gewicht der Metalle mitwirkt, oder um Metalle in bestimmte Formen zu überführen, und hiermit ist häufig auch eine beabsichtigte Aenderung der Zusammensetzung des Metalls verbunden. (Umschmelzen des Roheisens in Cupolöfen und Flammöfen.)

Hüttentechnische Benennung der Schmelzprocesse. Die verschiedenen Schmelzoperationen werden in praxi nach den folgenden Merkmalen unterschieden und benannt, wobei die jedesmal entsprechenden, oben genannten aus der Schmelztheorie sich ergebenden Bezeichnungen mit verstanden werden.

1) Nach dem zu verarbeitenden Material. Erz- oder Rohschmelzen, Stein- oder Lechschmelzen, Schlackenschmelzen (Schlackenverändern, Schlackentreiben), Kupferschmelzen u. s. f.

2) Nach dem Zwecke der Schmelzoperation. Concentrationsschmelzen, Kupferauflösen, Verbleien, Eintränken, Raffiniren, Treiben, Spleissen, Feinbrennen, Frischen (bei Blei ein reducirendes Schmelzen), Frischen (bei Eisen ein oxydirendes Schmelzen) u. s. f.

3) Nach den Apparaten, worin der Schmelzprocess ausgeführt wird. Schachtofenschmelzen, Flammofenschmelzen, Tiegelschmelzen.

Speziell bei Hohöfen unterscheidet man noch das Schmelzen:

4) Nach der Art der Ofenzustellung. Schmelzen über
den Tiegel, die Spur, den Sumpf; Schmelzen mit Nase, Schmelzen
mit offenem, verdecktem oder geschlossenem Auge etc.
5) Nach der Art des Füllens des Ofens. Schmelzen mit
gezogenen oder versetzenden Gichten.
6) Nach der Art des Gichtverschlusses. Schmelzen mit
offener oder geschlossener Gicht.
7) Nach der Temperatur der dem Ofen oben entströmenden Gase. Schmelzen mit heller oder dunkler Gicht.

Die Destillation und Sublimation.

Die Destillation hat den Zweck, starre aber in höherer
Temperatur flüchtige Körper aus ihren Verbindungen von den
nicht flüchtigen zu trennen unter Anwendung geeigneter Zuschläge
und entsprechender Hitze, und die verflüchtigten Körper in flüssigem Zustande aufzufangen. Die Produkte der Destillation sind
Metalle (Quecksilber, Zink).

Die Sublimation bezweckt die gleiche Trennung durch
Ueberführen eines festen, in höherer Temperatur flüchtigen Körpers
in Dampf mit darauf folgender Abkühlung und Condensation zu
dem ursprünglichen oder einem neuen starren Körper. Die Producte der Sublimation sind Metalle oder Metalloxyde oder Sulfide.
(Arsen, arsenige Säure, Realgar und Auripigment, Zinkoxyd.)

Die Cementation.

Diese Operation gelangt nur in der Eisenindustrie bei der
Bereitung des Cementstahles zur Anwendung; sie besteht in einem
Glühen weichen, kohlenstoffarmen Eisens in Kohlenstoff haltenden
Cementirpulvern bei Luftabschluss, um ein kohlenstoffreicheres
Product (Stahl) zu erzeugen, wobei gasförmige Kohlenstoffverbin-
dungen das den Kohlenstoff übertragende Agens sind.

Das Adouçiren. Tempern.

Man versteht darunter ein länger andauerndes stärkeres Erhitzen aus Eisen gegossener Gegenstände zwischen Sauerstoff ab-
gebenden Körpern, wie Braunstein, Eisenoxyd, Zinkoxyd, wodurch

dieselben eines Theils ihres Kohlenstoffgehaltes beraubt und hierdurch etwas geschmeidig werden. (Hämmerbares Gusseisen, Glühstahl.)

Ein blosses Erhitzen zu harten Stahls bis zu bestimmter, nicht zu hoher Temperatur, um demselben durch darauf folgendes langsames Abkühlen seine allzu grosse Härte zu benehmen, nennt man Anlassen.

Die Krystallisation.

Dieselbe dient zur Trennung blos der Metalle unter einander (Silber von Blei durch das Pattinsoniren), indem nach vorherigem Einschmelzen silberhaltenden Bleies und Abkühlen desselben bis zu einem gewissen Grade sich Krystalle in der Mutterlauge abscheiden, welche beide einen verschiedenen Silbergehalt besitzen. Durch wiederholtes Krystallisiren kann das Blei fast silberfrei erhalten werden.

Hydrometallurgische Processe.

Die Amalgamation.

Die Amalgamation bezweckt die Auflösung des Silbers und Goldes durch Quecksilber, welche Verbindung der Metalle Amalgam genannt wird; durch Ausglühen des vorher von überschüssigem Quecksilber befreiten Amalgams erhält man das Silber oder Gold als Rückstand, indem das Quecksilber abdestillirt.

Gold und Silber lassen sich nur dann mit Quecksilber extrahiren, wenn sie in gediegenem Zustande anwesend oder in diesen einfachen Zustand überführt worden sind; sind diese beiden Metalle vererzt, was mit dem Silber meistens der Fall ist, beziehentlich durch vorhergegangene Schmelzoperationen in Hüttenproducten an andere Körper (in Lechen an Schwefel) gebunden, so erfordern die Erze oder Hüttenproducte eine besondere Vorbereitung, bevor sie amalgamirt werden können.

Die Amalgamation von gediegenem Gold wird in Mörsern oder Mühlen vorgenommen.

Die Amalgamation des Silbers (und Goldes) geschieht:

1) In Haufen oder Torten — amerikanische oder Haufenamalgamation.

2) In Fässern — europäische oder Fässeramalgamation.

3) In Kesseln — Cazoprocess oder heisse Amalgamation.

4) In Mühlen — Mühlen- oder Arrastraamalgamation.

5) In Pfannen — Pfannenamalgamation, Washoe- und Riverprocess.

Zur Beschleunigung der Amalgamation, theils auch eines vollständigeren Ausbringens der edlen Metalle wegen werden hiebei verschiedene Reagentien, auch erhöhte Temperatur angewendet.

Die jeweilige Anwendung einer der hier genannten Amalgamationsmethoden ist abhängig von der Reichhaltigkeit der Erze und der Art des Metallvorkommens darin.

Die Extraction.

Die Extraction beruht auf der Auflösung eines Metalls, Metalloxyds oder einer sonstigen Metallverbindung in einem geeigneten Lösungsmittel und Ausfällen aus dieser Lösung durch ein anderes Metall oder sonst entsprechendes Fällungsmittel; die gelösten Metalle werden entweder in regulinischem Zustande, oder als Oxyde oder als Schwefelverbindungen niedergeschlagen.

Die Extraction findet Anwendung bei der Gewinnung von Gold, Silber, Kupfer und Nickel.

Die Elektrolyse.

Obwohl schon Becquerel die technische Anwendung der chemischen Kraft des galvanischen Stroms für das Probiren der Erze und zum Ausbringen der Metalle aus den Erzen empfahl, ist diese Probir- und Metallgewinnungsmethode doch erst in neuerer Zeit thatsächlich zur Durchführung gelangt.

Leitet man einen elektrischen Strom von angemessener Intensität eine entsprechende Zeit lang durch chemisch zusammengesetzte, im flüssigen Zustand befindliche Körper, so werden diese in ihre Bestandtheile zerlegt, und wenn der eine Bestandtheil des Körpers ein Metall war, wird dieses am negativen Pol der Kette abgeschieden. Diese Zerlegung einer chemischen Verbindung durch den elektrischen Strom nennt man Elektrolyse, und erfolgt die Zersetzung in gleicher Weise, ob der Körper vorher durch ein Auflösungsmittel oder durch entsprechende Temperatur in flüssigen Zustand versetzt (geschmolzen) wurde.

Der elektrische Strom ist das mächtigste Mittel, das wir bis jetzt kennen, um zusammengesetzte Körper in ihre Bestandtheile zu trennen, und wurden durch denselben Verbindungen zerlegt, welche in anderer Weise zu zerlegen nicht gelungen ist. Gegenwärtig steht in Amerika eine von Keith angegebene Methode in Anwendung, Kupfer aus Mutterlaugen von der Vitriolbereitung mit nur 3—4.5 Procent Kupfer und sonst werthlosen kupferhaltigen Abfallwässern zu gewinnen; derselbe hat auch ein Verfahren angegeben, um reines Werkblei auf elektrolytischem Wege zu raffiniren.

André gewinnt und scheidet durch die Elektrolyse Kupfer und Nickel aus Legirungen, Steinen und Speisen.

Ein älteres, von Elkington stammendes Patent bezweckt die Trennung von Silber und Kupfer aus einer Legirung dieser Metalle.

Die Schmelzmaterialien.

Erze und Erzeinlösung.

Mit dem Namen Erze bezeichnet der Hüttenmann nur diejenigen Mineralien, aus welchen sich im Grossen die Metalle mit Vortheil gewinnen lassen; die Erze müssen der Hütte bereits in demjenigen Zustand angeliefert werden, in welchem sie unmittelbar der Verhüttung unterworfen werden können.

Man bezeichnet die Erze:

a) Nach der Grube, aus welcher sie gewonnen worden sind — Annaschächter Erze, Frischglückzecher Erze u. s. w.;

b) nach der Korngrösse, in welcher sie angeliefert werden — Stufferz, Gries, Schlich etc.;

c) nach der Art der Aufbereitung, aus der sie her-

vorgegangen sind — Scheiderze, Setzgraupen, Setz-
schlich u. s. f.;

d) nach der Art des darin vorkommenden Metalls —
Eisenerz, Bleierz, Zinkerz u. s. w.;

e) nach dem Metallgehalt — reiche Erze, arme Erze, Zuschlagserze;

f) nach der Art des Metallvorkommens im Erz —
oxydische, Dürrerze, Gelferze, arsenikalische Erze u. s. f.;

g) endlich nach der das Erz begleitenden Gangart
— quarzige, späthige, kalkige Erze.

Die Erze enthalten die Metalle:

1) In gediegenem (metallischem) Zustand (Gold, Silber,
Kupfer, Quecksilber, Wismuth).

2) In Verbindung mit Sauerstoff als Oxyde (Eisenoxyd, Zinnoxyd, Kupferoxyd) (Fe_2O_3. — SnO_2, — CuO).

3) Als Oxyde in Verbindung mit Wasser, als Hydroxyde (Brauneisenstein, viele Rotheisensteine, dann Braun-
steine (Manganerze). ($Fe_2(H_2O_4)$ — $Zn(HO)_2$ — Mn_2HO_4).

4) In Verbindung mit Salzbildern (Chlor), welche jedoch selten vorkommen — Silber- und Quecksilberhornerz
($HgCl$ — $AgCl$).

5) Als Oxyde in Verbindung mit Säuren, als Salze
(Eisenspath, Zinkspath, Anglesit) ($FeCO_3$—Zn_2SiO_4—$PbSO_4$).

Die Erze kommen aber auch in der Natur gemengt vor, und
zwar entweder:

6) Als verschiedene Verbindungen desselben Metalls
(Kupferlasur, Voltzin, Pyrostibit —$2CuCO_3+Cu(HO)_2$ —
$ZnO+ZnS$ — $Sb_2O_3+Sb_2S_3$).

7) Verschiedene Verbindungen mehrerer Metalle in
einer Spezies (Pyrargyrit, Bournonit — $3Ag_2S$, Sb_2S_3 —
$[4(PbS, Sb_2S_3)+3(Cu_2S, Sb_2S_3)]$).

8) Endlich mehrere Mineralspezies für sich geson-
dert, jedoch in einer Gangfüllmasse zusammen
vorkommend. (Bleiglanz mit Zinkblende, Spatheisenstein
und Schwefelkies.)

Die Erze werden von der Hütte angekauft, d. h. um einen
bestimmten Preis übernommen, welcher hauptsächlich abhängt von
dem Preise des Metalls zu der Zeit, als das Metall daraus gewonnen
wird, dann auch von den Kosten, welche dessen Darstellung ver-

ursacht; der durchschnittliche Gehalt (Halt) der Erze an Metall muss demnach vor dem Ankauf erst genau ermittelt, die Erze müssen vorher auf ihren Metallgehalt untersucht (probirt) werden.

Bezeichnen allgemein h den Halt der Erze, φ das procentuelle Ausbringen, V den jeweiligen Metallwerth, S die Schmelzkosten, R die Regiekosten und G den Gewinn, so ist deren Einlösungswerth E pro Gewichtseinheit

$$E = h.\ \varphi.\ V. - (R+S) - G.$$

Auf den Ankaufspreis eines Erzes haben aber gewöhnlich noch vielfache Nebenumstände Einfluss, namentlich kann ein grösserer oder geringerer Gehalt derselben an Quarz, Kalk, Eisenkies, Zinkblende u. s. w. ihren Werth herabdrücken oder erhöhen, weil diese Begleiter des Erzes die Gewinnung des Metalls daraus entweder erleichtern oder erschweren.

v. Banto gibt die folgenden Formeln für die Ermittelung des Einlösungswerthes eines Erzes:

A. für Erze, aus denen nur ein Metall gewonnen werden soll,

$$E = h\frac{(100-a)}{100}\left(\frac{100-b}{100}\right)u\left(\frac{100-q}{100}\right)\left(\frac{100}{100+r}\right)\left(\frac{100}{100+p}\right) - \frac{100}{100+r}(d+gh)$$

B. für Erze, aus welchen zwei Metalle gewonnen werden sollen,

$$E = v(hc-o)\frac{n}{(hc-o)+(h'c'-o')} \quad \text{und}$$

$$E' = v(h'c'-o')\frac{n}{(hc-o)-(h'c'-o')},$$

in welchen Formeln bedeuten:

E und E' den Einlösungswerth einer Gewichtseinheit Erz,

h und h' den Metallgehalt des Erzes in Procenten,

a den procentuellen Manipulationsabgang,

b die eventuelle Gewichtszunahme für 100 Gewichtstheile Metall (Glätte, Urangelb),

u den vollen Verkaufspreis,

q die Differenz zwischen dem Einlösungs- und Verkaufspreis,

r die Regiekosten in Procenten,

p die Zinsen des Betriebscapitals und den Gewinn (Amortisation),

d die Schmelzkosten, d. i. die Gewinnungskosten überhaupt für 1 Gewichtstheil Erz,

g die nach dem Metallgehalt sich richtenden Gewinnungskosten, o und o' den die Metalle pro Centner Erz speziell treffenden Betrag der Gewinnungskosten,

n den vollen Betrag der gemeinschaftlichen Ausbringungskosten pro Centner Erz.

In den sub B. angeführten Formeln sind die aus constanten Factoren bestehenden Coëfficienten $\frac{100}{100+r} = v$ und $\left(\frac{100-a}{100}\right)\left(\frac{100-b}{100}\right) u \left(\frac{100-q}{100}\right)\left(\frac{100}{100+p}\right) - g = c$ gesetzt, und das letzte Glied multiplicirt, wodurch sich die zuerst gegebene Formel vereinfacht.

Die Grundsätze, nach welchen die Einlösung der Erze auf den Hütten geschieht, d. i. das Einlösungssystem, sind demnach verschieden und werden die Einkaufstarife nicht selten so oft modificirt, als überhaupt eine Aenderung in dem Verkaufspreise der Metalle eintritt, oder es werden bei dem Steigen des Metallwerthes zu einem bestimmten Grundpreise entsprechende Prämien bezahlt, bei dem Fallen jener Werthe dagegen Abzüge gemacht, damit der Hüttenmann, immer abhängig von den bestehenden Handelsconjuncturen, nicht zu Schaden komme.

Wie schon oben erwähnt, wirken gewisse Beimengungen der Erze günstig auf das Ausbringen der Metalle und die Verhüttungsarbeiten, andere ebenso ungünstig ein, und dieser Umstand ist Grund, dass einzelne Erzgattungen pro Gewichtseinheit, bei sonst gleichem Metallgehalt, höher, andere niedriger bewerthet werden müssen.

Im Allgemeinen ist es daher die Summe der Auslagen, welche die Gewinnung des Metalls verursacht, wodurch dessen Einlösungspreis bestimmt wird; da aber diese Auslagen in den verschiedenen Bergdistrikten verschieden sind, so werden auch ebenso verschiedene Einlösungssysteme angetroffen, und der Bergmann hat oft genug die Wahl, seine Erze bei der einen oder andern Hütte zur Einlösung zu bringen. Die Höhe der Frachtkosten ist, da die Erze frei zur Hütte gestellt werden müssen, in dieser Hinsicht sehr häufig entscheidend.

Remedien. Fast nie ist es möglich, bei der Verhüttung der Erze den ganzen, durch eine genaue Bestimmung ermittelten Gehalt der Erze an Metall zu gewinnen, es sind Abgänge durch Verschlackung, Verflüchtigung, Verzettelung u. s. f. unvermeidlich; man nennt diese Verluste in ihrer Gesammtheit das Calo (Metallcalo), und dieselben werden entweder, wenn ihre Grösse erfahrungsmässig festgestellt und genau erhoben ist, in dem Einlösungstarif unter dem Namen „Feuerabgang oder Feuercalo" ersichtlich gemacht und von dem berechneten Metallinhalt in Abzug gebracht, der freie Rest des Metallinhaltes aber erst bezahlt, — oder es sind diese Verluste schon in den Einlösungstarifen berücksichtigt und werden in der Kaufsberechnung nicht ausgewiesen, und dann nennt man diese aus der Kaufsberechnung nicht ersichtlichen Abzüge, welche der Hütte zu Gunsten kommen, Remedien.

In früherer Zeit hielt man diese Remedien für nothwendig, um die Hütte vor Abgängen zu sichern; mit der Vervollkommnung der Hüttenprocesse jedoch wurden diese Ansprüche geringer und gegenwärtig leistet man auf rationell betriebenen Hüttenwerken auf diese Remedien grösstentheils Verzicht. Es ist eben richtiger, den Metallgehalt der Erze genau zu ermitteln und nach erfolgter Verhüttung derselben das erzeugte Metallquantum mit dem in den verhütteten Erzposten berechneten Metallinhalt zu vergleichen, um so eine richtige Einsicht über die bei der Gewinnung befolgten Methoden und über den wahren Metallverlust hierbei zu erhalten, eventuell den Gewinnungsprocess entsprechend zu modificiren. Bewegt sich der Metallverlust innerhalb bestimmter, zulässiger Grenzen, so kann der Betriebseinrichtung und Betriebsführung kein Vorwurf gemacht werden, da es eben, wie schon ausgesprochen, in den weitaus meisten Fällen nicht möglich ist, den Metallinhalt der Erze vollständig zu gewinnen.

Dem ungeachtet ergeben sich nicht selten bei Gewinnung einiger Metalle nicht nur keine Abgänge, sondern sogar Zugänge; diese haben nun allerdings ihren Grund in Remedien, welche aber unvermeidlich sind, und fast ausschliesslich in der Art der Vornahme der Haltsbestimmung des Schmelzgutes ihren Grund haben. So z. B. liegt bei der Gewinnung des Silbers, trotzdem die Silberprobe an Genauigkeit nichts zu wünschen übrig lässt, ein Remedium darin, dass das durch Capellenzug verloren gehende Silber nicht in Rechnung gebracht werden kann, während bei der Verhüttung im Grossen dieses Silber, welches in den Testen der Treib- und Feinbrennheerde verbleibt, wieder in die Manipulation zurückgeht und gewonnen wird. Ein weiteres Remedium liegt ferner in dem überall eingeführten, übrigens wohl begründeten Ausgleich der Probenresultate aus Probe und Gegenprobe.

Dagegen wird man bei der Bleigewinnung, trotzdem in der
noch an vielen Orten im Gebrauch stehenden Bleiprobe auf trockenem Wege ein sehr bedeutendes Remedium für die Hütte liegt,
wohl immer nur Abgänge nachweisen, weil das Ausbringen des
Bleies nicht so exact erfolgen kann, als jenes des Silbers. Besondere Remedien oder Feuerabgänge zu gestatten ist demnach gegenwärtig selten mehr üblich; solche Remedien vermindern scheinbar
die bei den Schmelzprocessen nicht zu vermeidenden Verluste, und
lassen keinen gründlichen Einblick in das bei der Gewinnung eines
Metalls befolgte Verfahren zu.

Zuschläge.

In den seltensten Fällen enthalten die Erze oder das sonst
zu verhüttende Schmelzgut die fremden, in die Schlacken zu führenden Bestandtheile in jenem entsprechenden Verhältniss, bei welchem die möglichst vollkommene Ausscheidung des zu gewinnenden Metalls oder des das Metall enthaltenden Zwischenproductes
erfolgt; entweder würden die aus den das Erz begleitenden Gangarten allein sich bildenden Schlacken zu leichtflüssig oder zu strengflüssig sein, und Zwischenproducte enthalten meist nur die elektropositiven, zur Bildung einer Schlacke dienenden Bestandtheile.

Im Allgemeinen soll eine Schlacke erst dann zum Schmelzen
gelangen, wenn die Metalloxyde bereits reducirt sind und die Ansammlung und Schmelzung des zu gewinnenden Metalls oder einer
Verbindung desselben schon erfolgt ist, da die Metalloxyde gewöhnlich leicht verschlackt werden, wodurch das Ausbringen sinkt;
es ist allerdings vortheilhaft, eine Schlacke zu erzeugen, welche
bei möglichst niedriger Temperatur in Schmelzung geräth, allein
eine solche Schlacke ist nicht die beste, sondern diejenige, bei
welcher man bei dem geringsten Brennstoffaufwand und
bei dem grössten Ausbringen die höchste Production an
Metall von der gewünschten Qualität erreicht. Erze, welche
für sich ohne jedwede Zuthat mit Rücksicht auf die Oekonomie
des Betriebs schmelzwürdig sind, nennt man selbst gehende
Erze; bislang sind solche Erze nur von einigen Eisenhütten
Schwedens bekannt.

Man muss demnach die für eine bestimmte Zusammensetzung
der Schlacken nöthigen Stoffe, wenn sie in dem Schmelzgut nicht

enthalten sind, denselben beimengen; man erreicht dies zum Theil dadurch, dass man mehrere Erzgattungen zusammenmengt, deren schlackengebende Bestandtheile ganz oder nahezu der gewünschten Zusammensetzung der Schlacken entsprechen, und nennt man diese Operation das **Gattiren**, das Gemenge selbst die **Gattirung**. Allein auch hiermit wird nur selten dem beabsichtigten Zweck vollkommen entsprochen werden können, und man wird noch irgend einen fremden Körper — Base oder Kieselerde — zugeben müssen, um die richtige Mischung und Silicirungsstufe der Schlacke herzustellen. Man nennt solche fremde Substanzen **Zuschläge**, wenn sie zugleich etwas von dem auszubringenden Metall enthalten, **hältige Zuschläge**, wenn sie aus den bei der Gewinnung des Metalls vorgenommenen Schmelzoperationen herrühren und reicher an einer Verbindung dieses Metalls sind, **Vorschläge**, wenn sie endlich natürlich vorkommen und nur so viel von dem auszubringenden Metall enthalten, dass sie für sich allein nicht schmelzwürdig wären, wohl aber durch den Gehalt an zuzusetzender Substanz schmelzwürdig werden, **Zuschlagserze**; das Gemenge des metallhältigen Schmelzgutes mit den fremden Zuschlägen nennt man die **Beschickung** oder **Möllerung**, und das Zumengen derselben das **Beschicken**.

Das Beschicken des Schmelzgutes hat demnach mehrfache Zwecke, und zwar:

1) Um das Ausscheiden eines Metalls aus seiner Verbindung zu bewirken, oder das Metall in einem abzuscheidenden Product anzusammeln.

2) Um ein günstiges Metallausbringen zu erzielen.

3) Um die Gangarten oder sonstige Verunreinigungen eines Schmelzgutes zu verschlacken und überhaupt schädliche Bestandtheile zu entfernen.

4) Um gleichzeitig bei demselben Betrieb gefallene Hüttenproducte und Abfälle wieder zu Gute zu bringen.

5) Um das erschmolzene Metall oder seine Verbindung durch eine hinreichende Menge von Schlacken vor der weiteren Einwirkung des Gebläsewindes zu schützen, indem sie die spezifisch schwereren Massen bedeckt.

6) Um mulmige Erze und Schliche zu verhütten und das Wegführen derselben mit der Gichtflamme zu verhindern, zu welchem Behufe das staubförmige Schmelzgut mit dem Beschickungs-

mittel gemengt, mit Wasser angefeuchtet, zu Batzen oder Ziegeln geformt, getrocknet, und dann in Stückform aufgegeben wird. (Kalk für Eisenstein, Bleiglätte für Fällsilber.)

Dieses Mengen staubförmigen oder fein zertheilten Schmelzgutes mit dem Zuschlag nennt man das Einbinden.

Die bei den Verhüttungs(nicht Raffinir-)processen erzeugten Schlacken sind Singulo- und Bisilicate oder Sesquisilicate, selten und nur gezwungen werden Trisilicate erzeugt, weil sie sehr strengflüssig sind und nur durch sehr kräftige Reduction bei sehr hoher Temperatur einer Verschlackung von Metall durch dieselben begegnet werden kann. Sie werden auch nur ausnahmsweise in Eisenhohöfen erzeugt.

Von Subsilicaten und Singulosilicaten hat man einen Verlust durch Verschlackung am wenigsten zu fürchten, aber die Absonderung von den Metallen und Zwischenproducten erfolgt wegen ihrer leichten Erstarrbarkeit und ihres meist höhern spezifischen Gewichts schlechter, und enthalten dieselben hauptsächlich Metalloxyde als elektropositive Bestandtheile, so wird sehr leicht ein Theil dieser Metalloxyde mit redücirt und gibt Veranlassung zur Bildung von Ofensauen. Bei Erzeugung von Bisilicaten erfolgt die reinste Schmelzung und die beste mechanische Absonderung, doch ist, weil dieselben schon strengflüssiger sind, ihre Anwendung nicht immer möglich, und namentlich wenn viel Thonerde und Zinkoxyd zu verschlacken sind, ist sogar die Erzeugung eines Singulosilicates geboten. Mit Rücksicht auf das so eben über Schlacken Gesagte ist nun die Art und Menge des Zuschlags zu wählen.

Als Zuschläge bei den Schmelzprocessen finden erdige, alkalische und metallische Stoffe Verwendung; die alkalischen sind zumeist sehr theuer, und werden desshalb mehr bei den Raffinationsprocessen gebraucht.

Die am häufigsten angewendeten Zuschläge sind:

a) **Erdige Zuschläge.**

1) **Quarz und Kieselerde haltende Gesteine**, wie Sandstein, Hornblende, Eisengranat, Kalkgranat, Eisenkiesel, Basalt, Feldspath, Grauwackenschiefer etc., auch höher silicirte Schlacken. Ihre Anwendung beruht auf der Bindung der basischen Gangarten des Erzes oder der basischen Oxyde des Hüttenproductes durch die freie, noch nicht gesättigte Kieselerde.

$$2CaO + SiO_2 = Ca_2SiO_4$$
$$2CaSiO_3 + 2FeO = Ca_2SiO_4 + Fe_2SiO_4.$$

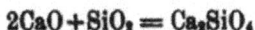

Schiefergesteine zieht man dem reinen Quarze vor, weil sie meist schon fertiges Silicat enthalten und darum leichter schmelzen.

2) **Kalk und Kalkerde haltende Gesteine**, wie Kalkstein, Mergel, welcher letztere seines Thonerdegehaltes wegen bisweilen vorgezogen wird, Rohwand u. dergl. Ihre Anwendung hat grösstentheils den Zweck, die Kieselerde der Erze zu binden, manchmal auch anwesende Schwefelmetalle zu zerlegen.

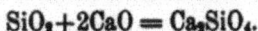

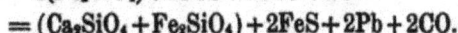

$$SiO_2 + 2CaO = Ca_2SiO_4.$$
$$FeS + CaO + C = CaS + Fe + CO.$$
$$2(Fe_2SiO_4) + 2PbS + 2CaO + 2C$$
$$= (Ca_2SiO_4 + Fe_2SiO_4) + 2FeS + 2Pb + 2CO.$$

Die zuletzt angegebene Zersetzung findet bei der Niederschlagsarbeit statt, doch werden Metalloxydsilicate durch Kalk erst in höherer Temperatur zerlegt, wodurch Gelegenheit zur Bildung von Ofensauen gegeben wird.

Die Anwendung des Kalks als Zuschlag ist sehr häufig und sehr wichtig bei der Eisenerzeugung, da die meisten Eisenerze ungesättigte Kieselerde enthalten; bis jetzt wird derselbe fast überall in rohem Zustande gesetzt, wenige Hütten machen von dem Vortheil der Verwendung gebrannten Kalks Gebrauch (Trofajach in Steiermark). Brennt man den rohen Kalkstein, bevor man ihn als Zuschlag in den Hohofen aufgibt, so werden aus 100 Gewichtstheilen desselben 44 Gewichtstheile, entsprechend der darin enthaltenen Kohlensäure, ausgetrieben, die Kohlengicht trägt demnach um dieses Gewicht mehr Beschickung und das Ausbringen steigt, in Folge dessen der relative Kohlenverbrauch sinkt, d. h. man erzeugt die Gewichtseinheit Roheisen billiger. Man hat in den oberen Ofentheilen keine Wärme (Kohle) zur Austreibung der Kohlensäure aus dem rohen Kalk nöthig, und es behalten somit die Gase in den oberen Ofentheilen eine höhere Temperatur, wodurch die Erze besser vorgewärmt werden. Der Kalk verliert auch erst in den tiefer gelegenen Ofenhorizonten die Kohlensäure vollständig.

Bituminöser Kalk (Stinkkalk) enthält Schwefelkies eingesprengt, und ist demnach für den Eisenhohofenbetrieb nicht zu verwenden.

Enthält der Kalk etwas Magnesia oder Thonerde, so ist dies

vortheilhaft, weil hierdurch die Basen der Schlacken vermehrt werden, was die Schlacken leichtschmelziger macht; ein Gehalt an Kieselerde im Kalk ist nachtheilig, denn dieselbe bindet selbst einen Theil der Kalkerde im Zuschlag.

Der Kalk findet auch zur Zerlegung des Zinnobers bei der Quecksilbergewinnung Verwendung.

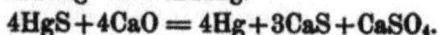

$$4HgS + 4CaO = 4Hg + 3CaS + CaSO_4.$$

3) **Manganhaltende Zuschläge.** Diese wirken bei der Erzeugung weissen Eisens, wie der Kalk bei dem Graublasen, günstig auf die Abscheidung des Schwefels und Siliciums aus dem Roheisen. Bei den Raffinirprocessen wirken sie durch ihren Sauerstoffgehalt oxydirend auf die Verunreinigungen des Roheisens.

4) **Flussspath.** Dieses Mineral wirkt äusserst günstig bei Schmelzprocessen, wenn viel Kieselsäure zu entfernen ist, indem der Fluorgehalt einestheils die Kieselsäure verflüchtigt, während anderntheils das Calcium Kieselerde verschlackt,

$$2CaFl_2 + 2SiO_2 = SiFl_4 + Ca_2SiO_4;$$

er wird demnach auch dadurch nützlich, dass er die Menge der Schlacke vermindert. Aber der Flussspath hat noch weiters die vorzügliche Eigenschaft, dass er, obwohl an und für sich nicht leichtschmelzig, einmal geschmolzen sehr dünnflüssig ist; er wirkt demnach auch mechanisch dadurch, dass der unzersetzte Antheil desselben den Schlacken einen höheren Grad von Dünnflüssigkeit verleiht, und die Entfernung derselben aus dem Ofen erleichtert. Ausserdem schmilzt er leicht mit Gyps und Schwerspath zusammen, und ist als Zuschlag für solche Erze, welche diese Mineralien enthalten, zur Auflösung jener Sulfate sehr gut zu verwenden.

Von Caron wurde der Flussspath namentlich zur Entfernung des Phosphors aus Eisenerzen bei dem Hohofenschmelzprocess empfohlen, indem derselbe auch die Phosphate der Erden unzerlegt auflöst. Es ist indessen der Flussspath immer kostspielig, was seine Anwendung beschränkt, und wird derselbe an einigen Orten nur bei dem Cupolofenbetrieb verwendet; ist aber die Phosphorsäure in den Erzen an Eisenoxyd gebunden, so bildet sich Phosphoreisen, und dann lässt sich der Phosphor nur sehr unvollständig entfernen.

5) **Gyps und Schwerspath.** Diese beiden Mineralien werden im Allgemeinen selten und nur in besonderen Fällen zugeschlagen, weil sie bei dem Schmelzen unter Bildung von Oxysul-

fureten zerlegt werden, und desshalb die Schlacke meist lech-
haltend wird; sie finden aus diesem Grunde nur bei Verschmelzung
von Schwefelmetallen Anwendung und ist der Gyps das leicht-
schmelzigere Mineral. Kieselerde allein zerlegt den Baryt nur
schwierig, aber bei Gegenwart von Metallen erfolgt die Zersetzung
rasch; wenn es an Schwefeleisen in der Beschickung mangelt, dient
das aus dem Schwerspath gebildete Schwefelbarium als Surrogat
dafür, und trägt der Schwerspath überhaupt immer zur Bildung
von Schwefelmetallen bei:

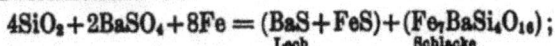

$$4SiO_2 + 2BaSO_4 + 8Fe = \underset{\text{Lech}}{(BaS + FeS)} + \underset{\text{Schlacke}}{(Fe_7BaSi_4O_{16})};$$

der Schwerspath findet dann Anwendung, wenn die Gegenwart von
viel Eisen in dem zu erzeugenden Product nicht erwünscht ist.
Als Base wirkt die Baryterde sehr kräftig und gibt leichtflüssige
Schlacken.

6) **Thonige Gesteine**, wie Thonschiefer, Lehm etc. Diese
geben zwar mit Kieselerde allein sehr strengflüssige Schlacken,
aber sehr gute Schlacken bei Gegenwart von Kalk; ausserdem
wirkt die Thonerde als amphoterer Körper gegenüber starken
Basen als Säure (Aluminate). Je mehr Thonerde in einem Zuschlag enthalten ist, um so strengflüssiger wird die Schlacke; die
Thonschiefer enthalten gewöhnlich etwas mehr Eisen und geben
dann eine leichtflüssigere Beschickung und Schlacke. Thonige Zuschläge werden bei Verschmelzung sehr kalkreicher Erze verwendet.

b) **Metallische Zuschläge.** Die Metalle dienen hauptsächlich zur Zerlegung anderer Metallverbindungen oder als Anreiche-
rungsmittel für andere Metalle. Das Eisen wird hauptsächlich zur
Zerlegung des Bleiglanzes, auch des Schwefelantimons, und da gewöhnlich in Stücken (als Roheisen), weiters zur Zerlegung des
Schwefelquecksilbers angewendet.

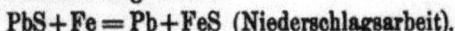

PbS + Fe = Pb + FeS (Niederschlagsarbeit).

Arsen und Antimon, welche als Ansammlungsmittel für
Kobalt und Nickel dienen, werden nicht in metallischem Zustand,
sondern es werden diese Metalle führende Erze zugeschlagen.

Blei dient zur Ansammlung und Extraction des Silbers und
Goldes aus silber- und goldhaltenden Kupferlechen (Eintränkarbeit),
seltener bei dem Raffiniren der Metalle (Rosettiren und Garmachen
des Kupfers).

c) **Metalloxyde.** Dieselben werden behufs Reinigung der

Rohmetalle bei den Raffinationsprocessen, z. B. Eisenstein oder Hammerschlag bei dem Frischen und Pudeln des Eisens,

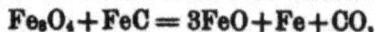

$$Fe_3O_4 + FeC = 3FeO + Fe + CO,$$

bei dem Raffiniren des Kupfers,

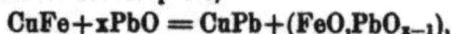

$$CuFe + xPbO = CuPb + (FeO,PbO_{x-1}),$$

bei dem Adouciren,

$$ZnO + FeC = Fe + Zn + CO \text{ u. s. f. zugegeben.}$$

Sie dienen bei gleichzeitiger Anwesenheit von Kohle zur Ansammlung edler Metalle, z. B. Blei,

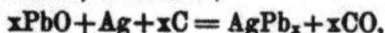

$$xPbO + Ag + xC = AgPb_x + xCO,$$

ferner auch zur Zerlegung anderer Metallverbindungen und Ausscheidung dieser Metalle

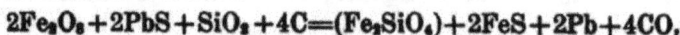

$$2Fe_2O_3 + 2PbS + SiO_2 + 4C = (Fe_2SiO_4) + 2FeS + 2Pb + 4CO,$$

endlich auch einige in Folge grösserer Verwandtschaft zur Kieselerde als leichtflüssige Basen bei dem Schmelzen zum Schutze anderer Metalle vor Verschlackung (Kupfergewinnung). Diese Oxyde sind schwer reducirbar, und sie werden bei allen jenen Processen angewendet, bei welchen die Temperatur nicht hoch genug ist, um die Metalle daraus abzuscheiden (zumeist Eisenoxyd, auch Manganoxyd), obwohl eine theilweise Reduction nie ganz vermieden werden kann, und auch immer Eisenausscheidungen damit verbunden sind, was jedoch nur dann erwünscht ist, wenn das reducirte Eisen zugleich zur Zerlegung von Schwefelverbindungen dienen soll.

d) **Schlacken.** Schlacken von derselben Arbeit oder von denselben Hüttenprocessen dienen entweder zur Gewinnung des darin mechanisch eingeschlossenen oder chemisch gebundenen Metalls oder mechanisch beigemengten Lechs (reiche Schlacken, unreine Schlacken), oder sie dienen als bereits fertige Silicate zur Verflüssigung der erst zu bildenden Schlacke, also flussbefördernd, oder endlich zur Auflockerung des Schmelzmaterials bei Verarbeiten von Schlichen. Dies sind die mechanischen Wirkungen der Schlacke.

Ihre chemische Wirkung ist ebenfalls eine verschiedene je nach ihrer Zusammensetzung. Basische Schlacken sind im Stande, noch Kieselerde aufzunehmen,

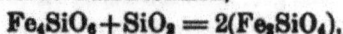

$$Fe_4SiO_6 + SiO_2 = 2(Fe_2SiO_4),$$

ebenso wie saure Schlacken noch Basen aufzunehmen fähig sind

$$2(FeSiO_3) + 2FeO = 2(Fe_2SiO_4).$$

Basische Schlacken wendet man auch häufig als Präcipitationsmittel an,

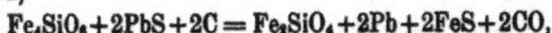

$$Fe_4SiO_6 + 2PbS + 2C = Fe_2SiO_4 + 2Pb + 2FeS + 2CO,$$

oder sie werden bei den Raffinirungen der Metalle verwendet.

$$Fe_4SiO_6 + 2FeC = 4Fe + Fe_2SiO_4 + 2CO.$$

Oxydschlacken, sowie reiche (unreine) Schlacken überhaupt werden ihres Metallgehaltes wegen verschmolzen.

e) **Schwefelmetalle.** Kiese (Eisenkies) dienen hauptsächlich zur Ansammlung werthvoller Metalle in einem Lech, welche
zum Schwefel grössere Verwandtschaft besitzen, als zum Sauerstoff.

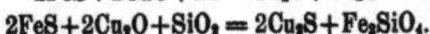

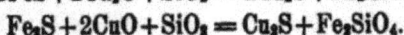

$$2FeS + 2Ag = Fe_2S + Ag_2S.$$
$$FeS_2 + 2CuO + 2C = FeS + Cu_2S + 2CO.$$
$$2FeS + 2CuO + 2C = Fe_2S + Cu_2S + 2CO.$$
$$2FeS + 2Cu_2O + SiO_2 = 2Cu_2S + Fe_2SiO_4.$$
$$Fe_2S + 2CuO + SiO_2 = Cu_2S + Fe_2SiO_4.$$

f) **Salze** und **Chlormetalle,** wie Eisenvitriol bei der sulfatisirenden Röstung des Silbers und Kupfers, Kochsalz bei der chlorirenden Röstung des Silbers, Kochsalz und Kupfervitriol
(Magistral) bei der amerikanischen oder Hanfenamalgamation
zur Chlorirung des Silbers und Schwefelsilbers, u. a.

g) **Alkalische Zuschläge** finden wegen ihrer Kostspieligkeit
verhältnissmässig selten Anwendung; das Kochsalz ist aus dem
vorhin angegebenen Grund auch hier anzuführen. Bei der Eisenerzeugung stand früher auf einigen Hütten ein Kochsalzzuschlag in
Gebrauch, um Schwefel und Phosphor aus der Gattirung als Chloride
zu verflüchtigen; zu diesem Zweck müsste derselbe aber staub-
förmig durch die Formen eingeblasen werden, weil das Chlor aus
dem Kochsalz bei dem Niedergehen der Gichten im Hohofen früher
ausgetrieben wird, ehe es zur Wirkung gelangen kann.

Besser gelingt eine Verflüchtigung von Arsen und Antimon
durch Chlor (Kochsalz) bei dem Rösten, sowie auch aus gleicher
Ursache Kochsalz, dann auch Chlorblei zur Verflüchtigung des
Zinks aus einer Zinkbleilegirung (Parkesiren) angewendet wurde.

h) **Kohle und Kohlenstoff haltende Körper** dienen zur
Reduction von Oxyden und Salzen, und zur Carbonisation des
Eisens (Cementation).

Dem oben Angeführten zufolge werden Zuschläge bei allen
Operationen angewendet, und unterscheidet man desshalb:

1) Röstzuschläge.

2) Schmelzzuschläge.
3) Sublimir- und Destillirzuschläge.
4) Amalgamirzuschläge.
5) Cementationszuschläge.

Gattirungs- und Beschickungsberechnungen. Nachdem wir im Allgemeinen die Wirkung der Zuschläge besprochen haben, erübrigt uns noch, die Art und Weise kennen zu lernen, nach welcher man ihre Menge bei der Anwendung derselben ermittelt. Es geschieht dies, wie sich schon aus den mitgetheilten Formeln ergibt, mit Hülfe der stöchiometrischen Berechnungen, welche in den meisten Fällen einfach durchzuführen sind.

Nachdem der grösste Theil der Metalle auf feurigflüssigem Wege gewonnen wird, manches Metall auch mehreren Schmelzungen unterworfen werden muss, bevor es als Handelswaare auf den Markt gebracht werden kann, so sind auch die Schmelzzuschläge die am häufigsten angewendeten und demgemäss die wichtigsten.

Man beschickt nun ein Erz oder eine Erzgattirung immer mit Rücksicht auf das zu erzeugende Product und mit Rücksicht auf die Verwendung mineralischen oder vegetabilischen Brennstoffs, indem man unter Beobachtung der leichteren oder schwereren Reducirbarkeit der Erze, sowie der Leicht- oder Strengflüssigkeit der zu verschlackenden Substanzen auf die Erzeugung einer Schlacke von bestimmter Zusammensetzung hinarbeitet, wobei gleichzeitig das gewünschte Product mit dem geringsten Aufwand an Brennmaterial bei grösstmöglichem Ausbringen erzielt wird. Aus diesem Grunde werden schwer reducirbare Erze immer mit solchen Zuschlägen beschickt, welche die Möllerung strengflüssiger machen, damit nicht, wie schon bemerkt wurde, die schlackengebenden Bestandtheile früher schmelzen, bevor noch die Metalle aus ihren Verbindungen reducirt worden sind. Bei Anwendung roher Steinkohlen oder Koks als Brennstoff in Hohöfen ist immer auch auf die Menge und Zusammensetzung der Asche Rücksicht zu nehmen, weil diese stets viel Kieselerde enthält; bei Holzkohlen als Brennmaterial kann man davon absehen, weil der Aschengehalt immer nur gering ist, und die Asche selbst (stark alkalihaltig) einen willkommenen Zuschlag bei den Schmelzprocessen bietet.

Als Beispiel wählen wir eine Eisenerzgattirung, welche mit Koks auf graues Roheisen verschmolzen, und für welche der nöthige Kalkzuschlag ermittelt werden soll. Bei dem Kokhohofenbetrieb müssen, wie die Erfahrung gelehrt hat, Schlacken erzeugt werden, in welchen die Summe der Sauerstoffmengen der Basen etwa gleich ist dem in der Kieselerde enthaltenen Sauerstoff, also Singulosilicate, während sich für den Betrieb mit Holzkohle Sesquisilicate bis Bisilicate als die zweckentsprechendsten bewährten.

Nehmen wir an, die Hütte hätte die folgenden vier Erzsorten A, B, C und D von der folgenden Zusammensetzung[1]) (Wasser und Kohlensäure unbeachtet):

	A	B	C	D
Eisen	54	47	38	40
Thonerde	7	8	10	9
Kalkerde	2	1	2	2
Bittererde	—	1	1	1
Kieselerde	12	15	24	20
Schwefel	—	—	1	—

dann ein Zuschlagserz, welches enthält in Procenten:

Eisen	25
Thonerde	4
Kalkerde	25
Bittererde	4
Kieselerde	6

zu verschmelzen, und es enthielten die Koks 10 Procent Asche, welche an berücksichtigenswerthen Bestandtheilen aufweist:

Eisen	12
Thonerde	35
Kalkerde	1
Bittererde	1
Kieselerde	44
Schwefel	0.5 (aus dem Gehalt an Schwefelsäure stammend);

für die Erzeugung von 100 Gewichtstheilen Eisen seien 190 Gewichtstheile Koks erforderlich.

Mit Rücksicht auf den bedeutenden Kieselerdegehalt der Erzposten C und D können keine hohen Procente dieser Erze in die Möllerung genommen werden, dagegen erscheint das Erz A sowohl rücksichtlich des Eisengehalts als auch des Gehalts an Kieselerde und Thonerde als das beste, und dieses muss demnach vorzüglich berücksichtigt werden. Die Gattirung sei auf einen durchschnitt-

---

1) Der Einfachheit der Rechnung wegen sind hier nur ganze Zahlen angenommen.

lichen Gehalt von 45 Procent Eisen zu stellen mit Rücksicht auf
die unvermeidliche Verschlackung eines geringen Antheils von Eisen.

Im Vorhinein würde man mit Berücksichtigung wesentlicher
Bestandtheile der Erze und der mehr weniger günstigen Erzan-
lieferung die Gattirung etwa folgends zusammenstellen:

Von dem Erze B   25 Gewichtstheile
„   „   „ C   10   „
„   „   „ D   15   „
Von dem Zuschlagserze 15   „

Zusammen 65 Gewichtstheile.

Es ist nun zunächst zu berechnen, wie viel Eisen und andere
Schlacke gebende Bestandtheile diese angenommene Gattirung
enthält, um darnach dieselbe mit dem Erze A auf den geforderten
Durchschnittsgehalt von 45 Procent Eisen zu bringen.

Es berechnen sich nach einfachen Proportionen die folgenden
Mengen an Bestandtheilen in der Gattirung:

	Eisen	Thon-erde	Kalk	Bitter-erde	Kiesel-erde	Schwefel
25 Gewthl. d. Erzes B enthalten:	11.75	2.00	0.25	0.25	3.75	—
10 „ „ „ C „ :	3.80	1.00	0.20	0.10	6.00	0.25
15 „ „ „ D „ :	6.00	1.35	0.30	0.15	2.70	—
15 „ Zuschlagserzes „ :	3.75	0.60	3.75	0.60	0.90	—
65 Gewthl. enthalt. zusammen:	25.30	4.95	4.50	1.10	13.35	0.25

Betrachtet man dieses Erzgemenge als ein Erz, von der
Zusammensetzung, wie solches die erhaltene Summe zeigt, und berechnet jene summarischen Zahlen auf 100, so erhält man die
folgenden Procentzahlen dieser Mischung:

Eisen   38.92
Thonerde   7.61
Kalkerde   6.92
Bittererde 1.69
Kieselerde 20.54
Schwefel   0.39

Zusammen 76.07

Mit diesem ein Erz repräsentirenden Erzgemenge von 38.92 %
Eisengehalt ist nun das Erz A zu gattiren, um den Halt der ganzen Gattirung auf 45 % Eisen zu stellen. Bezeichnet man das Erzgemenge mit x, so hat man:

$$x + A = 100$$
$$38.92x + 54A = 100.45.$$

Nach Auflösung dieser Gleichung ergibt sich A mit 40.5 und $x = 100 - A = 59.5$ Gewichtstheilen. Die Gleichung verlangt nun, dass 40.5 Gewichtstheile des Erzes A mit 59.5 Gewichtstheilen des angenommenen Erzgemenges gattirt werden sollen, es sind demnach die 65 Gewichtstheile auf 59.5 Gewichtstheile zu reduciren.

Nach den Proportionen:

für B: $65:25 = 59,5:x$

„ C: $65:10 = 59.5:y$

„ D: $65:15 = 59.5:z$ u. s. f.

ergeben sich für x, y, z u. s. w. die folgenden Werthe und hiemit auch die definitive Zusammensetzung der Gattirung:

Von dem Erze A	40.5 Gewichtstheile
„ „ „ B	22.9 „
„ „ „ C	9.1 „
„ „ „ ·D	13.7 „
„ „ Zuschlagserze	13.7 „

Zusammen 99.9 Gewichtstheile,

welche man in praxi der Einfachheit wegen in ganzen Zahlen etwa folgends zusammenstellt:

Von dem Erze A	40 Gewichtstheile
„ „ „ B	23 „
„ „ „ C	10 „
„ „ „ D	13 „
„ „ Zuschlagserze	14 „

Zusammen 100 Gewichtstheile.

In dieser Gattirung berechnen sich nun aus den betreffenden Proportionen die folgenden Gehalte an wesentlichen Bestandtheilen; es sind enthalten:

	Eisen	Thonerde	Kalkerde	Bittererde	Kieselerde	Schwefel
In 40 Gewth. von A	21.60	2.80	0.80	—	4.80	—
„ 23 „ „ B	10.80	1.84	0.23	0.23	3.45	—
„ 10 „ „ C	3.80	1.00	0.20	0.10	2.40	0.10
„ 13 „ „ D	5.20	1.17	0.26	0.18	2.60	—
„ 14 „ d. Zuschlagerzes	3.50	0.56	3.50	0.56	0.84	—
In 100 Gewth. zusammen	44.90	7.30	4.99	1.02	14.09	0.10

Zur Erzeugung von 100 Gewichtstheilen Eisen sind noch

$$100:45 = x:100$$

$$x = 222.2 \text{ Gewichtstheile dieser Gat-}$$

tirung nöthig, und in diesen berechnen sich die folgenden Gehalte an Eisen und Schlacke gebenden Bestandtheilen

	Eisen	Thon-erde	Kalk-erde	Bitter-erde	Kiesel-erde	Schwefel
in Gewichtstheilen:	99.9	16.2	11.07	2.2	31.3	0.22
und zu dieser Erzeu- gung sind nöthig 190 Gewichtstheile Kohle, deren Asche nach der Analyse enthält:	2.28	6.65	1.90	1.90	8.36	0.95

	Eisen	Thonerde	Kalkerde	Bittererde	Kieselerde	Schwefel
Es sind demnach zu verschlacken, zusammen:	—	22.85	12.97	4.10	39.66	1.07

Für die einem Singulosilicat entsprechende Formel:

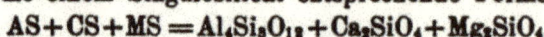

$$AS + CS + MS = Al_4Si_3O_{12} + Ca_2SiO_4 + Mg_2SiO_4$$

findet man die durch die eigenen Basen verschlackte Kieselerde aus den Proportionen mit Hülfe der Atomgewichte:

$$2Al_2O_3 : 3SiO_2 = 205.6 : 180 = 22.85 : x$$
$$2CaO : SiO_2 = 112 \ : \ 60 = 12.97 : y$$
$$2MgO : SiO_2 = \ 80 \ : \ 60 = \ 4.10 : z$$

woraus sich ergibt:

$$x = 20.00 \text{ Gewichtstheile}$$
$$y = \ 6.94 \qquad \text{„}$$
$$z = \ 2.07 \qquad \text{„}$$

Zusammen 30.01 Gewichtstheile,

und es bleiben somit 39.66—30.01=9.65 Gewichtstheile Kieselerde zu verschlacken übrig.

Nach demselben Verhältniss wie oben:

$$SiO_2 : 2CaO = 60 : 112 = 9.65 : \alpha$$

findet man $\alpha = 18$ Gewichtstheile Kalkbase, welche, da der kohlensaure Kalk blos 56 Procent Kalkerde enthält, in

$$\frac{18 \times 100}{56} = 32.14 \text{ Gewichtstheilen kohlen-}$$

sauren Kalks enthalten sind.

Ebenso verlangt der Schwefel nach:

$$S:CaO = 32:56 = 1.17:\beta$$

$\beta = 2.05$ Kalkerde zur Verschlackung als

Schwefelcalcium, welche in $\dfrac{2.05 \times 100}{56} = 3.65$ Gewichtstheilen

kohlensauren Kalks enthalten sind. Zusammen braucht man demnach $32.14 + 3.65 = 35.79$ Gewichtstheile kohlensauren Kalk. Derselbe wird aber als Kalkstein gesetzt, welcher in den seltensten Fällen ganz rein ist; enthält derselbe z. B. nur 95 Procent reine kohlensaure Kalkerde, so müssen nach $95:100 = 35.79:\gamma$, $\gamma = 37.7$ Gewichtstheile davon gesetzt werden.

Da diese Menge aber für 222 Gewichtstheile Erz (sammt entsprechendem Brennstoff) gilt, ergibt sich aus:

$$222:37.7 = 100:\delta$$

$\delta = 17$ Gewichtstheile als der für 100 Gewichtstheile der Gattirung entsprechende Kalksteinzuschlag.

Dieser geringe Kalksteinzuschlag ist auf den ersten Blick auffallend, es darf jedoch nicht vergessen werden, dass in dieser Gattirung schon 14 Gewichtstheile Zuschlagserz mit einem Kalkerdegehalt von 25 Procent mit enthalten sind, wodurch an eigentlichem Beschickungskalk erspart wird.

Diese ganze Rechnung lässt sich auf einige wenige Multiplicationen und Additionen reduciren, wenn man die im folgenden mitgetheilten von mir berechneten Tabellen benützt, deren Gebrauch sehr einfach ist, und sich am besten ergeben wird, wenn wir hier mit Hilfe derselben die oben durchgeführte Gattirungs- und Beschickungsaufgabe lösen. (Siehe umstehende Tabelle.)

Zur Aufsuchung der durch die eigenen Basen verschlackten Kieselerde benützt man die Tabelle B. Man findet in derselben in der Abtheilung für Singulosilicat die entsprechenden Ziffern für die anwesenden Basen:

22.85 Gewichtstheile Thonerde mit 0.873⎫ Diese Zahlen mit ein-
12.97   „   Kalkerde „ 0.535 ⎬ander multiplicirt geben
4.10   „   Bittererde „ 0.750⎭ als Producte:

durch Thonerde verschlackte Kieselerde $= 19.948$ Gewichtstheile
    „   Kalkerde   „   •„ $= 6.938$ „
    „   Bittererde   „   „ $= 3.075$ „

                    Zusammen $= 29.961$ Gewichtstheile
                    (gegen 30.01 oben).

Tabelle A.
Zur Aufsuchung der nöthigen Basen-
mengen zur Verschlackung gegebener Mengen Kieselerde.

Tabelle B.
Zur Aufsuchung der nöthigen Säure-
menge zur Verschlackung gegebener
Mengen von Basen.

Ein Gewichtstheil Kieselerde erfordert		Gewichts- theile an Basen	Ein Gewichtstheil Base erfordert		Gewichts- theile an Kiesel- erde
Gewichtstheile Kalkerde . .	für Singulosilicat	1.86	Ein Gewthl. Kalkerde	für Singulosilicat	0.585
„ Bittererde . .		1.38	„ „ Bittererde . . .		0.750
„ Thonerde . .		1.14	„ „ Thonerde		0.873
„ Eisenoxydul .		2.40	„ „ Eisenoxydul . .		0.416
„ Manganoxydul		2.36	„ „ Manganoxydul .		0.422
Gewichtstheile Kalkerde . .	für Bisilicat	0.93	Ein Gewthl. Kalkerde	für Bisilicat	1.070
„ Bittererde . .		0.66	„ „ Bittererde . . .		1.500
„ Thonerde . .		0.57	„ „ Thonerde		1.747
„ Eisenoxydul .		1.20	„ „ Eisenoxydul . .		0.888
„ Manganoxydul		1.18	„ „ Manganoxydul .		0.845
Gewichtstheile Kalkerde . .	für Sesquisilicat	1.24	Ein Gewthl. Kalkerde	für Sesquisilicat	0.808
„ Bittererde . .		0.88	„ „ Bittererde . . .		1.125
„ Thonerde . .		0.76	„ „ Thonerde		1.310
„ Eisenoxydul .		1.60	„ „ Eisenoxydul . .		0.625
„ Manganoxydul		1.577	„ „ Manganoxydul .		0.633

Von der Gesammtmenge = 39.66 Gewichtstheilen an Kieselerde bleiben demnach 39.66—29.961 = 9.699 Gewichtstheile (gegen
9.65 oben) durch Zuschlag von Kalk zu verschlacken.

Zu dieser Berechnung benützt man die Tabelle A; man findet
in der Abtheilung für Singulosilicat die entsprechende Ziffer = 1.86;
das Product 9.699 × 1.86 = 18.049 (gegen 18.0 oben).

Ein Gewichtstheil Schwefel verlangt zur Bildung von Schwefelcalcium $\frac{56}{32}$ = 1.75 Kalkerde; in die Schlacke zu führen sind 1.17
Gewichtstheile Schwefel, welche verlangen 1.17 × 1.75 = 2.047 (gegen
2.05 oben) Gewichtstheile Kalkerde. Zusammen braucht man also
18.040 + 2.047 = 20.087 Kalkerde. Ein Gewichtstheil Kalkerde ist
enthalten in $\frac{100}{56}$ = 1.785 Calciumcarbonat; man erhält sonach
20.087 × 1.785 = 35.85 Gewichtstheile an nöthiger Kalkbeschickung
(gegen 35.79 oben).

Methode der graphischen Auflösung von Beschickungsermittelungen. Zur gänzlichen Ersparung aller Rechnungen bei Ausmittelung der für jeden speziellen Fall nöthigen Zuschlagsmengen für Bildung der Silicate von bestimmter Zusammensetzung und Silicirungsstufe habe ich das folgende Verfahren aufgesucht, das mit Vortheil bei dem Grossbetrieb Anwendung finden kann.

Das Verfahren gründet sich auf die Aehnlichkeit der Dreiecke. Zieht man von irgend einem Punkte a (siehe die beiliegende Tafel) zwei aufeinander Senkrechte, welche die beiden Schenkel eines rechtwinkligen Dreiecks darstellen, trägt auf die eine Kathete so viel beliebig, aber untereinander gleich grosse Längeneinheiten auf, als das Aequivalentgewicht der Base, auf die andere Kathete eben so das Aequivalentgewicht der Säure in einem Silicat, in Gewichtseinheiten ausgedrückt, beträgt, und verbindet man die Endpuncte beider Dreieckseiten durch die Hypothenuse, so hat man blos von irgend einem bestimmten Punct der einen Kathete zu der Hypothenuse eine Parallele zu ziehen, um auf den beiden Katheten die äquivalenten Mengen an Base und Säure in dem gegebenen Silicat zu finden.

Die beiliegende Tafel enthält die Dreiecke für die Singulosilicate der Erden, mit welchen man in allen Fällen auskömmt; die aufgetragenen Längeneinheiten betragen ein Centimeter, so dass noch Zehntel (Millimeter) und halbe Zehntel bequem abgelesen werden können. Da jedoch die Dreiecke für diese Masseeinheit zu gross ausfallen würden, auch man immer nur mit niedrigen Ziffern zu rechnen hat, und ausser der genauen Eintheilung blos die Lage der Hypothenuse zu kennen nöthig ist, deren Richtung, d. h. deren Winkel, die sie mit beiden Katheten einschliesst, sich stets gleich bleibt, so wurden die Dreiecke auf ein entsprechendes Mass reducirt, und kommt man mit dem hier angeschlossenen Schema unter allen Umständen aus.

Das Kalkerdesingulosilicat verlangt für
die eine Kathete. . . . . $2CaO = 2 \times 56 = 112$
für die andere Kathete . . . . $1SiO_2 = 60$
das Bittererdesingulosilicat verlangt für
die eine Kathete. . . . . . . $2MgO = 2 \times 40 = 80$
für die andere Kathete . . . . $1SiO_2 = 60$
und das Thonerdesingulosilicat verlangt

für die eine Kathete . . . . . $2Al_2O_3 = 2 \times 102.8 = 205.6$
für die andere Kathete . . . . $3SiO_2 = 3 \times 60 = 180$
Längeneinheiten.

Diese Längenmasse sind in den Dreiecken für die Singulo-silicate der Kalkerde und der Bittererde auf ein Fünftel, in dem Dreieck für das Singulosilicat der Thonerde auf ein Zehntel reducirt, und sind in allen Dreiecken die Kieselerde(Säure)einheiten auf die verticale, die Baseneinheiten auf die horizontale Kathete aufgetragen.

Demgemäss ist das Dreieck abc das dem Kalkerdesilicat entsprechende, und seine beiden Katheten enthalten: a b $= \frac{60}{5} = 12$ Längeneinheiten für die Kieselerde und a c $= \frac{112}{5} = 22.4$ Längeneinheiten für die Kalkerde; die Hypothenuse b c schliesst das Dreieck ab.

In dem dem Bittererdesilicat entsprechenden Dreieck a b d enthält die verticale Kathete a b $\frac{60}{5} = 12$ Längeneinheiten für die Kieselerde und die Kathete a d $\frac{80}{5} = 16$ Längeneinheiten für die Bittererde; b d ist die Hypothenuse dieses Dreiecks.

Endlich in dem das Thonerdesilicat repräsentirenden Dreieck a e f entspricht a e $\frac{180}{10} = 18$ Längeneinheiten für die Kieselerde und a f $\frac{205.6}{10} = 20.56$ Längeneinheiten für die Thonerde; e f ist die Hypothenuse dieses Dreiecks.

Angenommen nun, man hätte bei einem Kokhohofen eine Möllerung zu verschmelzen, welche an zu verschlackenden Bestandtheilen durchschnittlich

2	Gewichtstheile	Kalkerde
1	„	Bittererde
6	„	Thonerde und
18	„	Kieselerde

enthalten würde, so benützt man zur Ermittelung der nöthigen Zuschlagsmenge an Kalk das vorliegende Dreieck folgends:

Zur Bestimmung der durch die schon vorhandenen Basen selbst verschlackten Kieselerde zieht man zunächst von dem Puncte 1 der horizontalen, die Baseneinheiten (hier 2 Gewichtstheile Kalk) repräsentirenden Kathete eine zu der Hypothenuse des Kalkdreiecks b c Parallele, so schneidet diese die verticale, die Kieselerdeeinheiten repräsentirende Kathete in dem Puncte h, und die Länge a h entspricht den Gewichtseinheiten Kieselerde, welche die in der Möllerung schon vorhandene Kalkerde allein zur Verschlackung bringt.

In gleicher Art gibt die zu b d gezogene Parallele g n die von dem einen Gewichtstheile Bittererde, und die zu e f gezogene Parallele i r die von den 6 Gewichtstheilen Thonerde beanspruchte Kieselerde. Diese drei genannten, zu den entsprechenden Hypothenusen parallel gezogenen Linien sind in der Figur punctirt ausgezogen.

Nach dem Abstechen der betreffenden Längen mit dem Zirkel werden dieselben auf dem beigeschlossenen Decimalmassstab abgelesen mit:

$$ah = 1.17$$
$$ag = 0.75$$
$$ai = 5.23$$

zusammen mit 7.15 Längeneinheiten als jene Menge Kieselerde, welche von den eigenen Basen der Möllerung verschlackt wird, und es bleiben somit 18—7.15: = 10.85 Gewichtstheile Kieselerde noch durch Zuschlag von Kalk zu verschlacken.

Zieht man nun von dem Punct k=10.85 Gewichtstheile Kieselerde eine zu der Hypothenuse des Kalkerdesilicates Parallele, so schneidet diese die horizontale Kathete in dem Puncte m, welcher 20.15 Gewichtstheilen Kalkerde entspricht, welche also in 20.15 × 1.785 = 35.9 Gewichtstheilen kohlensauren Kalks enthalten sind.

Nach der vorher angegebenen Tabelle berechnet sich der Kalkzuschlag folgends:

Die Bittererde d. Gattirung verschlackt: $1 \times 0.750 = 0.750$ ⎫ Nach Ta-
„ Kalkerde „ „ „ $2 \times 0.535 = 1.170$ ⎬ belle B
„ Thonerde „ „ „ $6 \times 0.873 = 5.238$ ⎭

Zusammen 7.158 Gewth.
Kieselerde und es bleiben sonach 18.0—7.158 = 10.842 Kieselerde durch Kalkzuschlag zu verschlacken.

Nach Tabelle A brauchen diese 10.842 × 1.86 = 20.16 Gewichtstheile Kalkerde (statt 20.15 oben).

Bei richtiger Eintheilung und unter Benützung eines Decimal-massstabes lassen sich die gesuchten Längen genau ermitteln.

Die Tafel gewinnt an Uebersichtlichkeit, wenn die Hypothenusen mit verschiedenen Farben, z. B. schwarz, roth und blau ausgezogen sind.

Sollte irgend ein Mass ausserhalb der Dreieckseiten fallen, so beirrt dies nicht, sofern man nur stets die richtigen Hypothenusen beachtet.

Für ein so zu berechnendes Bisilicat würden die gefundenen Mengen Kieselerde zu verdoppeln, jene des gesuchten Kalks aber nur halb so gross zu rechnen sein.

Diese Methode ist sehr einfach und bei sehr zufriedenstellender Genauigkeit auch in der kürzesten Zeit auszuführen. Zum Gebrauche wird die beiliegende Tafel auf eine stärkere Glastafel gespannt und in einen Holzrahmen eingefasst.

Gattirungen berechnet man entweder in der vorher angegebenen Art (wenn mehrere Erzsorten zu verschmelzen sind) oder man verfährt noch in der folgenden Weise.

Gattirung zweier Erze. Hat man z. B. 30 und 45 procentige Erze auf einen Gehalt von 35 Procent zu gattiren, so lässt sich diese Aufgabe nach Art der Alligationsrechnung auflösen, indem man ansetzt:

$$45 - 30 = \quad 15$$
$$35 - 30 = \quad 5$$

somit $\dfrac{5 \times 100}{15} = 33.33$ Gewichtstheile, welche

von dem 45 procentigen Erze und $100 - 33.33 = 66.67$ Gewichtstheile, welche von dem 30procentigen Erze zu nehmen sind, um den gewünschten Halt der Gattirung zu erreichen.

Probe. $100 : 45 = 33.33 : x$ $\qquad x = 14.99$

$\qquad\qquad 100 : 30 = 66.67 : y$ $\qquad y = 20.00$

$\qquad\qquad\qquad\qquad$ zusammen 34.99 Gewichtstheile

in 100 Gewichtstheilen dieser Gattirung.

Oder man setzt diese Aufgabe als Gleichung an mit zwei Unbekannten und löst dieselbe auf.

$$x + y = 100.$$
$$30x + 45y = 100.35. \quad \text{Hieraus:}$$

$\qquad x = 100 - y$, dieses in die zweite Gleichung substituirt

$$30(100 - y) + 45y = 3500$$
$$3000 + 15y = 3500$$
$$15y = 500$$

gibt schliesslich $y = \dfrac{500}{15} = 33.33$ Gewichtstheile von dem

45%igen und somit $100 - 33.33 = 66.67$ „   „   „
30%igen Erz als Gattirung.

Gattirung dreier Erze. Hat man dreierlei Erze zu gattiren, so hat man eine Gleichung mit drei Unbekannten aufzulösen. Es seien z. B. die Erze x, y und z mit 20%, 30% und 50% Metallgehalt auf den mittleren Gehalt von 35% zu gattiren.

Man hat: $x + y + z = 100.$
$$20x + 30y + 50z = 100.35. \quad \text{Hieraus:}$$

$x = 100 - y - z$, und dieses in die zweite

Gleichung substituirt:

$$20(100 - y - z) + 30y + 50z = 3500$$
$$10y + 30z = 1500$$
$$y + 3z = 150$$
$$z = \frac{150 - y}{3} = 50 - \frac{y}{3}.$$

Setzt man $\frac{y}{3} = \alpha$, so ist $y = 3\alpha$

$$z = 50 - \alpha \text{ und}$$
$$x = 100 - 3\alpha - (50 - \alpha) = 50 - 2\alpha.$$

Es sind nun verschiedene Werthe zu suchen; z. B. für $\alpha = 10$ ist:

$$y = 3\alpha \quad = 30$$
$$z = 50 - \alpha \quad = 40$$
$$x = 50 - 2\alpha = 30$$

$x + y + z$ zusammen 100

Probe. $100 : 20 = 30 : x$, woraus $x = 6.00$
            $100 : 30 = 30 : y$,   „ $y = 9.00$
            $100 : 50 = 40 : z$,   „ $z = 20.00$

Zusammen in 100 Gewichtstheilen   35.00 Procent Metall.

Analysen von Zuschlägen.

Zuschlag von	Fe₂O₃	FeO	Al₂O₃	CaO	MgO	SiO₂	SO₃	P₂O₅	CO₂	MnO	H₂O	Untersucht von
1. Kieselerdereiche:												
Schiefer von Gastegau (Oesterreich)	8.49	—	19.00	0.52	1.04	63.79	Spur	Spur	—	1.00	5.40	von Lill.
„ „ Haselgraben „	39.15	0.64	9.54	0.62	4.89	41.20	Spur	0.08	—	1.89	2.49	Eschka.
„ „ Dienten (Salzburg) „	35.50	—	Spur	—	—	50.50	—	—	—	8.72	9.75	Patera.
Wetterkreuzschiefer „	34.94	—	8.81	0.54	0.28	40.25	0.20	0.41	—	6.05	8.52	k. k. Generalprobiramt in Wien.
Bürlochschiefer „	19.12	—	8.78	15.01	1.42	33.10	0.80	0.25	13.05	3.87	5.30	k. k. Generalprobiramt in Wien.
Schiefer von Werfen „	9.60	—	7.80	9.80	Spur	66.80	—	—	7.70	—	5.10	k. k. geolog. Reichsanstalt.
„ „ Zell (Steiermark) „	7.22	—	15.66	2.90	0.88	66.60	—	—	—	1.16	5.68	von Lill
2. Basische:												
Rohwand vom Erzberg (Kärnten)	34.45	—	5.10	22.45	2.87	7.45	—	—	18.60	2.28	6.74	Wolff.
„ Neuberg (Steiermark)	4.91	10.81	1.74	29.75	9.22	2.75	Spur	Spur	39.80	1.00	0.52	Zahrl.
Dolomit von Dolinka (Ungarn)	—	1.78	0.87	31.00	18.80	1.80	0.15	0.08	46.01	—	—	Zahrl.
Ankerit v. Brunnalpen (Steiermark)	—	17.18	1.53	27.01	8.02	6.29	Spur	0.07	39.30	1.86	—	von Lill
3. Kalksteine:												
Kahrgraben bei Neuberg (Steiermark)	2.22	—	—	45.84	6.65	1.78	0.04	0.01	41.70	0.19	—	von Lill.
Rothsohler-Kalk von Zell „	25.81	—	4.19	21.80	1.24	14.50	—	—	18.06	2.80	12.00	von Lill.
Vallentina (Kärnten) „	—	16.41	—	29.24	8.01	17.74	—	—	38.60	—	—	Javorsky.
Saureggen „	12.01	—	0.50	29.01	2.70	28.64	—	—	80.24	—	—	Javorsky.

Zuschlag von	Fe₂O₃	FeO	Al₂O₃	CaO	MgO	SiO₂	SO₃	P₂O₅	CO₂	MnO	H₂O	Untersucht von
Anina (Banat)	—	0.17	0.89	53.38	1.46	0.20	—	0.02	43.78	—	0.12	Maderspach.
" "	—	0.79	1.54	39.92	0.77	22.85	—	—	32.30	—	0.25	
Beschitza (Banat)	0.57	0.06	0.70	51.84	1.85	2.70	Spur	0.10	41.60	Spur	—	Zahrl.
Mariazell (Steiermark)	—	0.19	0.60	53.71	1.27	1.20	Spur	0.03	43.10	Spur	—	von Lill.
Krebenzen in Kärnten	0.25	0.19	0.10	54.27	0.81	0.51	0.17	0.028	43.64	—	0.37	E. Lipp.
Weiskirchen, silurisch	—	Spur	—	54.90	0.54	0.80	Spur	Spur	43.72	Spur	—	
Stramberg aus	—	„	—	54.60	0.72	0.55	„	0.08	43.69	„	—	Eschka.
Skalic, licht dem (in Mähren)	—	0.54	0.30	52.50	0.61	4.00	„	0.03	42.25	Spur	—	
„ dunkel Jura	—	0.38	0.87	51.20	0.57	5.50	„	0.08	43.31	Spur	—	
Kahrgraben bei Neuberg	1.63	Spur	0.92	48.82	11.38	0.35	„	0.018	44.34	Spur	—	Lill.
Aschbach bei Mariazell (Steiermark)	0.08	—	—	36.89	14.57	1.10	„	—	45.01	—	—	
Eppenstein	0.06	0.10	0.02	54.99	0.88	0.28	0.17	0.069	43.57	—	—	E. Lipp.
Judenburg	0.06	0.17	0.46	54.89	0.36	0.25	0.085	0.064	43.44	—	—	
Radim bei Alsó Sajó	0.32	0.08	0.28	54.49	0.34	0.70	0.077	Spur	43.19	—	—	
Stoczek „ „ in Ungarn	0.41	0.12	0.32	52.92	2.00	0.27	Spur	0.082	43.85	—	—	Hillebrand.
Theiszholz	—	0.08	0.18	42.64	9.90	2.02	—	—	45.19	Spur	—	
Murany	—	0.05	0.96	32.10	13.64	0.75	—	—	43.85	Spur	—	

Analysen von Zuschlagsschlacken.

Schlacke vom	SiO_2	Al_2O_3	FeO	CaO	MgO	MnO	Fe_2O_3	P	S	Alkalien	Untersucht von
Frischen von Blansko (vom Anfang)	88.3	1.3	56.9	2.1	1.0	4.1	—	1.2	—	0.1	
" " (" Ende) .	16.7	0.9	73.2	2.0	1.0	2.9	2.7	0.4	—	0.2	
" " Zöptau	21.4	1.8	61.5	—	—	8.1	10.0	1.9	0.4	—	k. k. Generalprobiramt.
Puddln ... } von Wittkowitz	15.15	1.95	76.73	Spur	Spur	1.51	—	2.22	1.86	—	
Schweissen ... }	14.00	1.10	78.00	Spur	—	1.76	—	2.80	1.25	—	
Puddln zu Althütten	18.40	6.02	65.08	5.17	4.92	—	—	—	—	—	
" " "	8.96	9.89	60.49	13.25	7.40	—	—	—	—	—	Feistmantel.
Schweissen zu Althütten	36.18	—	59.97	—	4.88	—	—	—	—	—	
" " "	25.40	—	66.80	—	5.00	—	—	—	—	—	
Storé in Steiermark	28.04	0.24	70.45	0.28	0.30	0.44	—	0.16	0.09	—	Oest. Ztschr. 1860, Nr. 40.
Dobriv rohe Frischschlacke	83.90	8.55	52.42	8.98	—	—	8.84	6.27[1]	—	—	
" gare "	11.54	11.16	60.02	5.08	—	—	7.28	4.58[1]	—	—	

Analysen von Koksaschen.

Asche der Koks von	SiO_2	Al_2O_3	Fe_2O_3	CaO	MgO	Mn_2O_4	P_2O_5	SO_3	Untersucht von
Ostrau, 18.5 % Asche	47.0	38.1	—	8.0	8.0	0.9	0.5	0.9	Zahrl.
" Gruben d. Nordbahn 18.6%	42.5	42.4	1.2	11.5	2.4	—	—	—	
" Gruben des Freiherrn von Rothschild 11.7 %	40.6	{ 44.6		15.4	—	—	—	—	Quadrat.
" aus gewachsener Kohle	29.3	50.8	6.4	4.8	5.2	—	0.62	0.56	
Karvin, Gruben des Grafen Larisch, }	36.68	14.82	35.15	4.58	8.88	—	—	Spur	John.
Flötz Nr. 7	36.98	30.81	22.97	5.87	2.46	—	Spur	Spur	

1) Phosphorsäure.

Hütten-Producte.

Das Lech (Stein).

Die Leche oder die Steine sind Verbindungen der Metalle mit Schwefel, welche bei den Schmelzprocessen solcher Erze, deren Metall an Schwefel gebunden war, theils absichtlich erzeugt werden, theils als zufälliges Nebenproduct abfallen, wenn die Entfernung des Schwefels vor dem Verschmelzen derselben nicht vollkommen gelungen ist (Ordinäre Bleiarbeit); im ersteren Fall dienen die Leche zur Ansammlung einiger Metalle, während Erdarten und zum Schwefel weniger Verwandtschaft zeigende Metalle oxydirt und verschlackt werden sollen. Die Leche dienen aber auch zum Theil zur Auflösung gewisser Metalle bei gleichzeitiger Ausscheidung anderer im regulinischen Zustand.

Die bei den (pyrometallurgischen) Hüttenprocessen abfallenden Steine gehören zu den wichtigsten und wohl auch häufigsten Zwischenproducten, sie sind oft conform den natürlich vorkommenden Schwefelverbindungen zusammengesetzt, sind theils schwerer, theils leichter schmelzbar, als die betreffenden Metalle, und meist gibt es gewöhnlich so viele Schwefelungsstufen eines Metalls, als es Oxyde desselben gibt. Natürliche Schwefelmetalle finden sich sehr häufig krystallisirt (FeS_2, PbS, ZuS, Ag_2S, Sb_2S_3). Höhere Schwefelungsstufen (Bisulfide, FeS_2) finden sich in den Lechen nicht, weil bei erhöhter Temperatur der überschüssige Schwefel ausgetrieben wird, wohl aber finden sich manchmal Sesquisulfide mit niederen Sulfiden in der Mischung des Lechs, so dass dasselbe als ein Sulfosalz angesehen werden kann.

Einige Leche oxydiren sich an der atmosphärischen Luft leicht, andere nicht; erstere verwandeln sich hierbei in Sulfate. Durch Erhitzen bei Luftzutritt werden fast alle Schwefelmetalle oxydirt, wobei unter Entwickelung von Schwefeldioxyd theils freie Oxyde, theils Sulfate entstehen; man nennt ein solches Erhitzen das Rösten (siehe dieses Capitel).

Trotzdem die Leche in ihrer chemischen Zusammensetzung den natürlich vorkommenden Schwefelverbindungen der Metalle häufig sehr nahe stehen, ja sogar unter günstigen Umständen krystallisirt (Bleiglanz aus dem Röstofen zu Pribram) erhalten werden, ist doch ihr äusserer Habitus wesentlich verschieden von dem der Kiese, Glanze und Blenden. Namentlich ist es der Glanz und die Dichte, welche die natürlichen Schwefelmetalle ohne Ausnahme auszeichnen, während die Leche alle auf dem frischen Bruch fast glanzlos und porös sind; die Farbe derselben wechselt von grau bis fast schwarz und ist seltener in verschiedenen Abstufungen gelb; die Leche laufen an der atmosphärischen Luft rasch an, auf der Oberfläche derselben bilden sich sehr leicht Oxyde und Salze, und solche Leche, welche man als „concentrirte (Concentrationsleche)" bezeichnet, enthalten nicht selten die Metalle in regulinischem Zustande in Höhlungen ausgeschieden. Es ist dies namentlich bei Kupfersteinen und silberhaltenden Lechen häufig der Fall, und scheint es, dass die Schwefelverbindung den Ueberschuss des Metalls in hoch erhitztem Zustand in Lösung zu erhalten im Stande ist, bei der Abkühlung aber eine Zerlegung eintritt, in Folge dessen die eigentliche Lechsubstanz auf eine höhere Schwefelungsstufe gelangt, während der Metallüberschuss ausgeschieden wird. (Ein Analogon hierfür hat man in dem Unterschwefelblei, Pb_2S.)

Fast sämmtliche Schwefelmetalle sind sehr leichtflüssig, das Schwefelzink macht hiervon eine Ausnahme.

Ueber die Constitution der Leche und über ihre Bildungsweise sind früher von Bredberg, in neuerer Zeit von Plattner vielfache Untersuchungen vorgenommen worden, und Fournet hat gezeigt, dass rücksichtlich der Verwandtschaft der am häufigsten vorkommenden Metalle zum Schwefel auf feurig flüssigem Wege sich die ersteren in folgender Reihe gruppiren:

Kupfer, Eisen (Kobalt, Nickel), Zinn, Zink, Blei, Silber (Quecksilber, Gold) Arsen, Antimon,

d. h. jedes vorhergehende der hier angeführten Metalle zeigt eine grössere Verwandtschaft zum Schwefel, als das nachfolgende, es kann ersteres dem letzteren seinen Schwefelgehalt entziehen, und dies um so vollkommener, je weiter von einander zwei Metalle in dieser Reihe stehen. Je näher einander aber die beiden Metalle in der vorgeführten Reihe stehen, um so unvollkommener geschieht die Entziehung des Schwefels, und es geht dann immer mehr weniger von dem an Schwefel vorher schon gebundenen Metall in die Mischung des Leches über.

$$2Cu + 2FeS = Cu_2S + Fe_2S.$$

Eine absolute Giltigkeit hat aber die Fournet'sche Reihe nicht, und sie wird wesentlich dann modificirt, wenn neben Schwefel gleichzeitig Antimon und Arsen anwesend sind.

Entschieden zeigt auf trockenem Wege das Kupfer die grösste Verwandtschaft zum Schwefel und bildet das Halbschwefelkupfer (Cu_2S) die kräftigste Sulfobase; die Verwandtschaft des Antimons und Arsens zum Schwefel ist dagegen nur gering, beide Metalle können nur bei Anwesenheit von viel Schwefel an letzteren gebunden werden, und vereinigen sich lieber, den elektronegativen Bestandtheil der Verbindung bildend, mit anderen Metallen. So besitzen Arsen und Antimon eine sehr grosse Affinität zu Eisen, Kobalt und Nickel, das Antimon zeigt überdies viel Verwandtschaft zum Blei, Silber und Gold, und wenn es an der hinlänglichen Menge Schwefel fehlt, das Arsen und Antimon daran zu binden, entstehen bei Gegenwart derselben neben Schwefelmetallen auch noch Arsen- und Antimonmetalle (Speisen).

Die Menge des Schwefels im Lech ist abhängig von verschiedenen Umständen, namentlich davon, wie viel der in einem Schmelzgut enthaltenen Metalle nach dem Schmelzen an Schwefel gebunden und so vor Verschlackung oder Reduction zu Metall geschützt werden soll; es wird oft nöthig, Mangel an Schwefel durch denselben enthaltende Zuschläge zu ersetzen (Schwefelkies, — Schwerspath, Gyps, Glaubersalz bei Gegenwart von Kohle), dagegen bei Anwesenheit von viel Schwefel denselben durch vorherige Röstung zu vermindern.

Schwerspath wird nicht gern gewählt, weil dann sowohl das Lech Schwefelbarium, als auch die Schlacke Bariumsilicat enthält (siehe Capitel „Zuschläge"); die spezifischen Gewichte von Lech und Schlacke kommen dann einander zu nahe, und desshalb findet eine ungenügende Trennung von Lech und Schlacke statt.

Das richtige Maass in jedem Falle zu finden, ist Aufgabe des Hüttenmanns, wobei die Fournet'sche Reihe zum Anhalten genommen wird.

Nach Plattner verhalten sich die Schwefelmetalle bei dem Verschmelzen folgends:

1) Höher geschwefelte Metalle verlieren im Allgemeinen einen Theil ihres Schwefelgehalts in Dampfform und geben eine Verbindung auf niedrigerer Schwefelungsstufe; geschieht das Einschmelzen rasch, so bleibt ein Theil der hohen Schwefelungsstufe

unzerlegt und mischt sich mit dem niedriger geschwefelten Schwefelmetall,

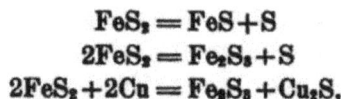

$$FeS_2 = FeS + S$$
$$2FeS_2 = Fe_2S_3 + S$$
$$2FeS_2 + 2Cu = Fe_2S_3 + Cu_2S,$$

bei langsamem Einschmelzen und unter Einwirkung von Gebläseluft kann ein Theil des Sulfids ganz entschwefelt werden, so dass
das Metall frei wird oder sich oxydirt. Starre Kohle wirkt unter
Bildung von Schwefelkohlenstoff ebenfalls zerlegend auf die Schwefelmetalle, und ist das Metall flüchtig, so wird es in Dampfform ausgeschieden

$$2ZnS + C = CS_2 + 2Zn,$$

condensirt sich aber in den höheren Ofentheilen und bildet dort
Ansätze.

2) Aus Substanzen, welche mehrere Schwefelmetalle auf höheren
Schwefelungsstufen enthalten, resultiren ebenfalls niedere geschwefelte Verbindungen.

3) Regulinische Metalle, mit hoch geschwefelten Metallen zusammengeschmolzen, werden von den letzteren aufgenommen, und
es entstehen niedrigere Schwefelungsstufen.

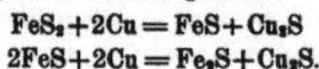

$$FeS_2 + 2Cu = FeS + Cu_2S$$
$$2FeS + 2Cu = Fe_2S + Cu_2S.$$

4) Bei dem Zusammenschmelzen von niedrigeren Schwefelungsstufen mit regulinischen Metallen oder mit Metalloxyden, welche
grosse Verwandtschaft zum Schwefel besitzen, wird gewöhnlich ein
Theil des ursprünglich geschwefelten Metalls ausgeschieden,

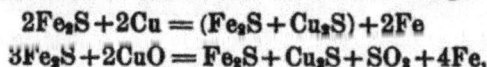

$$2Fe_2S + 2Cu = (Fe_2S + Cu_2S) + 2Fe$$
$$3Fe_2S + 2CuO = Fe_2S + Cu_2S + SO_2 + 4Fe,$$

wobei Gelegenheit zur Bildung von Eisensauen gegeben ist.

$$PbS + 2Cu = Cu_2S + Pb.$$

5) Schwefelverbindungen wenig oxydabler Metalle zersetzen
sich mit Metalloxyden in der Glühhitze.

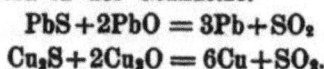

$$PbS + 2PbO = 3Pb + SO_2$$
$$Cu_2S + 2Cu_2O = 6Cu + SO_2.$$

6) Schwefelmetalle und Oxyde ein und derselben leicht oxydir-
baren Metalle verbinden sich ohne Zerlegung zu basischen Schwefelmetallen oder Oxysulfureten.

$$ZnO + ZnS \text{ (Voltzin).}$$

7) Kiesige, an Schwefelzink reichere Beschickungen lassen sich in Hohöfen bei passender Beschickung durch Verflüchtigung des reducirten Zinks durch die Gebläseluft zinkärmer herstellen, als in Flammöfen, in welchen man ebenfalls Koksgries einrühren muss, um das Eisenoxyd zu reduciren, welches dann das Schwefelzink zersetzt, so dass das Zink auch hier zum Theil in Dampfform verflüchtigt werden kann.

Die künstlichen Schwefelverbindungen der Metalle sind theils Subsulfurete, theils Monosulfurete, theils Sesquisulfurete.

Als Subsulfurete kommen vor: Fe_2S, Cu_2S, Ag_2S, Pb_2S.

„ Monosulfurete „ „ FeS, PbS, ZnS, CoS, NiS.

„ Sesquisulfurete „ „ Fe_2S_3, As_2S_3, Sb_2S_3.

In den gemischten Lechen finden sich diese Schwefelungen zum Theil auch als wirkliche chemische Verbindungen, als Sulfosalze, in welchen das höher geschwefelte Radical die Rolle der Säure übernimmt, und zwar dann von folgenden allgemeinen Zusammensetzungen, in welchen Formeln mit R das Metall und mit m und n das ziffermässige Verhältniss ausgedrückt wird, in dem die Schwefelverbindungen mit einander verbunden sind.

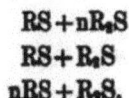

$$RS+nR_2S$$
$$RS+R_2S$$
$$nRS+R_2S,$$

und kommt noch ein Sesquisulfuret hinzu:

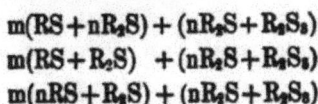

$$m(RS+nR_2S)+(nR_2S+R_2S_3)$$
$$m(RS+R_2S)+(nR_2S+R_2S_3)$$
$$m(nRS+R_2S)+(nR_2S+R_2S_3)$$

Von der bereits besprochenen Fournet'schen Reihe macht man nicht allein bei der Verhüttung im Grossen, d. i. bei dem Zusammensetzen einer Beschickung für die zu verschmelzenden Erze, sondern auch bei Aufstellung der chemischen Formel für ein Lech Gebrauch, welche letztere zu kennen oft wünschenswerth ist.

Berechnung der chemischen Formel für ein Lech. Man benützt das genannte Gesetz derart, dass man auf Grundlage von Analysen den Schwefel der Reihe nach an die einzelnen Metalle für ihre in dem Lech nachgewiesenen Mengen abgibt und den Rest für das Eisen belässt. Um dann zu ermitteln, welche Schwefelungsstufe des Eisens vorhanden ist, dividirt man die vorhandene Eisenmenge und die restliche Schwefelmenge durch ihre

Atomgewichte, wodurch man die Anzahl der vorhandenen Atome Schwefel und Eisen erfährt.

Man habe z. B. ein Lech analysirt und dessen Zusammensetzung folgends gefunden:

Eisen . .	62.78%	
Blei . . .	10.37	„
Kupfer . .	Spur	
Zink . .	2.56	„
Kobalt Nickel }	. Spur	
Silber . .	0.06	„
Antimon .	2.67	„
Schwefel .	21.81	„
zusammen	100.25%.	

Nach den Proportionen

$$\text{für das Blei:} \quad 207:32 = 10.37:x$$
$$\text{„ „ Antimon:} \quad 244:96 = 2.67:y$$
$$\text{„ „ Zink:} \quad 65:32 = 2.56:z$$

entfallen an Schwefel:

für die Bindung des Bleies zu PbS	$x = 1.608$
„ „ „ „ Antimons zu Sb_2S_3	$y = 0.987$
„ „ „ „ Zinkes zu ZnS	$z = 1.263$
zusammen	3.858,

und von dem Gesammtgehalt an Schwefel 21.810

bleiben 17.952 Gewichtstheile für das Eisen übrig.

Dividirt man nun diesen Werth durch das Atomgewicht des Schwefels, so erhält man $\frac{17.952}{32} = 0.561$, und dividirt man die vorhandene Eisenmenge durch das Atomgewicht des Eisens, so hat man $\frac{62.78}{56} = 1.121$, d. h. es ist der Schwefel zum Eisen in dem Lech vorhanden in dem Verhältniss von $0.561:1.121$, d. i. wie $1:2$; es sind also auf 2 Eisen 1 Schwefel vorhanden, das Eisen demnach als Halbschwefeleisen in dem Lech enthalten, und die Formel für dasselbe lautet nun

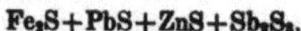

$$Fe_2S + PbS + ZnS + Sb_2S_3.$$

Die sehr geringe Menge Silber, das als Ag_2S in dem Lech
anwesend ist, sowie die Spuren an Kupfer, Kobalt und Nickel
sind hier als unwesentlich vernachlässigt worden.

In dem eben angeführten Lech ist das Halbschwefeleisen den
anderen Bestandtheilen derart an Menge überlegen, dass es nicht
wichtig ist, das relative Verhältniss zu kennen, in welchem die
einzelnen Sulfide mit einander vorkommen; es kann jedoch öfters
wünschenswerth. werden, auch jenes Verhältniss zu kennen, und
bei Aufsuchung dieser Formel verfährt man am einfachsten in der
Art, dass man die durch die Analyse gefundenen absoluten Gewichtsmengen der Bestandtheile durch ihr Atomgewicht dividirt,
die erhaltenen Quotienten auf einfache Zahlen reducirt und diese
mit einander in entsprechende Relation bringt.

Es bestehe z. B. ein Lech aus:

Kupfer	58%
Eisen	18 „
Schwefel	24 „
zusammen	100%.

Dividirt man diese Procentzahlen durch die entsprechenden
Atomgewichte, so erhält man für das Kupfer $\frac{58}{63.4} = 0.92$

für das Eisen $\frac{18}{56} = 0.31$

für den Schwefel $\frac{24}{32} = 0.75$;

es verhalten sich also die Mengen Kupfer : Eisen : Schwefel

wie 92 : 31 : 75

d. i. wie 6 : 2 : 5.

Es sind somit 5 Atome Schwefel mit 6 Atomen Kupfer und
2 Atomen Eisen in dem Lech verbunden; hievon erfordern 6 Kupfer
zur Bildung von Halbschwefelkupfer 3 Schwefel, es erübrigen
also für die 2 Eisen auch 2 Schwefel, es ist das Eisen demnach
als Einfachschwefeleisen vorhanden, und dem Lech entspricht
somit die Formel

$3Cu_2S + 2FeS$.

Lech-(Stein-)Analysen.

Lech von	Ag	Cu	Fe	Pb	Zn	S	As	Sb	SiO_2	Co	Ni	Au	CaO und MgO	Al_2O_3	Untersucht von
Kitzbühel in Tirol, Rohlech	0.003	38.22	36.71	—	—	25.70	—	—	3.30[1]	Spur[1]	Spur	—	—	—	Eschka.
Brixlegg "	—	26.90	40.60	—	—	30.54	0.19	—	1.05[1]	—	Spur	—	—	—	} C. Balling.
Pribram in Böhmen, Bleistein	0.097	0.771	63.119	9.385	1.525	21.886	0.396	1.107	—	0.027	0.385	—	—	—	
Schemnitz in Ungr., Rohlech	0.091	3.59	85.00	4.82	5.48	27.85	Spur	6.02	2.85[1]	—	—	0.008	1.90	3.20	Hauch.
Oberlech v. Mansfeld	—	72.5	4.6	0.5	0.5	21.4	—	—	—	—	—	—	—	—	Johnsten.
" " Fahlun i. Schwed.	—	57.78	17.28	—	0.74	24.50	—	—	—	0.4	0.4	—	—	—	?
" " Phönixhütte	—	60.0	16.8	—	—	22.8	—	—	1.5[1]	—	0.1	—	—	—	?
Bleistein von Lautenthal (Niederschlagsarbeit)	0.120	0.36	84.05	41.50	—	23.82	—	0.66	—	—	—	—	—	—	} L. Kerl, Handbuch der metall. Hütten-kunde, Bd. 1, pag. 752.
"	—	1.42	28.32	52.27	1.56	16.12	—	0.81	—	—	—	—	—	—	
"	—	1.10	19.60	69.53	0.17	18.92	—	0.13	—	—	—	—	—	—	
"	0.116	0.39	9.81	78.34	0.19	15.38	—	0.39	—	—	—	—	—	—	
Nickelrohstein (von Dillenburg)	—	5.39	44.52	—	—	43.96	—	—	2.00[2]	—	6.13	—	—	—	Schnabel.
Nickelconcentrationstein	—	32.00	19.00	—	—	25.00	—	—	—	—	22.00	—	—	—	Gail.

1) Schlacke.
2) Rückstand und Verlust.

Analysen von Speisen.

Speise von	Ag	Cu	Fe	Ni	Co	Pb	Sb	As	S	Bi	Ca	Au	Sand	Untersucht von
Concentrirte Fahlerzspeise von Brixlegg in Tirol (1870)	0.060	10.77	9.70	23.20	6.17	4.49	—	—	—	—	—	—	—	Patera.
Krätzschmelzspeise 1863	0.100	2.136	37.963	11.800	0.457	2.981	5.646	32.847	4.345	—	—	—	—	
" 1864	0.045	2.235	46.690	6.110	0.388	2.107	4.287	32.658	3.873	—	—	—	—	C. Balling.
" 1865 } von Přibram	0.045	1.317	62.475	1.490	0.145	1.673	6.250	14.800	9.584	1.080	—	—	—	
" 1866	0.015	0.289	58.275	0.750[1]	—	1.185	6.889	28.642	2.729	0.478	—	—	—	
Speise v. d. ord. Bleiarbeit	0.037	1.956	61.330	2.056	0.194	1.762	2.460	18.750	9.600	—	—	—	—	
" " Hartbleierzeugung	0.020	0.409	56.700	0.788[1]	—	3.245	1.608	26.767	10.000	—	—	—	—	
Nickelspeise von Schwarzenfels	—	1.61	2.72	52.63	Spur	—	—	40.47	—	—	0.500	—	—	Wille.
" " Dillenburg	—	2.93	0.60	55.58	—	—	—	31.98	—	—	0.535	—	0.13	Schnabel.
" " Grünthal	—	11.16	6.41	26.34	1.34	—	—	52.71	—	0.16	—	—	—	Gurlt.
Kobaltspeise von Modum	—	0.86	10.05	—	53.71	—	—	36.02	—	1.26	—	—	—	Scheerer.
Fahlerzspeisen von Schmöllnitz } in Un-	0.360	12.99	12.63	1.40	0.09	0.09	60.00	7.42	2.04	—	—	0.060	—	
" " Neusohl, (garn	0.030	41.18	35.41	0.09	0.04	0.69	10.79	6.10	2.60	—	—	—	—	Hauch.
" " Stefanshütte	0.200	26.93	9.11	—	—	—	62.41	—	1.87	—	—	—	—	

1) Nickel mit Kobalt.

Speisen.

Die Arsen und Antimon haltenden Zwischenproducte, in welchen diese beiden Metalle die Stelle des elektronegativen Körpers einnehmen, heissen Speisen; sie fallen ab bei dem Verschmelzen arsen- und antimonhaltiger Erze. Selten sind diese Speisen ganz rein, sie enthalten meistens Schwefelmetalle beigemengt und an elektropositiven Metallen der Hauptsache nach Eisen, Nickel, Kobalt, manchmal auch Kupfer, neben geringen Mengen Blei, Silber, Zink und Wismuth.

Die Speisen sind gewöhnlich weiss bis grau, selten gelblich oder röthlich, stark metallglänzend, feinkörnig bis strahlig krystallinisch und spezifisch schwerer, als die Leche, weshalb sie sich stets unter den Lechen abscheiden; sie werden in seltenen Fällen absichtlich erzeugt, man trachtet vielmehr, wenn möglich, den Abfall derselben zu verhüten, da sie stets mehr weniger nutzbares Metall enthalten, dessen Wiedergewinnung schwierig ist.

Die gewöhnlich vorkommenden Speisen zeigen die Zusammensetzung als

Halbarsenide	R_2As
Drittelarsenide	R_3As
Viertelarsenide	R_4As
Fünftelarsenide	R_5As,

in welchen Formeln R ein einwerthiges Radical bedeutet. (Siehe Tabelle S. 115.)

Educte.

Unter Educten versteht man die durch die Hüttenprocesse ausgebrachten einfachen Körper, welche jedoch in verschiedener Reinheit dargestellt werden. Diese Educte sind die Metalle, dann Schwefel, endlich auch das Kochsalz; obwohl letzteres kein einfacher Körper ist, muss es doch zu den Educten gezählt werden, da es keine neu erzeugte Verbindung ist, sondern als solches schon in dem Rohmaterial, der Soole, enthalten war.

Zwischenproducte.

Nicht alle Educte lassen sich durch eine einmalige Operation sofort aus dem Rohmateriale in einem solchen Zustand darstellen dass dieselben sofort als Handelswaare abgegeben werden könnten; bei der Gewinnung einiger Metalle ist vorher eine Anreicherung derselben und Entfernung schädlicher, in dem der Verarbeitung unterworfenen Gute mit enthaltener Bestandtheile nöthig. Jene Metallverbindungen nun, welche zu den genannten Zwecken absichtlich auf den Hütten dargestellt werden, nennt man Zwischenproducte; dieselben sind im Allgemeinen theils Legirungen (Schwarzkupfer, Amalgam, Frischstücke, Werkblei), theils die bereits abgehandelten Leche und Speisen, theils Oxyde (Zinkoxyd und Bleiglätte, ersteres erst in neuerer Zeit für die Zinkgewinnung absichtlich erzeugt), endlich das Roheisen.

Hüttenabfälle.

Unter dieser Bezeichnung begreift man alle jene Hüttenproducte, deren Erzeugung eigentlich nicht beabsichtigt ist, deren Entstehung jedoch bei den verschiedenen Processen nicht vermieden werden kann. Enthalten dieselben nichts von dem zu gewinnenden Metall oder so wenig davon, dass sich die weitere Verarbeitung derselben nicht lohnen würde, so werden sie auf die Halde geworfen; wenn ihr Gehalt an auszubringendem Metall aber bedeutender ist und die Gewinnung desselben daraus noch Vortheil bietet, werden sie wieder verarbeitet. Diese Verarbeitung geschieht seltener mit diesen Abfällen allein (Krätzschmelzen), sondern meistens werden sie bei passenden Schmelzprocessen (gewöhnlich bei dem Erzschmelzen) nach und nach wieder zugeschlagen (Vorschläge). Solche Hüttenabfälle sind: Ofenbrüche, Ansätze an den Innenwänden der Oefen; sie finden sich in allen Horizonten eines Hochofens, und werden, wenn sie knapp unter der Gicht sich gebildet haben, Gichtschwamm genannt. Derselbe enthält vornehmlich Zinkoxyd und dient als reiches Erz für die Zinkgewinnung. In Flammöfen findet man sie ebenfalls an allen Stellen des Heerdes, im Fuchs, zuweilen auch an der Feuerbrücke. Im Allge-

meinen enthalten die Ofenbrüche die Bestandtheile der verschmol-
zenen Massen, und nicht selten sind sie krystallisirt; sie sind theils
Metalle oder Legirungen, theils Verbindungen der Metalle, wie
Sulfide, Oxyde, Salze. Sie sitzen fest an den Ofenwänden und
müssen weggebrochen werden, daher auch ihr Name.

Geschur und Gekrätz nennt man jene metallhältigen
Massen, welche bei dem Ausräumen der Schmelzheerde gewonnen
werden; sie werden ebenfalls bei den Schmelzprocessen wieder
zugesetzt, häufig aber, um sie von den anhaftenden, unhältigen
Theilen, aus welchen die Schmelzheerde hergestellt sind, zu befreien, vor ihrer Verwendung als Zuschlag aufbereitet (concentrirt).

Flugstaub; derselbe besteht meist aus den Oxyden der
verflüchtigten Metalle, oft vermengt mit sehr feinen Theilchen der
verhütteten Substanzen, welche von dem Gebläsewind oder durch
den herrschenden Luftzug mechanisch fortgerissen wurden. Auch
der Flugstaub wird wieder bei passenden Schmelzoperationen par-
thienweise zugegeben, um seinen Metallgehalt zurückzugewinnen,
und sind zum Auffangen und Absetzen desselben hinter den Oefen
eigene Räume, Flugstaubkammern, aufgeführt, welche die entweichenden Ofengase passiren müssen, bevor sie durch die Esse
in's Freie austreten.

Ofensauen, Eisensauen bilden sich in Schachtöfen bei
Verschmelzen eisenreicher Geschicke; sie werden selten für sich
verarbeitet (Verblasen der Eisensauen vom Kupferschmelzen), häufig
aber als Niederschlagsmittel bei der Gewinnung der Metalle aus
ihren Schwefelverbindungen verwendet, oder sonst bei passenden
Schmelzungen wieder zugeschlagen, wenn sie leicht zerkleinert
werden können, und reicher an nutzbarem Metall sind.

Rückstände werden, wenn sie rein (arm) sind, abgesetzt.
In sehr vielen Fällen aber sind die Rückstände noch sehr reich
an dem auszubringenden Metall (Bleigewinnung in Flammöfen),
oder es wurde durch einen besonderen Process blos ein oder mehrere Metalle aus dem Verhüttungsgute gewonnen, und die Rückstände können noch zur Gewinnung eines weiteren Metalls mit Vortheil benützt werden (Amalgamation und Extraction des Silbers
aus Kupferlechen und Schwarzkupfern, Extraction gerösteter, Kupfer,
Silber und Gold führender Schwefelkiese — blue billy), und dann
werden sie noch auf jenes darin verbliebene Metall zu Gute gebracht.

Schlacken.

Die bei den Schmelzprocessen abfallenden, durch Verbindung der Kieselerde mit den in einer Möllerung vorhandenen Erden und Metalloxyden entstandenen Silicate nennt der Hüttenmann Schlacken (Silicatschlacken). Die Thonerde tritt in ihren Verbindungen mit Kieselerde als schwache Base auf, sie übernimmt starken Basen gegenüber aber die Rolle einer Säure (sie verhält sich amphoter), und diese Verbindungen der Thonerde mit Basen nennt man Aluminate (Aluminatschlacken). Dieselben finden sich sowohl in der Natur wie in der Hüttentechnik selten, häufiger die Verbindungen der Silicate mit Aluminaten, und selbst diese so wenig, dass wir hier von einer näheren Erörterung derselben absehen können; auch ist unsere Kenntniss über diese Verbindungen noch sehr mangelhaft.

Bei der Raffination der Metalle erzeugt man durch Oxydation der metallischen Verunreinigungen derselben häufig Schlacken, die fast nur aus Metalloxyden bestehen, welche aber bei den Schmelz-processen wieder zugesetzt werden, um ihren bedeutenden Metall-gehalt wieder auszubringen; solche Schlacken nennt man Oxyd-schlacken. Im Ganzen werden nicht viele davon erzeugt und sind dieselben mehr als Erze zu betrachten, während wir es hier vorzugsweise mit jenen Schlacken zu thun haben, welche als un-hältig abgesetzt und nur in wenigen speziellen Fällen nochmal ge-schmolzen, repetirt werden.

Die Basen, welche in den Silicaten, die wir von nun an kurz Schlacken nennen wollen, mit der Kieselerde zumeist verbunden vorkommen, sind:

Kalkerde, Bitterde, Thonerde, Eisenoxyd, Manganoxyd, Eisen-oxydul, Manganoxydul, Zinkoxyd, seltener Baryterde, Alkalien in Schlacken von allen mit Holzkohle betriebenen Schachtöfen (jedoch nur wenig), immer aber auch geringe Mengen derjenigen Metalle, welche gewonnen werden sollen, und die theils chemisch an Kiesel-erde gebunden, theils in anderer Verbindung der Schlacke mecha-nisch beigemengt sind, wie Eisen, Blei, Kupfer, Silber, Zinn etc.

Ein Kaligehalt rührt aus der Asche der Brennstoffe, ein Na-trongehalt gewöhnlich von besonderen Zuschlägen her. Mechanisch beigemengte Metalltheilchen sind in Folge unvollständiger Absonderung hei dem Schmelzen regulinisch in der Schlacke enthalten. Einige Oxyde und Erden (Zinkoxyd und Thonerde) machen die Schlacken nicht nur sehr strengflüssig, sondern sie bilden auch ein von der Schlacke im specifischen Gewicht nur wenig verschiedenes Lech (Baryt), das sich von der Schlacke schwer trennt, dieselbe schaumig macht, und in Folge dessen zu mechanischen Verlusten führt, welchen nur schwer zu begegnen ist; in Schweden werden solche Schlacken Skumna genannt, und fallen dieselben bei dem Schmelzen Baryt oder Blende haltender Bleierze, Kupfererze u. s. w. In manchen Schlacken findet sich Fluorcalcium, es ist dies nicht selten in Cupolofenschlacken der Fall, da Flussspath manchmal bei dem Umschmelzen des Roheisen als Zuschlag verwendet wird; das Fluorcalcium schmilzt jedoch mit den fertigen Silicaten zusammen, ohne zerlegt zu werden und ist nur als Beimischung der Schlacke anzusehen. Ebenso ist ein in den Eisenhohofenschlacken häufig auftretender Gehalt von Schwefelcalcium blos eine mechanische Beimengung, welche durch Zersetzung des in den Erzen enthalten gewesenen oder aus Eisensulfat reducirten Schwefeleisens mit dem zugeschlagenen Kalk entstanden ist.

Die chemische Constitution der Schlacken ist verschieden; wenn eine Schlacke deutlich krystallisirt ist, so kann man im Allgemeinen annehmen, dass dieselbe eine bestimmte chemische Zusammensetzung besitze, und demgemäss lässt sich auch eine chemische Formel für dieselbe aufstellen und berechnen. Ist sie jedoch nicht krystallisirt oder nicht wenigstens krystallinisch, so ist sie entweder als ein Gemisch mehrerer Silicate zu betrachten oder sie ist eine Auflösung von einem Silicat in einem andern.

Die Kieselerde besteht aus einem Atom Silicium und zwei Atomen Sauerstoff. Demzufolge haben die einzelnen Silicate die folgenden Zusammensetzungen.

$2RO + SiO_2$ ist das Singulosilicat oder neutrale Silicat des Hüttenmanns; es enthält in Säure und Base die gleiche Menge Sauerstoff, während das neutrale Silicat des Chemikers die Verbindung $RO + SiO_2$ ist, das der Hüttenmann, weil die Säure die doppelte Menge Sauerstoff von dem der Base enthält, als Bisilicat bezeichnet.

Von unserem Singulosilicat ausgehend, erhält man die folgende Reihe von atomistischen Formeln für die Silicate, wobei R im Allgemeinen ein Radical bezeichnet, das ein Atom Sauerstoff enthält:

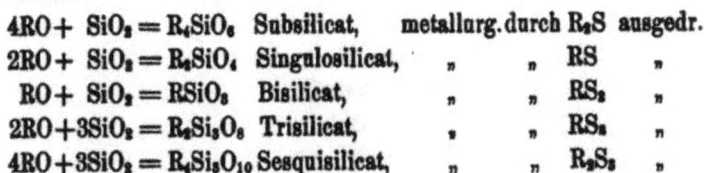

$4RO + SiO_2 = R_4SiO_6$ Subsilicat, metallurg. durch R_4S ausgedr.

$2RO + SiO_2 = R_2SiO_4$ Singulosilicat, „ „ RS „

$RO + SiO_2 = RSiO_3$ Bisilicat, „ „ RS_2 „

$2RO + 3SiO_2 = R_2Si_3O_8$ Trisilicat, „ „ RS_3 „

$4RO + 3SiO_2 = R_4Si_3O_{10}$ Sesquisilicat, „ „ R_2S_3 „

Für Basen von der Zusammensetzung R_2O_3 gestalten sich diese Formeln folgends:

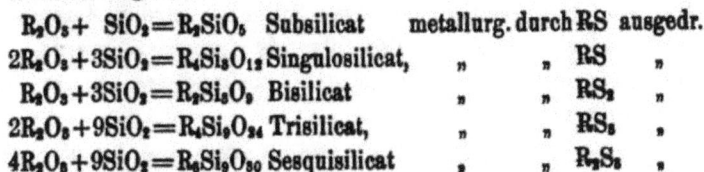

$R_2O_3 + SiO_2 = R_2SiO_5$ Subsilicat metallurg. durch RS ausgedr.

$2R_2O_3 + 3SiO_2 = R_4Si_3O_{12}$ Singulosilicat, „ „ RS „

$R_2O_3 + 3SiO_2 = R_2Si_3O_9$ Bisilicat „ „ RS_2 „

$2R_2O_3 + 9SiO_2 = R_4Si_9O_{24}$ Trisilicat, „ „ RS_3 „

$4R_2O_3 + 9SiO_2 = R_8Si_9O_{30}$ Sesquisilicat „ „ R_2S_3 „

Die Sauerstoffmengen der Basen (BO) verhalten sich in den correspondirenden Silicaten zu den Sauerstoffmengen der Säure (SO).

BO : SO

in dem Subsilicat wie 2 : 1

„ „ Singulosilicat „ 1 : 1

„ „ Bisilicat „ 1 : 2

„ „ Trisilicat „ 1 : 3

„ „ Sesquisilicat „ 2 : 3

Jedes Sesquisilicat lässt sich in ein Singulo- und in ein Bisilicat auflösen, z. B.

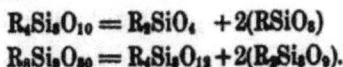

$R_4Si_3O_{10} = R_2SiO_4 + 2(RSiO_3)$

$R_8Si_9O_{30} = R_4Si_3O_{12} + 2(R_2Si_3O_9)$.

Enthält ein Silicat nur eine Base, so nennt man es ein einbasisches oder einfaches Silicat, sind jedoch zwei oder mehrere Basen vorhanden, so nennt man es ein Doppel- oder mehrbasisches Silicat, und in der Formel verbindet man die Silicate der einzelnen Basen durch ein Pluszeichen.

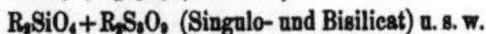

$RSiO_3 + R_2S_2O_9$ (Bisilicate).

$R_2SiO_4 + R_2S_2O_9$ (Singulo- und Bisilicat) u. s. w.

Der leichteren Schreibweise wegen werden die Silicate in der metallurgischen Zeichensprache auch blos durch die Anfangsbuchstaben der Base und Säure ausgedrückt, wobei jedoch der Sauerstoffgehalt der Base für ein Singulosilicat mit verstanden ist; es bezeichnen somit:

$$C = 2CaO$$
$$M = 2MgO$$
$$B = 2BaO$$
$$fe = 2FeO$$
$$mn = 2MnO$$
$$A = 2Al_2O_3$$
$$Fe = 2Fe_2O_3$$
$$Mn = 2Mn_2O_3$$
$$S = SiO_2$$

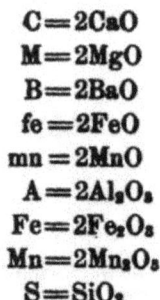

Die beiden zuletzt angeführten Silicate würden demnach in der metallurgischen Schreibweise folgends dargestellt werden, wobei die Exponenten die Anzahl der vorhandenen Säure- oder Basenmolekeln angeben:

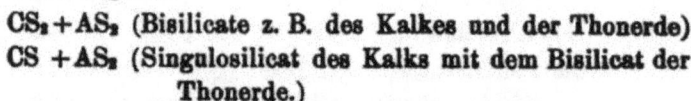

$CS_2 + AS_2$ (Bisilicate z. B. des Kalkes und der Thonerde)
$CS + AS_2$ (Singulosilicat des Kalks mit dem Bisilicat der Thonerde.)

Ist das Verhältniss zusammengesetzter Silicate nicht ein einfaches, d. h. sind nicht von beiden gleich viel Moleküle vorhanden, so wird die Bezeichnung des betreffenden Silicates eingeklammert, und die Ziffer, welche die Anzahl der Moleküle bezeichnet, vor die Klammer gesetzt, z. B.

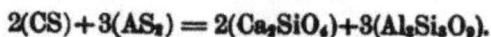

$$2(CS) + 3(AS_2) = 2(Ca_2SiO_4) + 3(Al_2Si_3O_9).$$

Dasselbe gilt, wenn mehrere isomorphe Basen in derselben Schlacke vorkommen, wo man der Kürze wegen schreibt:

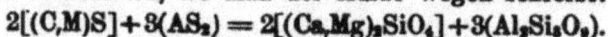

$$2[(C,M)S] + 3(AS_2) = 2[(Ca,Mg)_2SiO_4] + 3(Al_2Si_3O_9).$$

Formelentwickelung der Silicate. Berechnung der Zusammensetzung eines Silicates aus der gegebenen Formel. Bezeichnen S, R und R′ die Mengen der in einem Silicate enthaltenen Säure und Basen (letztere von der Zusammensetzung $R = RO$ und $R' = R_2O_3$), und bezeichnet s die Sauerstoffmenge der Kieselsäure, r und r′ aber die Sauerstoffmengen der Basen in 100 Gewichtstheilen, so besteht zunächst die Gleichung:

$$S + R + R' = 100, \tag{I.}$$

d. h. es werden hierdurch die Procente der in einem Silicate enthaltenen Basen und der Säure ausgedrückt.

Die Sauerstoffmengen der in einem Doppelsilicat enthaltenen Basen und der Säure werden ausgedrückt durch die Verhältnisszahlen:

für die Kieselerde $\dfrac{S.s}{100}$

„ „ Basen RO $\dfrac{R.r}{100}$

„ „ Basen R_2O_3 $\dfrac{R'.r'}{100}$,

weil in $100\,SiO_2 : s$ Sauerstoff enthalten ist, demnach in $S : x$; $x = \dfrac{S.s}{100}$

„ „ 100 RO : r „ „ „ „ „ , $R : y$; $y = \dfrac{R.r}{100}$

„ „ $100\,R_2O_3 : r'$ „ „ „ „ , $R' : z$; $z = \dfrac{R'.r'}{100}$

Sind nun p und p' die Silicirungszeichen, d. h. bedeuten sie, wie vielmal der Sauerstoffgehalt der Kieselerde grösser ist, als der der Basen, oder mit anderen Worten ausgedrückt, bezeichnen p und p' die Silicirungsstufe, so müssen die Sauerstoffmengen der Basen multiplicirt mit den zugehörigen Silicirungszeichen gleich sein dem Sauerstoffgehalt der Säure, es muss demnach:

$$\frac{S.s}{100} = \frac{R.r.p}{100} + \frac{R'.r'.p'}{100},\text{ somit auch}$$

$$S.s = R.r.p. + R'.r'.p' \text{ sein.} \qquad\text{(II.)}$$

Die Sauerstoffmengen der Basen sind nicht immer gleich gross, sondern sie stehen in verschiedenen Verhältnissen, z. B. wie $n : n'$, daher muss sich verhalten:

$$\frac{r.R}{100} : \frac{r'.R'}{100} = n : n', \text{ woraus}$$

$$\frac{r.R.n'}{100} = \frac{r'.R'.n}{100}, \text{ oder } r.R.n' = r'.R'.n. \qquad\text{(III.)}$$

Aus diesen drei Gleichungen ergeben sich für die Gewichtsbestandtheile eines Doppelsilicates die folgenden Werthe:

$$S = \frac{100 r.r'(np + n'p')}{s(nr' + n'r) + rr'(np + n'p')}$$

$$R = \frac{100.nr's}{s(nr' + n'r) + rr'(np + n'p')}$$

$$R' = \frac{100.n'rs}{s(nr' + n'r) + rr'(np + n'p')}$$

Die Sauerstoffmenge in 100 Gewichtstheilen SiO_2 beträgt 53.33(s)

„ „ „ „ „ CaO „ 28.57(r)

„ „ „ „ „ Al_2O_3 „ 46.60(r')

Die Sauerstoffmenge in 100 Gewichtstheilen FeO beträgt 22.20

$\quad$ „ $\qquad$ „ $\quad$ „ $\quad$ MnO „ 22.50

„ $\qquad$ „ $\qquad$ „ „ $\qquad$ „ $\quad$ MgO „ 40.00

Es sei nun z. B. aus der Formel

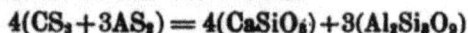

$$4(CS_2+3AS_2) = 4(CaSiO_5)+3(Al_2Si_3O_9)$$

die Zusammensetzung des Silicates zu suchen.

Man hat in diesem Fall:
$\quad$ s $= 53.33$
$\qquad$ r $= 28.57$
$\qquad$ r' $= 46.60$
$\qquad$ p' $= 2$
$\qquad$ p $= 2$
$\qquad$ n $= 4$
$\qquad$ n' $= 3$;

wenn man diese Zahlen in die obigen Gleichungen substituirt, erhält man für:

$$S = \frac{100.28.57.46.60(4.2+3.2)}{53.33(4.46.60+3.28.57)+28.57.46.60(4.2+3.2)}$$

$$R = \frac{100.4.46.60.53.33}{53.33(4.46.60+3.28.57)+28.57.46.60(4.2+3.2)}$$

$$R' = \frac{100.3.28.57.53.33}{53.33(4.46.60+3.28.57)+28.57.46.60(4.2+3.2)}$$

Nach Ausführung der Rechnung findet man:

$$S = \frac{1863906.8}{33150.6} = 56.22$$

$$R = \frac{994071}{33150.6} = 29.98$$

$$R' = \frac{457091}{33150.6} = 13.78,$$

und $S+R+R' = 56.22+29.98+13.78 = 99.98 = 100$.

Das fragliche Silicat besteht demnach aus:

56.22 Kieselerde mit $56.22.0.5333 = 29.98$ Sauerstoff.

29.98 Kalkerde mit $29.98.0.2857 = 8.55$ $\quad$ „ $\quad \Big\}15.07.$

13.78 Thonerde mit $13.78.0.4660 = 6.52$ $\quad$ „

Die Sauerstoffmenge der Kieselerde ist doppelt so gross, als jene der Basen, denn $2(8.55+6.52) = 30.17$, sehr nahe $= 29.98$, also das Silicat richtig ein Doppelbisilicat, und die Sauerstoffmenge der Basen R(CaO) und R'(Al₂O₃) verhalten sich wie 8:6 $= 4:3$, und es entspricht die gefundene Zusammensetzung demnach genau der gegebenen Formel.

Aufsuchung der Formel einer Schlacke aus dem Sauerstoffgehalt der darin nachgewiesenen Bestandtheile. Man hätte z. B. in einer Schlacke durch die Analyse nachgewiesen:

Kieselerde	42
Thonerde	18
Eisenoxydul	20
Kalk	20
Zusammen	100

Gemäss der früher angegebenen Ziffern findet man, dass jedes der Bestandtheile der Schlacke an Sauerstoff enthält, und zwar:

die Kieselerde 42.0.5333 = 22.4 Gewichtstheile = s
die Thonerde 18.0.4660 = 8.4 „ = r'
die Kalkerde 20.0.2857 = 5.7 „ $\Big\}$10.1 = r
das Eisenoxydul 20.0.2220 = 4.4 „

Es verhalten sich somit in diesem Silicat die Sauerstoffmengen:

$$s : r : r'$$
$$\text{wie } 22.4 : 10.1 : 8.4$$
$$\text{„ } 2.6 : 1.2 : 1$$
$$\text{„ } 26 : 12 : 10$$
$$\text{„ } 13 : 6 : 5$$

Für ein Singulosilicat bedürfen 5 Sauerstoff der Thonerde auch 5 Sauerstoff von der Kieselerde, es bleiben also von dem Gesammtsauerstoff der Säure 13—5 = 8 Sauerstoff für die Basen RO (CaO und FeO) übrig. Nimmt man 4 Gewichtstheile (von diesen Basen) als Singulosilicat an, so bleiben für die letzten 2 Gewichtstheile Sauerstoff der Monoxydbasen 8—4 = 4 Sauerstoff der Säure übrig, und es ist demnach dieser Rest der Basen RO als Bisilicat vorhanden. Der Schlacke entspricht demnach die Formel:

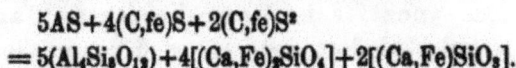

$$5AS + 4(C,fe)S + 2(C,fe)S^2$$
$$= 5(Al_4Si_3O_{12}) + 4[(Ca,Fe)_2SiO_4] + 2[(Ca,Fe)SiO_3].$$

Die Kenntniss der Menge der Bestandtheile einer Schlacke ist in so fern wesentlich, weil es wichtig ist, die Silicirungsstufe derselben zu kennen, und zu wissen, wie viel die Schlacke an auszubringendem Metall enthält, um die Zusammensetzung derselben mit Rücksicht auf letzteren Umstand, wenn nöthig, passend zu modificiren. Im Allgemeinen ist eine Schlacke richtig zusammengesetzt, wenn sie möglichst wenig von dem auszubringenden Metall enthält,

gleichartig bleibt, und bei entsprechender Schmelzbarkeit eine
möglichst vollständige Separirung der mit ihr zugleich erzeugten
Producte zulässt, sich aber ausserdem gegenüber diesen Producten,
welche sie als Decke im Heerde des Ofens und als Hülle während
des Niederschmelzens vor dem schädlichen Einfluss des Gebläsewindes zu schützen hat, indifferent verhält.

Die Schlacken enthalten häufig infolge unvollständiger Absonderung Metallkörner und Stein-(Lech)theilchen eingeschlossen;
solche Einschlüsse sind nicht erwünscht, weil sie zu Verlusten
Veranlassung geben, und je mehr Basen von hohem spezifischem
Gewicht die Schlacken enthalten, um so mehr ist dies der Fall.

Andere elektronegative Verbindungen, wie Phosphorsäure,
Arsensäure, Schwefelsäure, Titansäure, Zinnoxyd ersetzen in den
Schlacken zum geringen Theil die Kieselsäure, wenn sie in den
zu verschmelzenden Massen enthalten waren.

Hält eine Schlacke viel Kieselerde, so wird sie noch solvirend
auf Metalloxyde wirken können, ist sie dagegen sehr basisch, so
kann sie noch freie Kieselsäure aufnehmen, und hiervon ist ihre
Verwendung als Zuschlag bei anderen Schmelzprocessen abhängig.

Die Farbe der Schlacken ist verschieden und rührt gewöhnlich von darin gelösten Metalloxyden her. Eisenoxydul färbt die
Schlacken grün bis schwarz, Manganoxydul gelb bis braun, beide
zugleich anwesend färben eigenthümlich gelbgrün und undurch-
scheinend, Kupferoxydul macht sie roth und undurchsichtig, Bleioxyd farblos bis milchweiss; die blaue Farbe der Schlacken wird
zumeist dem Titan und Vanadin zugeschrieben, doch ist dies noch
nicht genügend nachgewiesen. Schwefel und Schwefelmetalle
machen die Schlacke schwarz, Erdschlacken sind meist weiss oder
farblos; manche Schlacken zeigen auch irisirende Anlauffarben.

Das spezifische Gewicht der Schlacken variirt nach
dem Metallgehalt derselben. Sie sind um so dichter, je rascher sie
abgekühlt werden und zeigen eine Eigenschwere von 2.6—4.2; sie
sind um so härter und fester, je langsamer sie abkühlen.

Der äussere Habitus der Schlacke ist entweder glasig
oder steinig oder porcellanartig, sie sind häufig krystallinisch oder
auch krystallisirt; je mehr die Schlacke durchscheinend oder in
Splittern durchsichtig ist, Glasglanz zeigt und einen muschligen
scharfkantigen Bruch besitzt, um so höher ist dieselbe silicirt. Ist

die Schlacke erdig oder steinig, rauh im Bruche und zeigt Wachs-
glanz, so enthält sie vorwaltend Erdbasen.

Die glasigen Schlacken sind fast immer gemengte Silicate,
d. h. Silicate von verschiedenen Sättigungsstufen und übergehen
bei langsamer Abkühlung in eine steinartige oder krystallinische
Masse, wobei sich manchmal Krystalle ausscheiden. Die steinigen
Schlacken sind ebenfalls häufig gemengte Silicate, aber auch wirkliche chemische Verbindungen. Krystallisirte Schlacken entstehen
nur bei sehr langsamer Abkühlung, und hat ihre Krystallisation
für den Hüttenmann keine Bedeutung.

Die Härte der Schlacken ist ebenfalls verschieden, bei
den steinigen grösser als bei den glasigen, doch enthalten sie
öfter Höhlungen, wodurch sie an Festigkeit verlieren; sie sind im
Allgemeinen um so fester, je langsamer sie abkühlen. Einschlüsse
jeder Art vermindern ebenso wie Höhlungen die Härte und Festigkeit der Schlacken.

Lässt man Eisenhohofenschlacken in Wasser abfliessen oder
begiesst man sie in noch flüssigem Zustande mit Wasser, so
schwellen sie zu einer bimssteinartigen sehr lockeren Masse auf;
am besten lässt sich diese Erscheinung bei Schlacken von der Zusammensetzung $CS + AS_2$ oder $CS_2 + AS$ wahrnehmen.

Die Schmelzbarkeit der Schlacken ist von ihrem Silicirungsgrad und den darin enthaltenen Basen abhängig.

Die Subsilicate sind leichtschmelzig, sie fliessen sehr dünn
und hitzig, erstarren aber schnell und zerspringen dabei; sie haben
dunkle Farbe, dichten Bruch und halb metallischen Glanz, sind
aber nur bei Gegenwart hinlänglicher Mengen metallischer Basen
zu erzeugen möglich. Sie haben desshalb ein hohes spezifisches
Gewicht. Man nennt sie frische Schlacken, und werden sie
meistens nur bei den Raffinirprocessen erzeugt.

Die Singulosilicate sind schwerschmelziger und weniger
dünnflüssig, sie erstarren auch schnell und zeigen halbmetallischen
bis Glasglanz; sie geben leicht einzelne, nicht zusammenhängende
Brocken und heissen desshalb kurze Schlacken.

Die Bisilicate sind noch schwerschmelziger, sie fliessen zähe,
mussig, lassen sich zu Fäden ziehen, sind gewöhnlich glasig und
erstarren langsam; sie sind selten krystallisirt und heissen saigere
Schlacken.

Die Trisilicate fliessen ebenfalls sehr langsam, erstarren

langsam, lassen sich auch zu Fäden ziehen, sind porcellan- oder emailartig, und haben einen muschligen Bruch; sie sind ebenfalls sehr selten krystallisirt. Zu ihrer Bildung brauchen sie eine sehr hohe Temperatur, sie werden nur ausnahmsweise bei dem Eisenhohofenbetrieb erzeugt und werden sehr saigere Schlacken genannt. Die Art, in welcher die Schlacken aus dem Ofen fliessen, lässt sehr oft ihren Silicirungsgrad erkennen.

Die leichtschmelzigsten Silicate sind die Alkalisilicate, hierauf folgen die Silicate des Bleies, Eisens, Mangans und Kupfers, dann die der Erden.

Die einfachen Silicate sind stets strengflüssiger und schwerer schmelzbar, als Doppelsilicate und zwar die meisten so strengflüssig, dass sie in unseren Feuern kaum schmelzen, wesshalb sie auch nicht erzeugt werden. Die Bi- und Trisilicate der Erden sind leichtschmelziger, als ihre niederen Silicirungsstufen. Die Silicate des Eisenoxyds, Zinkoxyds und Zinnoxyds sind unschmelzbar, von den einfachen Silicaten der Erden ist das der Thonerde am strengflüssigsten, dann folgen die Silicate der Bittererde, der Baryterde und des Kalks.

Die Doppelsilicate sind leichtschmelziger, als die einfachen Silicate, von welchen das der Thon- und Kalkerde das leichtschmelzigste ist, welches auch bei den metallurgischen Processen am häufigsten vorkommt, aber für sich allein noch immer sehr strengflüssig ist.

Von den Doppelsilicaten sind die der Monoxydbasen strengflüssiger, als Gemenge von Monoxyd- mit Sesquioxydbasen, und zwar ist das strengflüssigste das der Baryt- und Kalkerde, dann folgt das der Baryt- und Thonerde, dann das des Kalks und der Bittererde und am leichtschmelzigsten ist das des Kalks und der Thonerde.

Bodemann fand die leichtflüssigste Schlacke bei einem Verhältniss von $4CS_2 + 3AS_2$, Plattner bei einem Gemisch von $CS + AS$, und Berthier bezeichnet ein Gemisch von der Zusammensetzung $CS_2 + AS_2$ als sehr leichtschmelzig.

Die Schmelzbarkeit der Kalk- und Thonerdesilicate wird durch Zusatz von Kalk nicht wesentlich, wohl aber durch Zusatz von Thonerde und Bittererde modificirt, daher man durch Zuschlag dieser die Strengflüssigkeit erhöhen kann; je mehr Basen aber in einer Schlacke enthalten sind, um so leichtflüssiger wird sie, und hauptsächlich tragen hierzu die Silicate des Manganoxyduls, Eisenoxyduls und Bleies bei, von welchen erstere beide zur Verflüssigung der Erdensilicate bei vielen Schmelzprocessen absichtlich erzeugt werden, d. h. es werden Zuschläge gegeben, welche diese Metalloxyde enthalten (Blei-, Kupfer- und Silberschmelzprocesse).

Im Allgemeinen liegen die Schmelzpuncte der Schlacken zwischen 1200—1900° C. Die reinen Erdensilicate mit blos einer Base sind sehr strengflüssig; so schmelzen

die Kalkerdesilicate bei 2100—2150° C.

„ Baryterdesilicate „ 2100—2200 „

„ Bittererdesilicate „ 2200—2250 „

„ Thonerdesilicate „ 2300—2400 „

Schon fertige Schlacken schmelzen früher, weil ihre Schmelztemperatur niedriger ist, als ihre Bildungstemperatur.

Aluminate werden wegen ihrer Strengflüssigkeit nicht erzeugt, obwohl Berthier verschiedene Gemenge von Thonerde und Kalk zum Fritten und zum Theil auch zum Schmelzen brachte. Nach Percy gab auch Eisenoxyd mit Kalk in dem Verhältniss von $CaFe_2O_4$ eine gut geschmolzene Schlacke. Die Aluminate sind im Allgemeinen strengflüssiger als die Silicate von gleicher atomistischer Zusammensetzung.

Oxydschlacken. Dieselben enthalten entweder gar keine oder nur zufällig aus dem Heerdmateriale aufgenommene Kiesel- und Thonerde so wie Erden überhaupt, und sind in reinem Zustande geschmolzene oder blos gefrittete Metalloxyde. Man erhält sie bei den Raffinirungsarbeiten, die mit unreinen Rohmaterialien vorgenommen werden.

Ueber die Verbindungen der Silicate mit Schwefelmetallen, die Sulphosilicate, sind noch nicht genug Versuche durchgeführt worden, und ist eine Existenz derselben bis jetzt blos Hypothese (Plattner und Le Play).

Anwendung der Schlacken. Die Schlacken finden vielfache Verwendung; jene von den Metallhüttenprocessen dienen:

1) Als Zuschlag zu verschiedenen Schmelzprocessen, je nach dem Grade ihrer Acidität oder Basicität zum Auflösen der Kieselerde oder zur Auflösung von Basen, oder, wenn sie eisenreich sind, auch als Präcipitationsmittel.

Im Allgemeinen ist eine allzugrosse Menge Schlacken bei den Schmelzprocessen nicht erwünscht, weil sie den Brennstoffverbrauch erhöhen, allein sie haben den Zweck, die erschmolzenen Metalle oder Metallverbindungen vor der Einwirkung der atmosphärischen Luft zu schützen, müssen demnach stets in hinreichender Menge vorhanden und um so reichlicher anwesend sein, je stärker gepresster Wind angewendet wird.

2) Sind die Schlacken unrein, d. h. noch zu sehr metallhältig, so werden sie behufs Ausbringung des darin enthaltenen Metalls bei den Schmelzprocessen zugesetzt, repetirt, ausserdem wirken sie auflockernd auf die Beschickungssäule, hauptsächlich bei Verarbeitung von Schlichen, und wirken in so fern günstig, dass sie als schon fertige Silicate einen geringeren Schmelzpunct besitzen, als ein erst zu bildendes Silicat, und also zur Verflüssigung der schlackengebenden Bestandtheile beitragen. Schlacken, welche viel Metalltheilchen eingeschlossen enthalten, werden für sich allein oder mit Zuschlägen zur Gewinnung des Metalls umgeschmolzen; man nennt ein solches Schmelzen das Schlackenverändern oder Schlackentreiben (bei der Gewinnung des Zinns.)

3) Schlacken, welche über Singulosilicat silicirt sind, formt man zu minderen Bausteinen, und wendet diese zur Herstellung solcher Mauern an, welche nichts oder keine grosse Last zu tragen haben, z. B. für Einfriedungen oder für Gebäude mit leichtem Dachstuhl.

Schlacken von der Eisenerzeugung werden verwendet:

1) Zur Gewinnung der darin mechanisch eingeschlossenen Eisenkörner durch Pochen und Verwaschen derselben. Das so gewonnene Eisen nennt man Wascheisen, und als Nebenproduct erhält man Schlackensand, welcher ein vortrefflicher Bausand ist. Es bildet sich durch Einwirkung des Kalkhydrats auf Kalk- und Thonerdesilicat in dem Mörtel ein Kalkaluminat, und ist zu dieser Mörtelbereitung weniger Kalk nöthig. Fein gemahlene Schlacken dienen auch sehr gut zum Verputzen der Wände.

2) Als Schottermaterial für Strassen und Schienenwege, für erstere jedoch nur die niedriger silicirten, d. h. nicht über oder nicht viel über Singulosilicat kommenden Schlacken der Koksbohöfen; die glasigen Schlacken der Holzkohlenhohöfen lassen sich leicht zertrümmern und geben kleine sehr scharfkantige Bruchstückchen, welche nachtheilig wirken auf alle, welche solche

Strassen befahren müssen. Dagegen sind sie ganz gut zu verwenden für Schotter auf Bahnkörper, denn sie sind sehr wasserdurchlässig, die Eisenbahnschwellen bleiben trocken liegen und werden haltbarer.

3) In Form grösserer Stücke zu Strassenpflaster.

4) Zur Auflockerung zu schweren, thonigen Bodens.

5) Zu Bausteinen und zwar in verschiedener Weise. Entweder die zähflüssigen Schlacken (von Holzkohlenhohöfen) werden in zerlegbare, eiserne Formen gebracht, und darin gepresst; solche Steine dienen zum Einfassen der Wassergräben, Hof- und Gartenmauern, auch zur äusseren Verkleidung kleiner Wohngebäude. Zweckmässig ist es, solche Steine durch einige Stunden bei Weissgluth in einem hermetisch verschlossenen Raum zu entglasen — die Schlacken werden basaltirt —, wodurch sie bedeutend härter werden, indem man sie mit Kohlenabfällen und Asche bedeckt langsam erkalten lässt.

6) Zur Herstellung von Bauziegeln, Schlackenziegeln. Zu diesem Behufe wird die Schlacke granulirt, der erhaltene Sand in passendem, vorher zu ermittelndem Verhältniss mit Aetzkalk gemischt, das Gemenge befeuchtet und gleichmässig durchgearbeitet (oder man bringt den Sand in der gehörigen Quantität in vorher angemachten Kalkbrei), dann in Formen mittelst Maschinen gepresst. Solche Ziegel erhärten an der Luft sehr schnell, sie sind sehr wetterbeständig, widerstandsfähig gegen Wasser und sehr gut zu Luft- und Wasserbauten verwendbar. Sie dienen auch sehr gut zu Heizanlagen, in welchen die Temperatur Rothgluth nicht übersteigt.

Zu Osnabrück, Unterwellenborn, in Vordernberg und an einigen andern Orten werden jährlich mehrere Millionen solcher Ziegel erzeugt. In England mengt man 10 Theile Schlackensand mit ein Theil gebranntem Kalk; diese Ziegel erhärten in der Feuchte besser. Formsteine für Gesimse werden dort hergestellt aus 2½ Theilen Schlackensand, 2½ Theilen Ziegelmehl und 1 Theil Portlandcement. Nach Scott's Patent verwendet man ein Gemenge aus Schlackensand, Aetzkalk, rohem Gyps und geröstetem Eisenstein.

Die in Maschinenpressen gefertigten Ziegel werden 6—10 Tage in Schupfen, dann 5—6 Wochen in freier Luft getrocknet, nach welcher Zeit sie genug erhärtet und zum Verkauf bereit sind; sie sind sehr fest, billiger, wie gewöhnliche Ziegel, um drei Procent leichter und spalten nicht bei dem Eintreiben von Nägeln. Eine Analyse solcher Ziegel ergab an Bestandtheilen:

Kalk	29.90 %
Kieselerde . . .	25.15 „
Thonerde . . .	21.80 „
Eisenoxydul . .	1.44 „
Eisenoxyd . . .	1.66 „
Manganoxydul .	0.26 „
Bittererde . . .	5.10 „
Kali	0.53 „
Natron	0.36 „
Schwefel . . .	1.00 „
Schwefelsäure .	1.25 „
Phosphorsäure .	0.01 „
Kohlensäure . .	2.60 „
Wasser	9.50 „

Zusammen 100.56%

7) Zur Erzeugung von Cement, wozu die Schlacken von Kokshohöfen vorher durch Säuren aufgeschlossen werden; sehr saure Schlacken sind für diese Erzeugung nicht tauglich. Solcher Cement wird zu Middlesborough unter dem Namen Concrete erzeugt und ist fast so gut, wie Portlandcement. Nach einem von F. Ransome angegebenen Verfahren wird pulverisirte Hohofenschlacke mit Kalk gebrannt, wodurch ein Cement erhalten werden soll, der alle anderen an Güte übertrifft. Die hydraulische Eigenschaft dieses Cements hat ihren Grund in dem hohen Thonerdegehalt der Schlacke.

8) Zur Erzeugung schwarzer oder dunkel gefärbter Gläser (Hyalith, Lithyalin, Bouteillenglas), wozu sie mit einem Glassatz zusammengeschmolzen werden.

9) Zur Erzeugung von Schlackenwolle, welche durch Aufleiten von Dampf auf einen Strahl flüssiger Schlacke mit der Vorsicht dargestellt wird, dass der Dampfstrahl nur etwa die Hälfte des Schlackenstrahls trifft. Die Schlackenwolle dient zu Umhüllungen für Dampf- und Heisswindröhren, wirkt also als schlechter Wärmeleiter und wird durch Wasser nicht verändert. Schlacken-

wolle von der **Albrechtshütte** zu **Trzienietz** vom Hohofen No. 1
enthielt:

Kieselerde . . .	40.84 %
Thonerde . . .	8.27 „
Eisenoxydul . .	0.63 „
Manganoxydul .	3.42 „
Kalk	34.25 „
Bittererde . . .	8.98 „
Schwefelcalcium .	2.96 „
zusammen	99.34 %.

10) Eisenhohofenschlacken mit einem Gehalt an Schwefelcalcium werden auch zur Bereitung von **Bädern** benützt.

11) Als **Bergversatz** bei Kohlengruben, wenn diese nahe genug der Hütte sich befinden (Preuss. Schlesien).

12) Die Schlacken von den Eisenraffinirprocessen (Frischen, Puddln, Schweissen und Bessemern) dienen wieder zur Erzeugung von Roheisen, indem man sie in passendem Verhältniss mit einer Erzbeschickung verschmilzt, oder nach einem Patente von Lang-Frei mit der nöthigen Menge Kalk und Kohle einbindet und für sich durchsetzt, oder nach dem Verfahren von **Minary** und **Soudry** sogenannte **Schlackenkoks** erzeugt durch Verkoken gut backender Steinkohle unter entsprechendem Zusatz von Schlacken in fein gepulvertem Zustand, welche Koks man dann als Brennstoff im Hohofen verwendet. (Siehe Tabelle S. 134.)

Schlackenanalysen.

Eisenhohöfen.

Schlacke von	SiO₂	Al₂O₃	CaO	MgO	FeO	MnO	PbO	Cu₂O	Fe	ZnO	B	P₂O₅	Untersucht von
Ustron in Schlesien .... erblasen	45.76	7.43	29.71	8.59	0.98	6.92	—	—	—	—	—	—	} Weidemeir.
Rothau in Böhmen .... mit	46.18	8.20	30.87	8.95	0.77	6.00	—	—	—	—	—	0.27	
" " " .... Holz-	54.26	6.76	24.56	0.28	9.20	—	—	—	—	—	—	—	} Klasek.
" " " .... kohlen	48.03	9.44	36.65	1.00	3.78	4.80	—	—	—	—	—	—	
Hollaubfau in Böhmen koklen	54.25	22.45	11.86	0.12	10.71	—	—	—	—	—	Spur	Spur	} C. Balling.
Straschitz " "	56.05	15.20	11.34	3.42	9.27	—	—	—	—	—	2.41	—	
Hayange in Belgien " "	46.60	16.20	28.80	1.60	1.80	2.60	—	—	—	—	1.20	—	} Berthier.
Dowlais in England	35.40	16.20	38.40	1.20	1.20	2.60	—	—	—	—	1.40	—	
Wittkowitz in Mähren erblasen	50.70	13.00	20.50	6.80	4.00	3.10	—	—	—	—	1.00	—	v. Mayerhofer.
Kladno in Böhmen mit Koks	40.45	17.00	40.00	—	2.04	0.05	—	—	—	—	—	—	Jakobi.
Gleiwitz in Oberschlesien.	46.46	18.80	25.60	8.50	2.80	—	—	—	—	—	0.70	—	?
Von anderen Hohofenschmelz-processen.													
Ahrn in Tirol .... v. Kupfer-erz-schmelzen	50.20	9.10	19.72	6.68	29.18	—	—	—	—	—	—	—	v. Kripp.
Jochberg in Tirol .... erz-schmelzen	44.00	8.81	6.17	2.50	35.43	—	—	0.52	—	—	0.98	—	} C. Balling.
Brixlegg " " .... vom Blei-erz-schmelzen	47.50	4.61	13.72	3.80	27.68	—	—	0.16	—	—	0.34	—	} C. Balling.
Schemnitz in Ungarn .... erz-schmelzen	50.49	3.44	7.35	2.88	20.98	1.42	3.20	Spur Cu	0.004 Ag	6.84 Zn	2.45[1]	Spur	} Hauch.
" " .... schmelzen	53.72	4.67	7.94	3.04	16.94	2.41	2.00	1.31 Cu	0.006 Ag	5.40 Zn	2.74[2]	—	

1) Mit Spuren von Gold.
2) Mit Spuren von Gold und 0.20 K₂O.

Die Brennmaterialien.

Eine genaue Kenntniss der von dem Hüttenmann verwendeten Brennstoffe ist für denselben eines der wichtigsten Erfordernisse; der grosse Aufwand an Brennstoffen bei der Metallgewinnung und bei der Raffination der Metalle nöthigt ihn, sich eine vollkommene Kenntniss ihrer Eigenschaften und ihres Verhaltens zu verschaffen, sie diesem gemäss zu behandeln und bei ihrer Verwendung den grössten Haushalt einzuführen. Er muss ferner ihre Wirksamkeit und den Einfluss kennen, den sie auf die Beschaffenheit der damit erzeugten Metalle nehmen.

Bei der Darstellung der Metalle haben die Brennstoffe einen doppelten Zweck zu erfüllen, und zwar:

1) Die Reductions- und Schmelzhitze hervorzubringen und

2) die Reduction der Metalle aus den Erzen durch ihren Gehalt an Kohlenstoff zu bewirken.

Die Brennmaterialien sind entweder rohe, wie sie uns von der Natur geliefert werden, das sind Holz, Torf, Braun- und Schwarzkohlen, oder man wendet sie in verkohltem Zustande an, wie Holzkohle, Torfkohle und Koks, oder man vergast dieselben vorher durch unvollkommene Verbrennung, und wendet die dadurch erzeugten Producte als Brennstoffe an — gasförmige Brennstoffe.

Rohe Brennstoffe erzeugen bei ihrer Verbrennung durch die Flamme, welche hauptsächlich aus Kohlenwasserstoffgasen besteht, zwar eine hinreichende Hitze, um die Metalle zum Schmelzen zu bringen, und sie erzeugen auch eine sehr grosse Menge Wärme; allein in der Flamme des Feuers findet keine Reduction der Metalloxyde statt, weil die Flamme zwar Kohlenwasserstoffgas, aber im Zustande der Verbrennung bei hinreichendem Zutritt von Sauerstoffgas aus der atmosphärischen Luft ist, in derselben demnach vielmehr ein Oxydationsprocess vor sich geht. Zur Reduction der Metalle aus den Erzen muss mit letzteren vielmehr Kohlenstoff in fester Form, oder eine reducirend wirkende, gasförmige Kohlenstoffverbindung in Berührung gebracht werden, und dieses muss bei Ausschluss der atmosphärischen Luft geschehen. Entweder muss man deshalb das Erz mit Kohle gemengt in bedeckten Tiegeln glühen, um es zu reduciren, oder man muss es in Schachtöfen unmittelbar mit Kohlen gemengt bei Ausschluss des Sauerstoffs der atmosphärischen Luft der Reductionshitze aussetzen, und nach erfolgter Reduction des Metalls in den Erzen muss die Hitze bis zur Schmelzung desselben gesteigert werden.

Die Kohle ist schwerer entzündlich und sie erfordert eine höhere Temperatur zur Entzündung, sie erzeugt aber eine gleichförmiger anhaltende und ebenfalls hinreichend hohe Temperatur, besonders auch, weil bei Kohlenfeuer die brennbare Materie in einem kleineren Raum beisammen, gewissermassen concentrirt ist. Bei der Reduction und Schmelzung in Tiegeln muss die Wärme der zu reducirenden und schmelzenden Masse erst durch die Tiegelwand mitgetheilt werden, wozu ein grösserer Aufwand an Zeit und Brennstoff nothwendig ist, während bei der Reduction und Schmelzung der Erze zwischen den glühenden Kohlen selbst die Wärmeübertragung vom Feuer zum Erz unmittelbar stattfindet, es werden dadurch Zeit und Brennstoff erspart und die Wirkung ist eine vollkommenere.

Es ist zwar nicht unbedingt nothwendig, die rohen Brennstoffe behufs ihrer Anwendung zum Erzschmelzen vorher zu verkohlen, um die Erze mit Kohle in Contact zu bringen, weil diese Verkohlung der Brennstoffe, auch wenn sie roh angewendet werden, im Schmelzofen selbst vor sich geht; wir werden aber später nachweisen, dass die vorhergehende besondere Verkohlung der verwendeten Brennstoffe in den meisten Fällen vortheilhafter und in andern Fällen zur Erreichung bestimmter Zwecke selbst nothwendig ist.

Die bei der Verbrennung von Brennstoffen entwickelten Gasarten sind das Kohlenoxydgas, die Kohlenwasserstoffgase, Wasserstoffgas und Kohlensäure, von welchen die letztere allein nicht mehr brennbar, sondern schon das Product der vollständigen Verbrennung ist.

Je leichter ein Brennstoff durch erhöhte Temperatur zersetzt wird, um so brennbarer ist derselbe, und wird diese Brennbarkeit durch eine gewisse Lockerheit des Brennstoffs unterstützt; abhängig aber ist dieselbe zunächst von dem Gehalt an chemisch gebundenem Wasserstoff in dem Brennmaterial, welcher bei verhältnissmässig niederer Temperatur, meistens schon unter Rothgluth theilweise entweicht, sich sehr leicht entzündet und nun wieder zersetzend auf den noch unangegriffenen Theil des Brennstoffs wirkt. Je wasserstoffreicher also bei gleichem Grade der Lockerheit ein Brennstoff ist, um so brennbarer ist derselbe, und da ein solcher auch mehr an leicht brennbaren Gasarten (Wasserstoff und Kohlenwasserstoff) liefert, so ist derselbe auch flammbarer, als an Wasserstoff ärmere Brennmaterialien. Zu den Flamme gebenden Brennstoffen gehören demnach alle rohen Brennstoffe und die Producte der unvollkommenen Verbrennung derselben, die Gase, — zu den nicht flammbaren die künstlich dargestellten verkohlten Brennstoffe.

Unter Verbrennung verstehen wir den unter wahrnehmbarer Licht- und Wärmeentwickelung verlaufenden Zersetzungsprocess organischer Körper unter dem Einflusse des Sauerstoffs der atmosphärischen Luft, und man bezeichnet die Verbrennung dann als vollständig, wenn die Endproducte derselben blos Kohlensäure und Wasser sind.

Jede Verbrennung aber, bei welcher neben diesen beiden Gasarten noch andere erzeugt und diese erst durch weitere Aufnahme von Sauerstoff in die beiden genannten übergeführt werden, jede Verbrennung also, bei welcher Kohlenoxydgas und Kohlenwasserstoffgase erzeugt werden, bezeichnen wir als unvollkommene Verbrennung, und von dieser macht man bei der Gasfeuerung Gebrauch. Bedingung für die unvollkommene Verbrennung ist ein ungenügender Luftzutritt, wobei wegen Mangel an Sauerstoff nicht die höchsten Oxydationsproducte sich bilden können, und dieser Umstand kann auch Ursache sein, dass nicht flammbare Brennmaterialien anscheinend mit Flamme brennen, weil das niedere Oxydat des Kohlenstoffs entsteht, welches die Ursache der Flammenerscheinung ist.

Je nach dem Grade der Lockerheit und Zersetzbarkeit reihen sich die Brennstoffe in Rücksicht auf ihre Flammbarkeit in folgender absteigender Ordnung: Gase, Holz, Torf, Lignit, Braunkohle, Steinkohle, die künstlich erzeugten Kohlen (Koks).

Vom Holze, von der Holzverkohlung und von den Holzkohlen.

Das Holz wird je nach seiner Dichte in hartes und weiches unterschieden; ebenso die daraus erzeugten Kohlen.

Die vorzüglichsten bei den Hüttenprocessen angewendeten Holzarten sind die folgenden:

Die Kiefer (Föhre, Kienbaum), pinus silvestris.

Die Fichte (Rothtanne), pinus picea.

Die Tanne (Edeltanne, Silbertanne, Weisstanne), pinus abies.

Die Lärche (Lohre), pinus larix.

Die Rüster (Ulme), ulmus sativa (die rauhe) und ulmus campestris (die glatte).

Die Erle (Eller), betula almus.

Die Linde, tilia europaea.

Die Pappel, populus nigra.

Die Weide, salix alba und salix capraea.

Die Rosskastanie, aesculus hippocastanum.

Die Eiche, quercus robur.

Die Rothbuche, fagus silvatica.

Die Weissbuche, carpinus betulus.

Die Birke, betula alba.

Die vier letztangeführten Bäume liefern hartes Holz, also auch harte Kohlen.

Russland ist der holzreichste Staat Europas; dieses Land besitzt 193 Millionen Hectar Waldland, d. i. etwa 64 Procent der Waldfläche von ganz Europa. Hierauf folgt Oesterreich-Ungarn mit rund 18 Millionen Hectar Waldfläche, dann reihen sich, in Millionen Hectar ausgedrückt, die übrigen Länder Europa's folgends [1]):

---

1) Mittheilungen über Gegenstände des Artillerie- und Geniewesens, Wien 1881, Heft 11, pag. 235.

Schweden . . . . mit 17.57
Finnland . . . . „ 14.45
Deutschland . . . . . „ 14.15
Norwegen . . . . „ 10.29
Spanien . . . . „ 8.64
Frankreich . . . . „ 8.36
Türkei . . . . „ 5.42
Italien . . . . „ 5.02
Portugal . . . . „ 1.08
Griechenland . . . . . „ 0.94
Schweiz . . . . „ 0.82
Grossbrittannien mit Irland „ 0.80
Belgien . . . . „ 0.46
Holland . . . . „ 0.21
Dänemark . . . . „ 0.18.

Der österreichische Kaiserstaat besitzt in den einzelnen Kronländern die folgenden Waldflächen:

Oesterreich ober und unter der Enns mit Salzburg	1,320000	Hectar
Steiermark	1,010000	„
Kärnten, Krain und Küstenland	1,200000	„
Tirol und Vorarlberg	1,150000	„
Böhmen	1,330000	„
Mähren und Schlesien	800000	„
Galizien und Bukowina	2,500000	„
Dalmatien	280000	„
Ungarn und Banat	4,840000	„
Croatien und Slavonien	720000	„
Siebenbürgen	2,050000	„
Militärgrenze	940000	„
zusammen	18,140000	Hectar.

Verhalten des Holzes in Bezug auf seine hüttenmännische Benützung und auf die Verkohlung. Wird ein gesunder Baumstamm gefällt, so hört der Vegetationsprocess in demselben auf, nach und nach verdunstet Vegetationswasser aus dem Holzsafte, die Blätter und zarten Theile verlieren ihre Form und schrumpfen ein — der Baum wird welk.

Hat das Holz so viel Wasser abgegeben, als bei gewöhnlicher Temperatur daraus verdunsten konnte, so heisst es lufttrocken; wird das Holz längere Zeit einer Temperatur über dem Siedepunct des Wassers ausgesetzt, ohne aber die Hitze dabei so hoch zu steigern, dass eine Zersetzung des Holzes eintreten könnte, so geht es in den vollkommen trockenen oder wasserfreien Zustand über, und in diesem Zustande nennt man es gedarrt. Wird die Erhitzung des Holzes so hoch gesteigert, dass es sich zu zersetzen beginnt und bräunt, wobei es einen brenzlichen Geruch wahrnehmen lässt, so heisst dies das Rösten des Holzes, und wird die Einwirkung der höheren Temperatur auf das Holz fortgesetzt und die Hitze gesteigert, so tritt Verkohlung des Holzes ein. Diese ist vollendet, wenn die Verkohlungshitze am höchsten gestiegen ist und wenn sich keine gas- und dampfförmigen Producte aus dem verkohlten Rückstand mehr entwickeln; der Rückstand ist die Holzkohle.

Bei der Verkohlung ist der Feuchtigkeits-, beziehentlich der Saftgehalt des dazu genommenen Holzes von grossem Einfluss auf die Menge und Güte der darzustellenden Kohle. Nach Schübler und Neuffer enthält das Holz im frisch gefällten Zustande Procente an Wasser:

Hainbuche	18.6
Saalweide	26.0
Ahorn	27.0
Esche	28.7
Birke	30.8
Traubeneiche . . .	34.7
Stieleiche	35.4
Edeltanne	37.1
Kiefer	39.7
Rothbuche	39.7
Erle	41.6
Espe	43.7
Ulme	44.5
Rothtanne	45.2
Linde	47.1
Italienische Pappel .	48.2
Lärche	48.6

Baumweide . . . 50.6
Schwarzpappel . . 51.8.

Der Saftgehalt des Holzes aber ist verschieden:

1) **Nach der Jahreszeit**, in welcher der Baum gefällt wurde; im Frühjahre und im Sommer ist die Saftmenge grösser, als im Winter, dagegen trocknet das gefällte Holz in jenen Jahreszeiten besser aus, besonders, wenn die Rinde vom Stamm abgeschält wird; zugleich schwindet es dabei etwas. Nach den Beobachtungen David af Ure's verlor das Holz in vier Monaten

	mit Rinde	ohne Rinde
an Durchmesser	0.006 %	0.032 %
„ Gewicht	1.000 „	40.000 „

2) **Nach der Holzart.** Weiche Hölzer enthalten weniger feste Theile und mehr Saft, als die harten; je fester das Holz, je enger die Jahresringe, desto langsamer trocknet das Holz aus. Desshalb trocknet hartes Holz in derselben Zeit weniger aus, als weiches.

3) **Nach dem Standorte**, wo der Baum gewachsen ist. In fettem, fruchtbarem Boden, unter günstigen klimatischen Verhältnissen wächst der Baum üppiger, er ist saftreicher, aber das Holz ist wegen seiner Lockerheit zum hüttenmännischen Gebrauch weniger geeignet; ein auf schlechtem Boden in ungünstiger Lage gewachsener Baum gibt ein dichteres, festeres Holz, schwerere, dichtere und festere, mithin bessere Kohlen.

4) **Nach dem Alter des Baums**; junges Holz ist immer saftreicher als altes.

5) **Nach dem Theile des Baums**, von welchem das Holz genommen wurde; das Holz vom Gipfel ist am wenigsten fest und am meisten saftig, fester und weniger saftreich ist das Holz vom Stamme, am festesten ist und die meiste Holzsubstanz enthält die Wurzel. Frisch geschlagenes, weiches Holz enthält bis gegen 60, lufttrockenes weiches Brenn- und Kohlholz noch bis 24, hartes Holz bis 16 Procent, im Durchschnitt das lufttrockene Holz noch 20 Procente Wasser.

Das Holz ist ein hygroscopischer Körper und zieht desshalb begierig Feuchte aus der Luft an. Diese Eigenschaft des Holzes ist begründet hauptsächlich in der Capillaranziehung der feinen Gefässe oder Zellen des Holzes, zum Theil aber auch in dem Gehalt des Saftes an Salzen und Extractivstoff, welche aus der Luft Feuchte anziehen, und vollkommen ausgetrocknetes Holz nimmt desshalb an der Luft wieder mehr oder weniger Feuchte auf. Je weniger Saft bei dem Fällen des Baums in demselben war, desto geringer ist seine hygroscopische Eigenschaft; sowohl bei dem Trocknen durch die dabei erfolgende ungleichförmige Schwindung als bei dem Anziehen von Feuchte in Folge der stattfindenden Ausdehnung verzieht oder krümmt sich das Holz, was man das Werfen desselben nennt. Durch Extraction des Holzsaftes aus dem Holz mit Dampf wird das Werfen des Holzes vermindert, auch ganz aufgehoben.

Geröstetes Holz zieht weniger Feuchte an, als blos lufttrockenes, Kohle weniger Feuchte, als Holz. Die Menge des aufgenommenen hygroscopischen Wassers richtet sich nach dem Feuchtigkeitszustande der Atmosphäre, und sie ist nach Rumford's Versuchen am geringsten im Sommer, grösser im Herbste, am grössten im Winter.

Den Rückstand, welchen das Holz bei seiner Verbrennung zurücklässt, nennt man Asche, deren Menge verschieden ist sowohl hinsichtlich des Baumstücks, dem das Holz entnommen wurde, als auch in Hinsicht der botanischen Spezies und des Standortes (Beschaffenheit des Bodengrundes), auf welchem der Baum gewachsen ist; im Durchschnitt enthalten die Hölzer ein Procent Asche.

Karsten erhielt bei über den Aschengehalt der Holzarten angestellten Versuchen die folgenden Resultate:

Holzart	Aschenmenge in Procenten von	
	jungem Holz	altem Holz
Kiefer	0.12	0.15
Fichte	0.15	0.15
Tanne	0.23	0.25
Eiche	0.15	0.11
Birke	0.25	0.30
Weissbuche .	0.32	0.35
Erle	0.35	0.40
Rothbuche . .	0.38	0.40
Linde	0.40	—

Die Asche, d. i. die unorganischen Bestandtheile des Holzes, enthält im Wesentlichen Kalkerde, Talkerde, Kali, Natron, Kiesel-

erde, Eisenoxyd, Manganoxyd, Chlor, Schwefelsäure und Phosphorsäure, wovon beide letzteren die Verbrennungsproducte des in dem
Pflanzenalbumin enthaltenen Schwefels und Phosphors, und die
Alkalien und Erden an diese, sowie an Chlor und an die aus den
organischen Säuren entstandene Kohlensäure gebunden sind, die
Kieselerde dagegen in freiem Zustande vorhanden ist. Thonerde
enthalten die Holzaschen nie.

Nach Berthier sind die Holzaschen folgends zusammengesetzt:

Asche von	Linde	Birke	Erle	Tanne	Fichte	Weissbuche
CO_2	38.71	28.76	25.17	24.93	35.66	26.92
SO_3	0.81	0.37	1.24	0.80	1.67	—
P_2O_5	2.51	3.61	6.25	3.14	0.91	8.11
HCl	0.19	0.03	0.06	0.08	—	—
SiO_2	1.97	4.78	4.06	6.23	4.19	4.05
K_2O } Na_2O }	6.55	12.72	—	16.80	7.94	—
CaO	46.53	43.85	40.76	29.72	38.51	31.31
MgO	1.79	2.52	2.03	3.28	9.56	6.33
Fe_2O_3	0.09	0.42	2.92	10.53	0.09	1.30
Mn_2O_3	0.54	2.94	—	4.48	0.36	2.76

Abgesehen von dem Aschengehalte kann man das lufttrockene
Holz als von folgender Zusammensetzung annehmen:

> 20 °/₀ hygroscopisches Wasser,
> 40 „ Kohlenstoff,
> 40 „ chem. gebund. Wasser.

In dem Zustande, in welchem man es nach der Erhitzung
nicht über 120° C erhält, hat es aber sein hygroscopisches Wasser
verloren (gedarrtes Holz) und besteht dann aus:

> 50 °/₀ Kohlenstoff und
> 50 „ chem. gebund. Wasser.

Die Brennbarkeit des Holzes ist bedeutend, und im Allgemeinen ist die der weichen Hölzer grösser, als die der harten,
und unter jenen besitzen die Nadelhölzer in Folge ihres Harzge-
haltes die grösste Entzündlichkeit und Brennbarkeit.

Die Flammbarkeit des Holzes verhält sich ebenso, und
geben die harzreichen Nadelhölzer die längste Flamme.

Von der Verkohlung des Holzes im Allgemeinen. Der Hauptbestandtheil des Holzes ist die Holzfaser (Cellulose); nebst dieser ist darin die sogenannte incrustirende Substanz, und in den Holzzellen ist noch der eingetrocknete Saft mit seinen Bestandtheilen enthalten.

Alle Arten von Holzfasern, oder die Holzfaser in allen Arten von Hölzern haben die gleiche Zusammensetzung und ein gleiches spezif. Gewicht (1.50); die Holzfaser gehört zu den sogenannten Kohlehydraten ($C_6H_{10}O_5$).

Nach den Analysen von Gay-Lussac und Thénard besteht die Cellulose

	von Eichenholz	von Buchenholz
aus Kohlenstoff	52.3	51.45
Wasserstoff	5.69	5.32
Sauerstoff	41.78	42.73,

und wenn diese Zahlen der obigen Formel nicht ganz genau entsprechen, so liegt die Erklärung in dem Umstande, dass in der untersuchten Holzfaser eben noch etwas inkrustirende Substanz enthalten war.

Wenn man Holzspäne in eine Retorte gibt, an dieselbe eine Vorlage anbringt und die Vorrichtung dabei trifft, die übergehenden Dämpfe zu verdichten, sowie die Gase aufzusammeln, und wenn nun die Retorte sammt Inhalt stufenweise erhitzt wird, so beobachtet man den folgenden Vorgang: Zuerst füllt sich die Retorte, so wie die Vorlage mit grauem Wasserdampf, der sich in der Letzteren zu übelriechendem Wasser verdichtet; es ist dies derjenige Theil des Vegetationswassers aus dem Holze, welcher in demselben auch im lufttrockenen Zustande noch enthalten war. So wie dieses aus dem Holze entwichen und das Holz dadurch ausgetrocknet ist, kann erst die Hitze über den Siedepunct des Wassers gesteigert werden, und nun beginnt die Zersetzung der Holzsubstanz; die Elemente, aus welchen dieselbe zusammengesetzt ist, verbinden sich in Folge der höheren Temperatur in anderen neuen Verhältnissen zu theils dampfförmigen, theils gasförmigen Producten, wobei das Holz gelb, braun und endlich schwarz wird. Den ersten Grad dieser Zersetzung nennt man die Röstung, den ganzen Vorgang die trockene Destillation und weil man den schwarzen Rückstand Kohle nennt, wird dieser Process auch Verkohlung genannt.

Die dampfförmigen, zu tropfbarer Flüssigkeit verdichtbaren Producte, welche dabei auftreten, sind Wasser, Essigsäure und Holzgeist und brenzliches Oel oder Theer; die gasförmigen Producte sind die beiden Kohlenwasserstoffgase und die beiden Kohlenoxyde.

Wie die Verkohlung fortschreitet und Dampf von brenzlichem Oel sich zu bilden und zu entwickeln beginnt, färben sich die Dämpfe gelb und werden dicht und undurchsichtig, nach und nach werden sie wieder dünner, durchsichtiger und endlich verschwinden sie, wenn sich die Verkohlung ihrem Ende nähert; ganz zuletzt hört die Gasentwickelung auf, und die Vorlage, welche durch den Dampf anfangs erwärmt worden war, erkaltet. In der Vorlage hat sich eine Flüssigkeit angesammelt, welche sich deutlich in Schichten sondert, wovon die untere schwarz ist und das schwere brenzliche Oel enthält; die mittlere Schicht besteht aus dem wässerigen Holzessig, in welchem sich etwas Brenzöl aufgelöst befindet, und wesshalb er bei durchfallendem Licht eine röthliche, bei auffallendem Licht eine schwarze Farbe zeigt. Die obere Schicht besteht aus den spezifisch leichteren Brenzölen und dem Holzgeiste. Die zurückbleibende Kohle ist aber kein reiner Kohlenstoff, sondern sie enthält noch etwas Wasserstoff und jene Salze und Erden, welche bei der Verbrennung als Asche zurückbleiben.

Von besonderer Wichtigkeit und von wesentlichem Einfluss ist hiebei die Menge und Qualität der ausgebrachten Kohle; um die Ausbeute an Kohlen mit dem Gewicht des dazu verwendeten Holzes in Vergleichung bringen zu können, ist es nothwendig, die absoluten und spezifischen Gewichte der verwendeten Holzarten im lufttrockenen, d. i. in dem Zustand zu kennen, in welchem sie der Verkohlung unterworfen werden. Die älteren Bestimmungen, welche sich auf Wägung der Hölzer im Wasser beziehen, sind nicht ganz richtig.

Karmarsch hat diese Gewichte der lufttrockenen Hölzer dadurch ermittelt, dass er nach bestimmten Abmessungen zugerichtete, genau gehobelte cubische Stücke Holz, also Stücke von genau bekanntem cubischem Inhalte abwog, und daraus sowohl das Gewicht je eines Cubikfusses dieser Hölzer, als auch in Vergleichung mit dem absoluten Gewicht eines Cubikfusses Wasser auch ihre specifische Schwere berechnete. Die von Karmarsch erhaltenen Resultate, umgerechnet in Kilogramm sind folgende:

Hölzer	Specif. Schwere	Gewicht von 1 kbm
Ahorn	0.645	823 kg
Birke	0.738	738 „
Rothbuche . .	0.750	750 „
Weissbuche . .	0.728	730 „
Eiche	0.650	649 „
Erle	0.538	537 „
Esche	0.670	670 „
Kiefer	0.763	772 „
Tanne	0.551	551 „
Lärche	0.565	564 .
Linde	0.559	559 „
Pappel	0.387	387 „
Ulme	0.568	567 „

Bei gespaltenem und in Stössen aufgescheitertem Holze rechnet man $^1/_3$ Zwischenräume und $^2/_3$ Massivholz, doch kommt in Bezug auf dieses Verhältniss sehr viel auf die Schlichtung an; ein Kubikmeter Tannenholz im Stoss, d. i. 0.66 Kubikmeter Massivholz davon wiegen also $0.66 . 551 = 363.6$ Kilo. Es können indessen diese Zahlen, obwohl sie zu vielerlei Berechnungen Anhaltspuncte gewähren, doch nur als Mittelwerthe angesehen werden, indem dieselbe Holzart, je nachdem der Baum auf verschiedenem Boden gewachsen ist, dann nach dem Alter u. s. w. verschiedene Dichte und Schwere besitzt; das frisch gefällte Holz ist wegen seines hohen Wassergehaltes viel schwerer, als lufttrockenes oder gedarrtes Holz.

Nach der Elementaranalyse enthält das wasserfreie Holz im Mittel 52 Procente Kohlenstoff; wenn es möglich wäre, diesen ganzen Kohlenstoffgehalt durch den Verkohlungsprocess in Form von Kohle auszuscheiden, so müsste die Kohlenausbeute aus wasserfreiem Holze auch 52 Procente betragen, und mit Rücksicht auf den Gehalt von 20 Procent Feuchte im lufttrockenen Holze:

$$100 : 52 = 80 : x, \ldots x = 41.6 \text{ Proc. aus diesem.}$$

Diese Ausbeute an Kohlen aus dem Holze zu erreichen ist aber nicht möglich, weil sich bei dem Verkohlungsprocess nicht blos Verbindungen aus Wasserstoff und Sauerstoff, sondern auch solche Verbindungen bilden und entwickeln, welche Kohlenstoff zum Bestandtheil haben; in diesen Verbindungen geht also ein bedeutender Antheil des Kohlenstoffs verloren.

Nach den Resultaten von Versuchen kann man annehmen, dass 100 Kilo wasserfreies hartes Holz 33 Kilo, und 100 Kilo lufttrockenes weiches Holz 25 Kilo oder Procente an Kohle geben, und dieses stimmt ebenfalls mit den Erfahrungen bei gut geleiteten Verkohlungsprocessen überein. Die Beziehung dieser Verhältnisse auf die Ausbeute an Kohle im Grossen wird später vorkommen.

Die Kohle gibt bei ihrer Verbrennung nicht mehr jene Menge Wärme, welche das Holzquantum gegeben hätte, aus welchem die Kohle erzeugt wurde; eine Berechnung hierüber wird dies deutlich machen.

Im günstigen Falle geben 400 Gewichtstheile weiches Holz 100 Gewichtstheile Kohlen; 1 Gewichtstheil lufttrockenes Holz mit 20% Wassergehalt gibt bei der Verbrennung, mit Rücksicht auf die durch gebundene Wärme verloren gehenden Calorien, in runder Ziffer 2800 Wärmeeinheiten, demnach 400 Gewichtstheile

$$1,120000 \text{ Cal.}$$

100 Gewichtstheile aus diesem Holze dargestellter Kohle geben bei ihrer Verbrennung, wenn sie 15% Wasser (Feuchte) und Asche enthält und zu Kohlensäure verbrennt: 85 . 6000 . . . . 510000 „

mithin weniger um 610000 Cal.

und dieser Verlust beträgt von der Brennkraft des Holzes:

$$1,120000 : 610000 = 100 : x; \quad x = 54.4\%.$$

Dieses ist der Verlust in einem günstigen Falle, in der Praxis ist er aber immer grösser; derselbe entsteht eben durch die Bildung und Entwicklung der bereits genannten brennbaren Kohlenstoffverbindungen bei der Holzverkohlung, welche bei der letzteren unbenützt entweichen, während sie bei der Verbrennung des Holzes mit Flamme brennen und dabei Wärme entwickeln. Um diesen Verlust einzubringen, ist der Hüttenmann aufgefordert, die sich entwickelnden brennbaren Verkohlungsprodukte für seine Zwecke zu benützen, und dies kann auf verschiedene Weise geschehen:

a) als Beleuchtungsmateriale,
b) als Heizmateriale,
c) als Reductionsmittel.

Eigenschaften der Holzkohle. Die Holzkohle ist starr, schwarz, glänzend und undurchsichtig, sie ist porös, leicht zerreiblich, geschmack- und geruchlos. Ihre spez. Schwere wechselt nach Verschiedenheit des Theils des Baumes, aus welchem, dann nach Verschiedenheit der Temperatur, bei welcher sie erzeugt wurde, doch steht sie immer im Verhältniss zur Dichte des Holzes, woraus sie entstanden ist; deshalb sind die Angaben verschieden, und es wird das Minimum mit 0.280, das Maximum mit 0.542 angegeben. Die spez. Schweren beziehen sich aber auf die Kohle mit Poren, auf die poröse Kohle.

Lässt man die Poren der Holzkohle mit Wasser vollsaugen (unter der Glocke einer Luftpumpe), so sinkt sie im Wasser unter, und hienach ist die Kohle spez. schwerer, als Wasser; ihre kleinere spez. Schwere in porösem Zustande ist also eine Zufälligkeit. Von der Dichte der porösen Kohle ist auch ihre Leitungsfähigkeit für Wärme und Elektricität abhängig.

Im Wasser ist sie unlöslich, bei der gewöhnlichen Temperatur zersetzt sie dasselbe nicht; der Wasserdampf aber wird durch glühende Kohle zerlegt und dadurch Wasserstoffgas und Kohlenoxydgas, dann auch etwas Kohlensäure gebildet. Nächst den Metallen ist die Kohle der beste Elektricitätsleiter, aber wie alle porösen Körper, ein schlechter Wärmeleiter; erhitzt man sie bei Ausschluss der atmosphärischen Luft bis zu den höchsten Temperaturen, so wird sie etwas härter, dichter, und die Electricität besser leitend, wird dann aber schwerer entzündlich und verbrennlich. Im Feuerstrome einer mächtigen galvanischen Batterie schmilzt die Kohle und wird so hart, dass sie Glas ritzt. Wegen ihrer Porosität absorbirt die Kohle Gase und Dämpfe unter Erwärmung, und entlässt dieselben bei dem Glühen und im Vacuo fast ganz, in anderen Gasen und Dämpfen nur zum Theil wieder; deshalb nimmt frisch erzeugte Kohle an der atmosphärischen Luft liegend am Gewichte zu, welche Gewichtszunahme 10—12% betragen kann, und solche Kohlen brennen dann mit Flamme. Bei der gewöhnlichen Temperatur absorbirt die Kohle langsam Sauerstoffgas, wobei Wärme frei wird; unter gewissen günstigen Umständen, und wenn die Kohle sehr locker und porös ist, wie z. B. Kohlen von anbrüchigem, fauligem und modrigem Holze, reicht die bei dieser Absorption erzeugte Wärme hin, Entzündung und Verbrennung der Kohle zu veranlassen, die Kohle wirkt dann wie

ein Pyrophor. Deshalb hat der Hüttenmann die Kohle, bevor er
sie in die Magazine (Kohlenschupfen) bringt, einen Tag in der
freien Luft liegen zu lassen, wodurch er sich zugleich überzeugt,
ob dieselbe nicht etwa schon Feuer enthält.

Die Holzkohle fault und verweset nie, sie ist vielmehr im
Stande, das Verwesen, Verfaulen oder Schimmeln anderer Körper
zu verzögern und zu verhindern, ja ihnen, wenn sie den Anfang
dieser Veränderungen schon erlitten haben, den davon angenommenen üblen Geschmack und Geruch zu benehmen; auch hat
sie, jedoch nur schwach, entfärbende Eigenschaften, und besitzt
diese in um so höherem Grade, je poröser sie ist.

Die Holzkohle zeigt noch die Form des Pflanzentheils, woraus
sie dargestellt worden ist (Wurzel-, Stamm-, Astkohle), man kann
die Jahresringe des Holzes an der Kohle noch deutlich sehen und
an der Textur und Rindenkohle die Holzart erkennen, aus der sie
erzeugt wurde. Die Holzkohle ist kein reiner Kohlenstoff, sie enthält noch etwas Wasserstoff, dann Salze, Erden und Metalloxyde,
welche bei ihrer vollständigen Verbrennung als Asche zurückbleiben. Im Allgemeinen wird die frisch erzeugte Holzkohle als
aus 97% C und 3% Asche, die abgelagerte Holzkohle aber
aus 85% C, 12% H_2O (Feuchte) und 3% Asche bestehend angenommen.

Abgelagerte Kohlen sollen etwas mehr Wirkung zeigen, als
frische, doch ist der nachgewiesene Unterschied im Kohlenauf-
wande nicht gross, und würde durch die Magazinirungskosten und
durch den unvermeidlichen grösseren Einrieb (Abfall von Kohlenklein) wieder aufgewogen.

Eine gute Holzkohle soll nach dem Entzünden bei dem stärksten
Zutritt der Luft blos glühen und nie mit Flamme brennen, sie soll
nicht mürbe, sondern dicht, fest, spröde sein, nicht abfärben, eine
vollkommen schwarze Farbe und eine glänzende, muschlige Bruch-
fläche haben, sie soll auf dem Wasser schwimmen, frei zwischen
den Fingern gehalten, bei dem Anschlagen klingen, und einen
hellen, keinen dumpfen Ton von sich geben. Nasse Kohlen sind
gänzlich unbrauchbar.

Der Hüttenmann hat vorzüglich das Verhalten der Holzkohle
bei der Verbrennung zu beachten. Die Kohle besitzt eine bald
grössere, bald geringere Entzündlichkeit, je nachdem sie poröser
oder dichter ist, deshalb sind Kohlen von harten Hölzern, sowie

geglühte Kohlen schwerer entzündlich; bis zum Entzünden — zum
Glühen — erhitzt und mit der atmosphärischen Luft in Berührung
brennt sie von selbst fort, wobei sich als Verbrennungsprodukte
Kohlenoxydgas oder kohlensaures Gas, meistens aber beide gleich-
zeitig bilden, je nachdem mehr oder weniger Luft zuströmt. Im
Rückstande bleibt die Asche.

Bei der Verbrennung der Kohlen zu Kohlenoxydgas entsteht
nur etwa ein Drittel der Wärme, als bei Verbrennung derselben
zu Kohlensäure, weil in ersterem Falle nur ein, in letzterem Falle
aber zwei Atome Sauerstoffgas absorbirt werden; dieses Verhältniss
hat für den Hüttenmann zur richtigen Beurtheilung der Wirkung
der von ihm vorgenommenen Verbrennungsprocesse und des dabei
stattfindenden Aufwandes an Brennstoff einen hohen Grad von
Wichtigkeit.

Die Verbrennung erfolgt langsam, wenn die atmosphärische
Luft nur langsam wechselt, und es kann dabei selbst Erlöschen
des Feuers eintreten, wenn den brennenden Kohlen dabei durch
die Umgebung mehr Wärme entzogen wird, als in jedem Zeit-
momente durch ihre Verbrennung frei wird; die brennenden Kohlen
kühlen unter ihre Entzündungstemperatur ab und erlöschen. Soll
durch Kohlenfeuer eine höhere Temperatur hervorgebracht werden,
so muss man es in einen begrenzten Raum einschliessen und die
zur Verbrennung der Kohle nöthige atmosphärische Luft ohne
Unterbrechung zuführen; die atmosphärische Luft, welche einem
in geschlossenem Raum befindlichen Kohlenfeuer zuströmt, dient
zwar sogleich zur Verbrennung eines Theils der Kohlen, sie wird
aber augenblicklich, wie sie in das Kohlenfeuer eintritt, nicht vollständig ihres Sauerstoffgehaltes beraubt, sondern sie setzt vermöge
des Zuges oder Gebläsetriebes ihren Weg zwischen den brennenden Kohlen fort, wird dabei erwärmt und ausgedehnt, und bringt
auf diese Weise, indem sie ihren Sauerstoff während des Aufsteigens zwischen brennenden Kohlen nur allmählich abgibt, eine
grössere Kohlenmasse in Verbrennung. Diese Verbrennung findet
deshalb in einem grösseren Raume statt, und die dabei erzeugte
Wärme bewirkt keinen so hohen Hitzegrad, sie erreicht nicht die
höchste Intensität. Man hat gefunden, dass wenn man die dem
Feuer zugeführte atmosphärische Luft vorher erwärmt, wodurch die
Verwandtschaft des Kohlenstoffs zum Sauerstoff gesteigert wird,
man dann mit Ersparniss an Kohle eine viel intensivere Hitze er-

zeugen könne, und dies um so mehr, je höher die Luft erwärmt wird. Darauf gründet sich die seit 1829 eingeführte Anwendung erwärmter Gebläseluft bei verschiedenen Schmelzprocessen, welche in England begann und sich bald auch über Frankreich und Deutschland verbreitete.

Es wurden verschiedene Ansichten über die vortheilhafte Wirkung der erwärmten Luft zur Erklärung derselben aufgestellt. Anfangs nahm man an, die kalte zuströmende Luft entziehe dem Feuer Wärme, um sich selbst zu erwärmen, und hindere dadurch die Entstehung einer höheren Temperatur, während dies bei der zuströmenden warmen Luft nicht der Fall sei; allein bei warmer Luft wird eine so bedeutende Kohlenersparniss erzielt, dass dieselbe vielmal grösser ist, als jenes Quantum, welches zur Erwärmung der Luft nothwendig gewesen wäre, so, dass die Berücksichtigung dieses Wärmegehaltes allein zur Erklärung jener so vortheilhaften Wirkung nicht ausreichend ist.

Pfort und Buff sagen, dass kalte atmosphärische Luft bei ihrem Zutritt zu den brennenden Kohlen nicht unmittelbar oder nur zum geringsten Theil zur Verbrennung dienen kann, sondern sie muss erst zu ihrer Zündtemperatur erhitzt werden. Hiezu ist aber eine gewisse Zeit nothwendig, während welcher die bewegte Luft ihren Weg fortsetzt; ihr Sauerstoff kommt deshalb nicht nur mit einer grösseren Kohlenmasse in Berührung, als geschehen würde, wenn er gleich bei seinem Zusammentreffen mit dem Brennstoff demselben zur Verbrennung dienen könnte, sondern es kann selbst ein Theil davon wieder unbenützt entweichen, wie dies bei den gewöhnlichen Heizöfen beinahe ohne Ausnahme der Fall ist. Heisse Luft dagegen, welche unmittelbar bei ihrem Zutritte zum Kohlenfeuer die zur Zündung nöthige Temperatur schon besitzt, nährt augenblicklich mit ganzer Intensität die Verbrennung, wird dabei vollständig zersetzt und concentrirt die dabei frei werdende Wärme in einem kleinen Raume, wodurch die Intensität derselben gesteigert wird; das zur Verbrennung nutzlose Stickgas der atmosphärischen Luft absorbirt davon weniger und die kleineren das Feuer einschliessenden Wände leiten weniger Wärme nach aussen ab. Ist demnach die Bedingung eines Heizapparates die, eine möglichst hohe Temperatur zu erzeugen, so eignet sich hiezu heisse Luft offenbar besser, als kalte, und dies ist bei Schmelzöfen um so mehr der Fall, weil alles Sauerstoffgas, welches im unteren

Theil zur Verbrennung nicht consumirt worden ist, während seines
Aufsteigens beständig mit heisser Kohle in Berührung bleibt und
dadurch am nicht gehörigen Orte einen nicht unbeträchtlichen Theil
derselben unnützerweise verzehrt; die Ausdehnung der Luft bei
ihrer Erhitzung ist hier erfahrungsmässig ohne nachtheiligen Einfluss.

Karsten erklärt die Wirkung der heissen Luft bei der Verbrennung auf folgende Art: Wenn Luft von gewöhnlicher Temperatur
dem Feuer zuströmt, so entsteht durch die Verbrennung vorzüglich
nur Kohlenoxydgas und dabei wird nicht nur weniger Wärme frei,
sondern auch ein geringerer Temperaturgrad erreicht; wenn dagegen die Luft erwärmt und dadurch die Verwandtschaft des
Sauerstoffs derselben zur Kohle gesteigert worden ist, verbrennt
die Kohle in der zuströmenden heissen Luft sogleich zu Kohlensäure, und dabei wird nicht nur fast die dreifache Menge Wärme
frei, sondern es wird in Folge dessen auch eine höhere Temperatur
hervorgebracht, wenn auch die anfangs entstandene Kohlensäure
in den höheren Feuerschichten bei fortwährender Berührung mit
glühenden Kohlen wieder zu Kohlenoxydgas reducirt wird und
dabei Wärme bindet.

Diese beiden Erklärungen von der vortheilhaften Wirkung
der warmen Luft bei der Verbrennung der Kohle sind zwar von
einander verschieden, sie stimmen aber in der Wesenheit darin
überein, dass sie constatiren, wie durch den Gebrauch erwärmter Luft im Verbrennungsraum eine höhere Temperatur erzeugt wird, und diese hervorgebrachte höhere Temperatur, wodurch alle Erhitzungen und Schmelzungen beschleunigt
werden, ist die Ursache der dabei eintretenden namhaften Brenn-
stoffersparniss.

Diese Temperaturerhöhung wird auch von Scheerer, Schinz
und Percy trotz ihrer sonst abweichenden Ansichten über die
Wirkung des erhitzten Windes als Ursache der erlangten Vortheile
angeführt, aber Scheerer betrachtet die durch die Zusammen-
wirkung des erhitzten Windes auf die glühenden Kohlen entstehende
Temperaturerhöhung als genügenden Grund zur Erklärung jener
Wirkung, Schinz hält hiezu noch die entstehende vermehrte
Pressung im Ofeninnern für wesentlich, und Percy legt nament-
lich Werth auf die durch Temperaturerhöhung unterstützte chemische
Action und in Folge dessen beschleunigtere Verbrennung.

Wedding fasst die Resultate der Wirkung des erhitzten Windes in folgenden Punkten zusammen:

1) Bei heissem Wind wird mehr Kohlensäure vor der Form, und um so mehr davon erzeugt, je heisser der Wind ist; die Temperatur wird also erhöht.

2) Diese Temperatur wird gesteigert, weil auch der vor der Form verbrennende Brennstoff mehr erhitzt wird und die Pressung im Gestelle eine höhere wird.

3) Die Temperaturerhöhung hat wesentliche Brennmaterialersparniss zur Folge.

4) Die relative Production des Ofens steigt, weil geringere Mengen Brennstoff zur Reduction und Schmelzung genügen, oder dieselbe wird bei Anwendung derselben Menge Brennstoff, wie bei kaltem Winde, vermehrt.

5) Die absolute Production wird ebenfalls vermehrt, weil die Verbrennung beschleunigt wird.

Aber auch kalte atmosphärische Luft von gewöhnlicher Temperatur, wenn sie in einem sehr verdichteten Zustand zur Unterhaltung des Feuers angewendet wird, erzeugt bei der Verbrennung eine höhere Temperatur; auf die Erzeugung eines höheren Hitzegrades bei dem Gebrauche kalter verdichteter Luft hat ohne Zweifel das darin auch mehr verdichtete Sauerstoffgas Einfluss, und es ist eine bekannte Erfahrung, dass man in Gebläseöfen eine höhere Temperatur hervorbringen kann, als in Windöfen; übrigens sind in Bezug auf die Wirksamkeit der erwärmten und der kalten, sehr stark gepressten Gebläseluft noch keine entscheidenden, genauen vergleichenden Versuche gemacht worden, und es würde dabei der Umstand eintreten, dass die Erzeugung der kalten, sehr gepressten Gebläseluft einen viel grösseren Aufwand an Kraft erfordert, die unter gewöhnlichen Umständen selten zu beschaffen ist.

Das Darren (Rösten) des Holzes (Torfes).

In dem Zustande, in welchem wir das Holz (den Torf) lufttrocken nennen, enthalten dieselben noch bedeutende Mengen Wasser, welches bei der Verwendung derselben in Feuerungen verdampft werden muss, wodurch Wärme gebunden, und mithin der Wärmeeffect herabgedrückt wird; für bestimmte metallurgische Zwecke aber braucht man höhere Temperaturen, als mit den beiden genannten Brennstoffen in blos lufttrockenem Zustande zu erzeugen möglich ist, und um dieses zu bewerkstelligen, werden dieselben vor ihrer Verwendung einer Temperatur ausgesetzt, bei welcher sie ihren bei der Verbrennung schädlich wirkenden Wassergehalt abgeben, — sie werden gedarrt. Die bei dem Darren der Brennstoffe einzuhaltende Temperatur soll die des siedenden Wassers sein; sie soll die Wassersiedhitze nicht zu sehr übersteigen, weil dann schon eine Zersetzung des Brennstoffes eintritt, wodurch derselbe an Brennkraft verliert, sie darf aber nicht viel darunter sein, weil sonst zu viel Wasser zurückgehalten wird.

Das Darren des Holzes geschieht:

1) Durch **Strahlung**, indem man die Flamme des auf einem Rost verbrennenden Brennstoffs (geringere Sorten und Abfälle) mittelst eiserner Röhren in den Trocknungsraum leitet, von welchem aus sich die Wärme dem zu trocknenden Materiale mittheilt.

2) Durch **Rauch**, indem man die Verbrennungsproducte einer Feuerung in den Trocknungsraum leitet.

3) Durch **erwärmte Luft**, welche ebenfalls durch den Trocknungsraum hindurchgeführt wird.

Alle drei Methoden sind gleich gut, wenn darauf gesehen wird, dass die Wasserdämpfe leicht und vollständig abziehen können, ein etwa entstehender Brand leicht gelöscht werden, und das Besetzen und Entleeren des Ofens rasch und leicht geschehen kann, und endlich die Trocknung selbst keine bedeutenden Kosten verursacht; um den letzteren Zweck möglichst zu erreichen, werden an manchen Orten die abziehenden Ofengase hiezu benützt.

Verkohlung des Holzes im Grossen.

Die Verkohlung des Holzes geschieht entweder im **Halbverschlossenen** bei theilweisem Zutritt der atmosphärischen Luft zu dem verkohlenden Holze, wobei ein Antheil des Holzes verbrennt und dadurch die zur Verkohlung des übrigen Holzes nöthige Hitze erzeugt, oder im **Ganzverschlossenen** durch Erhitzung des Holzes von aussen, wobei in der gebrauchten Heizvorrichtung durch Verbrennung irgend eines Brennstoffes so viel Wärme entwickelt und ein solcher Hitzegrad erzeugt werden muss, als zur Verkohlung des im verschlossenen Raume befindlichen Holzes nothwendig ist.

Die Vorrichtungen, in welchen das Holz nach ersterer Art verkohlt wird, nennt man Haufen und Meiler, hiernach Haufenverkohlung und Meilerverkohlung, die Vorrichtungen zum Verkohlen des Holzes nach letzterer Art sind Oefen, Verkohlungsöfen, und die Verkohlungsart hiernach Ofenverkohlung.

Es hat hierbei den Anschein, dass bei der Verkohlung im Halbverschlossenen — in Meilern und Haufen — die Kohlenausbeute kleiner ausfallen müsse, weil ein Antheil des Holzes verbrennen muss, um dadurch die zur Verkohlung des übrigen Holzes nöthige Hitze zu erzeugen, es ist dies aber nur scheinbar, weil bei der Verkohlung in Oefen auch eine gewisse Menge ($^1/_{10}$—$^1/_{16}$) Brennstoff verbrannt werden muss, um die erforderliche Verkohlungshitze hervorzubringen, wobei nur der Unterschied stattfindet, dass bei der Holzverkohlung in Meilern (Haufen) das zu verkohlende Holz unmittelbar mit dem Feuer in Berührung ist, letzteres demnach vollständiger benützt werden kann, während bei der Holzverkohlung in Oefen die Wärme dem zu verkohlenden Holze durch die metallenen Wände des Heizapparates (gusseiserne Röhren) mitgetheilt wird, wobei wegen der Wärmeübertragung immer ein Verlust an Wärme stattfindet, was einen grösseren Brennstoffaufwand nothwendig macht.

Die Verkohlung in Haufen oder Meilern gewährt dieselbe Kohlenausbeute, wie die in den Oefen, sie ist bei wechselnden Kohlplätzen, d. i. bei der Waldköhlerei wie bei der Platzköhlerei anwendbar. Eine gute Meilerkohle ist aber immer dichter und spez. schwerer, als Ofenkohle, weil erstere bei ihrer Bildung einer höheren Temperatur ausgesetzt war. Die Verkohlung in Oefen gewährt erfahrungsgemäss keinen anderen Vortheil, als den, Holzessig, Theer und brennbare Gase vollständiger auffangen und benützen zu können; zur Heizung der Verkohlungsöfen kann aber das schlechteste Brennmaterial, welches zur Kohlenerzeugung nicht brauchbar ist, verwendet werden, dann kann man in Oefen zu jeder Jahreszeit gleich gut verkohlen, während für die Haufen- und Meilerverkohlung der Sommer die beste Jahreszeit ist.

Auf das Ausbringen an Kohle aus dem Holze haben vornehmlich Einfluss.

1) Die Beschaffenheit der Kohlplätze; auf einer neuen Stätte werden nicht so viele Kohlen ausgebracht, als auf einer

schon bekohlten; auf feuchten Plätzen erhält man ebenfalls weniger Kohlen.

2) Die Güte des Holzes; fauliges Holz, Stockholz oder Knüppelholz geben nicht so viel und so gute Kohle, als festes Stammholz.

3) Die Holzart. Weiche Hölzer mit grossen Jahresringen und lockerer Holzmasse geben nie eine so feste Kohle, wie harte, feinjährige Stämme.

4) Die Witterung. Bei nassem stürmischem Wetter geht die Kohlung nie so gut vor sich, als bei trockener Witterung.

5) Zur richtigen Beurtheilung der Kohlenausbeute muss man die Menge des in den Meiler eingeschlichteten Holzes genau kennen. Die Kohle wird auf den Hütten dem Volumen nach übernommen; dies kann so geschehen, weil es bequemer und zeitsparend ist, es soll aber nie anders als mit Rücksicht auf das Gewicht einer Kubikeinheit Kohle geschehen. Ein Kubikmeter Holzkohle, wie sie im Grossen erzeugt wird, wiegt von weicher Kohle 125—140, von Stockkohle 140—180, von harter Kohle 200 bis 240 Kilogramm.

Bei der Verkohlung im Halbverschlossenen, in Meilern (und Haufen) wird der vollständig hergerichtete Meiler durch die Zündgasse an der Sohle in der Mitte angezündet, nach genügender Ausbreitung des Feuers und wenn die Flamme oben am Quandel herausschlägt, die Haube durch Bedecken geschlossen, ebenso die Zündgasse zugeworfen, und man stösst mit einem spitzen Holzpflock 4—5 cm weite Löcher, die Zuglöcher, Rummen oder Räume, am Umfange des oberen Theils des Meilers in die Decke; Luft dringt nur in geringer Menge, aber am ganzen Umfang des Meilers in denselben ein, unterhält darin eine langsame Verbrennung und es wird dadurch so viel Wärme entwickelt, als zur Verkohlung der in den Meiler eingeschlossenen Holzmasse nothwendig ist. Anfangs entweicht viel Wasser aus dem Holze, das sich in der Decke condensirt und die Decke nässt, der Meiler schwitzt; vor und in dieser Periode ist der Meiler dem Werfen und Schütteln ausgesetzt, Explosionen, welche durch das plötzliche Entzünden des Gemenges der im Innern des Meilers entwickelten Gase mit der darin eingeschlossenen atmosphärischen entstehen, sobald aber Letztere durch die zu Beginn sich entwickelnden Wasserdämpfe verdrängt ist, ist auch diese Gefahr vorüber. Nachdem das Schwitzen des Meilers beendet ist, bedeckt man auch den Fuss desselben dicht und vollständig. Die atmosphärische Luft tritt durch die am Fusse und auf der ganzen Oberfläche des Meilers nicht absolut dicht schliessende Decke in den Meiler, bewegt sich längs des noch nicht verkohlten Holzes nach aufwärts, gelangt hier zu dem im Brand begriffenen, unterstützt hier die theilweise Verbrennung, beziehentlich Verkohlung, und die gasförmigen Verbrennungs- und Verkohlungsproducte entweichen durch die Räume, welche in Entfernungen von etwa 60 cm am ganzen Umfang des Meilers gestochen wurden. Die Haube und überhaupt der oberhalb der Zuglöcher befindliche Theil des Meilers, wo die bereits fertige Kohle liegt, muss stets möglichst dicht bedeckt gehalten werden, da sonst ein Theil der Verkohlungsgase auch in dieser Richtung durch die poröse Meilerdecke abzieht, was nachtheilig ist.

Anfangs durch eine gewisse Zeit entweicht aus dem Meiler ein grauer Dampf (Wasserdampf), dann färbt sich der austretende Rauch von brenzlichem Oel und Essigsäure gelblich und er ist ziemlich dicht, ein Zeichen, dass schon die Verkohlung eingetreten ist. Hat dies einige Zeit angedauert, so wird der Dampf allmälig dünner, lichter von Farbe und durchsichtiger, zuletzt verschwindet aller Dampf, es entweicht blos Gas, und diese Erscheinung zeigt den Zeitpunct an, dass hier das Holz schon vollkommen verkohlt ist. Würde ein bleigrauer Rauch aus den Räumen hervorkommen, so würde dies anzeigen, dass die Kohlen im Meiler in's Brennen gekommen sind, und so weit darf oder soll man es nicht kommen lassen. Die Räume (Kopfräume) werden, so wie die bemerkte Erscheinung eintritt, verschlossen und gedichtet und es werden tiefer unten Rummen (Mittelräume) gestossen; hier zeigen sich nun aufeinander folgend dieselben Erscheinungen, es werden dann wieder tiefer Räume, schliesslich die Fussräume geöffnet (das Zubrennen), deren letzte Reihe 15—18 cm über der Sohle der Meilerstätte liegt. Diese werden so lange offen gelassen, bis aus denselben die Flamme hervorbricht, worauf sie ebenfalls geschlossen und gedichtet werden. Die Flamme aber soll man aus dem Fussraum hervorbrechen lassen, weil das nahe und unmittelbar über dem Boden liegende Holz eine grössere Hitze zur Verkohlung fordert und weil daselbst sonst unverkohlte Holzstücke, die Brände zurückbleiben; das Zurückbleiben von Bränden ist aber nicht immer ein Fehler, weil man sie im Hohofen mit verwenden kann, und da bei dem Herausbrechen der Flamme aus den Fussräumen immer schon etwas im Meiler verbrennt, so ziehen es einige vor, die Fussräume schon dann zu schliessen, wenn ein bleigrauer Rauch aus denselben hervorbricht, wobei ein Theil des zu unterst liegenden Holzes nicht völlig verkohlt und die Brände hinterlässt.

Die Verkohlung in Haufen erfolgt ganz ähnlich, auch hier ist der Weg, welchen die zutretende Luft und die gebildeten austretenden Verkohlungsgase nehmen, ein gleicher.

Für die Verkohlung in Meilern oder Haufen gelten die folgenden Regeln:

1) Der in den Meiler oder Haufen eintretende Luftstrom muss so viel wie möglich vom unangebrannten Theil des Holzes nach dem brennenden geführt werden. Dieser Luftstrom hat die Verbrennung eines Theiles des zu verkohlenden Holzes zu unterhalten, weil im umgekehrten Falle vollständige Verbrennung, d. i. Veraschung eintreten würde. Diese atmosphärische Luft dient zur Verbrennung der Destillationsproducte und eines Theils der gebildeten Kohlen, um die nöthige Hitze für die trockene Destillation des Holzes hervorzubringen.

2) Die gasförmigen Verkohlungsproducte dürfen nicht durch die glühenden Kohlen hindurch aus dem Meiler oder Haufen geleitet werden, weil gebildete Kohlensäure, sowie auch Wasserdampf durch glühende Kohlen zersetzt werden, bei dieser Zersetzung Kohlenstoff aufgenommen und mit den neugebildeten gasförmigen Producten fortgeführt werden würde.

3) Die Verkohlung muss eine langsame sein.

Ueber Kohlenausbeute und deren Beurtheilung. Die Angaben über die Menge Kohlen, welche eine gegebene Menge einer bestimmten Holzart liefert, weichen sehr von einander ab, und dies kann nicht anders sein, weil die Kohlenausbeute aus dem Holze von zu vielerlei darauf einwirkenden Umständen abhängig ist, als:

a) von dem Alter des Holzes

b) von dem Trockenheitszustand desselben

c) von der Art des Holzes

d) von der Sorgfalt, mit welcher die Verkohlung durchgeführt wurde.

Im Allgemeinen kann man die Ausbeute an Kohlen aus dem Holze nach zweierlei Richtungen beurtheilen, und zwar

1. nach dem Volumen oder Inhaltsmasse
2. nach dem absoluten Gewicht.

Nach den Versuchen von Rumford geben alle Hölzer, harte und weiche, wenn sie vorher scharf ausgetrocknet und dadurch von allem Wassergehalt befreit worden sind, eine gleiche Menge Kohlen, nämlich 33 Procent ihres Gewichts.

Altes überständiges Holz gibt weniger Kohle als gesundes Holz, trockenes Holz gibt mehr Kohle als nasses, hartes Holz mehr als weiches, weil Letzteres mehr Wasser enthält. Kohlen von hartem Holz sind spezifisch schwerer, als die von weichem Holze; aus demselben Volumen Holz nehmen die Kohlen von hartem Holze ein geringeres Volumen ein, wie jene von weichem Holze. Die specifische Schwere und bei gleichem Volum demnach auch das absolute Gewicht der weichen und harten Holzkohlen verhalten sich zu einander, wie 2:3 oder wie 3:4.

Aber selbst bei Holzkohlen derselben Art kann das Volumen der daraus erzeugten Kohle sehr verschieden sein, und zwar im Verhältniss von 2:3, was von der Verkohlungsart und dem dabei befolgten Verfahren abhängt, weshalb die Bestimmung der Kohlenmenge nach dem Volumen und die Vergleichung desselben mit dem Inhaltsmasse des verkohlten Holzes zur richtigen Beurtheilung der Kohlenausbeute ganz ungenügend ist.

Einen wesentlichen Einfluss auf die zu erzielende Kohlenausbeute nimmt die Dauer der Verkohlung; je rascher diese durchgeführt wird, desto kleiner ist die Kohlenausbeute dem Gewichte nach und umgekehrt.

Nach Karsten geben 100 Gewichtstheile lufttrockenen Holzes an Kohlen in Gewichtstheilen:

Altes Holz bei	rascher Verkohlung	langsamer Verkohlung
Eiche	15.91	25.71
Rothbuche . . .	14.15	26.15
Weissbuche . .	13.65	26.45
Erle	15.30	25.65
Birke	12.20	24.70
Fichte	14.05	25.00
Tanne	15.35	24.75
Kiefer	15.75	25.95
Linde	13.30	24.60

Hiernach ist die Kohlenausbeute aus dem lufttrockenen alten

Holze bei zweckmässiger und langsamer Verkohlung im Mittel 25 Procent vom Gewicht des Holzes und es folgt daraus, dass man das Holz möglichst langsam zu verkohlen habe, um die grösste Kohlenausbeute zu erzielen; im Grossen jedoch bewegt sich das durchschnittliche Ausbringen in Gewichtsprocenten zwischen 20—23 Procent.

Man pflegt im Grossen und bei dem practischen Hüttenbetriebe die Ausbeute an Kohlen aus dem Holze gewöhnlich nach dem Inhaltsmasse zu beurtheilen, worüber jedoch die Zahlenverhältnisse von 60—90 Procent und darüber differiren, und da auf diese Zahlen ebenfalls die Verkohlungsmethode Einfluss nimmt, so können deshalb die Angaben über Kohlenausbeute aus dem Holze nach dem Volum nur für bestimmte, immer gleich bleibende Verkohlungsmethoden eine gewisse Geltung haben. Es kommt dabei endlich auch vorzüglich darauf an, wie der räumliche Inhalt des zu verkohlenden Holzes und der daraus enthaltenen Kohlen bestimmt wird, denn in einem dicht gesetzten Holzstoss kann bedeutend mehr Holz enthalten sein, als in einem sorglos aufgeschichteten; ebenso ist es nicht einerlei, ob die Kohle in grossen oder ob sie in kleinen Stücken sich befindet, und von welcher Grösse das Mass ist, in welcher sie gemessen wird, den je grösser der Inhalt des Masses, desto genauer die Messung.

Endlich hat hierauf die Schwindung, welche das Holz bei dem Verkohlen erleidet, Einfluss. Nach der Länge der Scheite und Kloben beträgt die Schwindung nach Tunner 8—10 Prozent; nach der Dicke ist sie wegen entstandener Zerklüftungen schwer zu bestimmen, doch wird sie jener in der Länge gleich angenommen. Hiernach würde sie dem Rauminhalte nach betragen 27.1 Procent, oder der Rauminhalt des Massivholzes würde zum Rauminhalte der Massivkohle sich verhalten wie 1000 : 729.

Das Holz aber in den Holzstössen, sowie die Kohlen, wie sie über einander liegen, haben Zwischenräume, es muss desshalb bei Beurtheilung der Kohlenausbeute aus dem Holze dem Volumen nach verglichen werden: Das Holz mit Zwischenräumen mit den Kohlen mit Zwischenräumen, und da diese sehr verschieden sein können und ihr Mass von Zufälligkeiten abhängt, so geht daraus hervor, dass die Beurtheilung der Kohlenausbeute aus dem Holze nach dem Volumen durchaus keinen verlässlichen Massstab dafür abgeben kann.

Die Beurtheilung der Kohlenausbeute nach dem Volum wird aber auf den richtigen Standpunkt gebracht, wenn man dabei das Gewicht je einer Kubikeinheit der gewonnenen Kohlen mit Zwischenräumen berücksichtigt; die Gewichte eines Kubikmeters von weichen Kohlen, Stockkohlen und harten Kohlen wurden bereits angegeben.

Um das Gewicht einer Kubikeinheit Holzkohle zu bestimmen. ist es nöthig, ein grösseres tarirtes Gefäss von bekanntem Inhalt mit Kohle zu füllen und abzuwägen.

Bei der in Böhmen und Mähren üblichen Methode der Holzverkohlung in stehenden Meilern gibt ein Kubikmeter Holz 0.53 bis 0.60 Kubikmeter weiche, oder 0.31—0.40 Kubikmeter harte Holzkohlen mit Zwischenräumen. Ein Kubikmeter 84 cm langes Tannenholz mit $^2/_3$ Massivholz $^1/_3$ Zwischenräumen wiegt 327 Kilo, und gab Grobkohle, ohne Lösche, auf dem Hüttenplatze gemessen im Durchschnitt 57.2 Volumprocente. Wiegt nun ein Kubikmeter davon 80 Kilo, so gibt ein Kubikmeter Holz 45.7 Kilo Kohlen oder 14 Gewichtsprocente, wiegt aber ein Kubikmeter Kohle 126 Kilo, so erhält man 72 Kilo oder 22 Gewichtsprocente Kohlen.

Zu Hieflau in Steiermark gab eine Kubikklafter Holz mit Zwischenräumen = 216 Kubikfuss = 4473 Wiener Pfund in gleicher Art verkohlt 196 Kubikfuss Kohlen mit Zwischenräumen = 90.4 Volumenprocente auf dem Meilerplatze gemessen; die Kohle wog 1163 Wiener Pfund, das Kohlenausbringen dem Gewichte nach war daher 26 Procent, ein Kubikfuss dieser Kohle wog aber nur 5.93 Wiener Pfund.

Nach af Ure erhielt man bei 10 schwedischen Meilern (Tannen- und Fichtenholz) ein durchschnittliches Ausbringen von 63.2 Volumprocenten und 24 Gewichtsprocenten; zu Eisleben von Beschoren abgeführte Versuche über das Kohlenausbringen dem Gewichte nach ergaben im Durchschnitt sämmtlich über 20, bei dem Kiefernholz 25 Procent.

Karsten hält ein Ausbringen an Kohle von 50 Procenten dem Inhaltsmasse nach noch für vortheilhaft.

Alle diese Angaben sind indess wegen der verschiedenen Zwischenräume trüglich, und es muss zur richtigen Beurtheilung nothwendig das absolute Gewicht der Masseinheit mit in Rechnung genommen werden.

Als Producte der Verkohlung im Grossen erhält man:

1) Stück- oder Grobkohle; die grössten Stücke, welche

noch die Form des Holzes haben. Ihr hüttenmännischer Werth ist der grösste.

2) **Mittelkohlen**, so gross, dass man sie noch mit der Harke (eiserner Rechen) ausharken kann.

3) **Kleinkohlen**, am Quandel und in den Füllungen, kleiner als obige; sie müssen noch rein ausgehalten werden.

4) **Kohlenklein oder Lösche**; es dient zur Herstellung der Meilerdecke, zu den Füllungen, zur Herstellung von Gestübbe, zum Rösten der Eisenerze etc. Mit Kalkmilch angemacht, in Ziegelformen gestrichen und getrocknet kann das Kohlenklein wie Stückkohle Verwendung finden.

5) **Brände**, d. i. nicht vollständig verkohlte Holzstücke; sie werden wieder in den Meiler eingeschlichtet und nachgekohlt.

Bei dem Kohlenlangen, aus dem Meiler, noch mehr aber bei dem Transport zur Hütte wird ein Antheil aus den Stückkohlen zu Kohlenklein zerrieben; man nennt diesen Verlust an Kohle den **Einrieb**, und beträgt derselbe 2—5 Procent.

Der Torf und seine Verwendung.

Der Torf entsteht allemal in Vertiefungen, die einen undurchlassenden Grund und keinen Wasserabfluss haben, demnach stets feucht sind, durch die Vermoderung von Sumpfpflanzen unter dem Einflusse der Feuchtigkeit und Wärme. Entweder sind in dem Torf die Pflanzenreste, aus denen er entstanden ist, noch deutlich sichtbar (Fasertorf, Stichtorf, Wurzeltorf), oder es sind an dem Torf die Formen organischer Substanzen nicht mehr zu erkennen, meist ganz in Moor oder Humus übergegangen (Specktorf, Baggertorf); ersterer bildet immer die oberen, letzterer die unteren Schichten.

Die meisten Länder und Welttheile sind sehr reich an Torfmooren; in Europa sind es England und Irland, Neupreussen, Schweden und Norwegen, das norddeutsche Tiefland, das südliche Deutschland, die russischen Ostseeprovinzen, Oesterreich-Ungarn, welche bedeutende Torfmoore besitzen. Frankreich, Italien und Spanien weisen geringere Torfmoore aus.

Man schätzt die Torfmoore Russlands als die bedeutendsten.

Oestreich-Ungarn besitzt bedeutende Torfmoore in **Mähren** zu Lettowitz und Rosenau, in **Niederöstreich** zu Schwarzbach, im Salzburg'schen zu Biermoos und Ebenau, in Steiermark zu Lietzen und Aussee, in Krain zu Laibach, in Kärnthen zu Greitschach, in Ungarn zu Jablunkau und Szent-Miklos, in Siebenbürgen zu Abtsdorf. Die unbedeutendsten Torflager hat Tirol. Die Ausbreitung der Torfmoore in Oestreich-Ungarn wird auf 36000 ha geschätzt.

Böhmen speziell hat bedeutenden Reichthum an Torf und zählt Torfmoore bis zu mehreren Tausend Hectar Flächenausdehnung; die wichtigsten und ausgedehntesten Torfmoore finden sich auf dem Rücken und der südlichen Abdachung des Erzgebirges, so zu Tepl, Marienbad, Königswarth und Gottesgab, dann im Süden Böhmens an der niederösterreichischen Grenze bei Gratzen und Chlumetz. Auch die östlichen Senkungen des Böhmerwaldes schliessen sehr grosse Moore ein. Sämmtliche grössere Torflager Böhmens sind Hochmoore, die Mitte Böhmens schliesst mehrere kleinere, den Niederungen angehörende Moore ein.

Der Torf ist derartig verschieden zusammengesetzt, und auf die Zusammensetzung des Torfs influiren der Wasser- und Aschengehalt derart, dass sich nur schwierig und nur annähernd eine mittlere Zusammensetzung desselben annehmen lässt. Der beste lufttrockene Torf hält noch 25 Procent hygroscopisches Wasser, und enthält blos 75 Procent feste Torfmasse sammt Aschenbestandtheilen.

Die organische Torfmasse kann angenommen werden von der Zusammensetzung:

60% Kohlenstoff,
38 „ Wasser und
2 „ Wasserstoff,

obwohl wenigere Torfanalysen einen Kohlenstoffgehalt von 60% und darüber, die meisten aber einen dieser Ziffer nahe kommenden Kohlenstoffgehalt ergeben haben.

Der Aschengehalt der einzelnen Torfsorten variirt von 1—30 Procent, sogar darüber, die Brennbarkeit desselben ist gewöhnlich etwas geringer, als die des Holzes, woran der bedeutende Wassergehalt Schuld ist; ebenso und aus gleicher Ursache verhält sich die Flammbarkeit, obwohl beide letztere Eigenschaften das Holz unter Umständen erreichen, ja sogar noch übertreffen können.

Die Torfasche enthält neben wesentlich Kalk, Eisenoxyd und Kieselerde auch gewöhnlich beträchtliche Mengen Phosphorsäure und Schwefelsäure, dann Kohlensäure, und in untergeordnetem Masse Alkalien, Thonerde und Bittererde; der rohe Torf enthält manchmal auch Eisenkies. Hauptsächlich der Gehalt an Phosphorsäure ist es, welcher denselben von der Eisenerzeugung, namentlich von der Anwendung bei der Raffination desselben ausschliesst, obwohl reiner Torf und seine Kohle ganz gut zum Eisenschmelzen und Frischen verwendet werden können. Torfe mit über 10 Procent Asche zählen bereits zu den aschenreichen.

Analysen von Torfaschen haben die auf nebenstehender Seite folgenden Zusammensetzungen ergeben.

Die organischen Bestandtheile des Torfes sind dieselben, wie die des Holzes, nur ist in Folge der vor sich gegangenen Vermoderung der Kohlenstoff darin etwas angereichert; mit der Tiefe des Torfmoors nimmt die Dichtigkeit des Torfes und gewöhnlich auch der Kohlenstoffgehalt zu, auf letzteren aber nimmt der Aschengehalt wesentlichen Einfluss, welcher nicht blos von den unorganischen Bestandtheilen der Pflanzen stammt, aus welchen das Torfmoor entstanden ist, sondern auch von den Absätzen der Wässer herrührt, in welchen sich der Torf gebildet hat.

Für die ökonomische Verwendung des Torfes ist nothwendig, dass derselbe

1) möglichst trocken (lufttrocken),
2) möglichst dicht und
3) möglichst aschenarm sei.

Der Torf wird behufs seiner Verwendung entweder gestochen, d. h. in Gestalt von Ziegeln, Soden, mit eigenen Schaufeln aus dem Moor ausgehoben, oder er wird aus den tieferen Lagen eines Moores, wo die Entwässerung nicht mehr bewerkstelligt werden kann, in breiartigem Zustand durch das Baggern gewonnen, oder endlich er wird, weil er in diesen Formen für viele Zwecke zu locker ist, verdichtet, d. h. es wird sogenannter Kunsttorf erzeugt.

Die gesammten bisher in Uebung bestehenden Methoden der Torfgewinnung werden von Hausding folgends eingetheilt:

1) Der gewöhnliche Stich-, Streich- und Baggertorf wird gedarrt, — Darrtorf:

2) Der frisch gewonnene zerkleinerte Torf wird getrocknet,

Analysen von Torfaschen.

Asche von	K_2O	Na_2O	CaO	MgO	Al_2O_3	Fe_2O_3	P_2O_5	SO_3	SiO_2	HCl	CO_2	NaCl	Sand, Thon und CO_2	Cl	Untersucht von
Irländischem Torf	1.323	1.902	86.496	7.634	5.411	15.608	2.571	1.092	5.763	1.482	7.761	—	—	—	Kanes.
Irländischem Torf	0.461	1.399	40.920	1.611	3.793	15.969	1.406	14.507	8.218	0.983	15.040	—	—	—	
Irländischem Torf	0.491	1.670	33.037	7.523	1.686	13.281	1.438	20.076	9.381	1.747	8.340	—	—	—	
Irländischem Torf	0.247	0.496	24.944	1.285	0.860	19.405	0.242	10.742	27.871	0.335	13.890	—	—	—	
Schottländischem Torf	0.47	0.99	1.18	0.40	30.72 ($Al_2O_3+Fe_2O_3$)		Spur	5.52	81.61	—	—	—	—	—	Andersen.
Oberösterr. Torf	0.46	—	1.31	—	1.85	12.54	1.07	2.02	—	—	10.08	0.18	60.62	—	Ferstl.
Salzburgschem Torf v. Biermoos	0.56	0.65	15.32	1.37	14.78	8.76	0.12	2.59	36.92	—	11.25	45.56	—	—	erster Stich
Salzburgschem Torf v. Biermoos	—	—	28.52	1.54	5.46	18.93	0.13	1.63	37.50	—	10.12	—	—	—	zweiter „
Salzburgschem Torf v. Biermoos	—	—	29.12	1.68	4.95	14.15	0.14	1.60	36.99	—	10.10	—	—	—	dritter „
Salzburgschem Torf v. Biermoos	—	—	30.05	1.55	5.20	14.23	0.13	1.59	86.52	—	10.50	—	—	—	Maschinentorf „
Salzburgschem Torf v. Biermoos	—	—	29.52	1.45	5.15	14.59	—	1.45	—	—	—	—	—	—	G. Tauch…
Baierischem Torf	1.920	0.954	31.470	2.660	18.260 ($Al_2O_3+Fe_2O_3$)		0.960	2.058	7.910	—	—	—	38.242	0.568	Zöller.
Baierischem Torf	1.04	0.22	10.45	0.90	21.23		2.07	1.14	21.18	—	—	—	89.30	0.37	
Baierischem Torf	1.41	0.76	6.72	0.86	14.84		0.73	1.87	14.45	—	—	—	57.00	0.48	
Baierischem Torf	1.16	0.59	8.22	0.44	5.80		0.48	0.85	11.96	—	—	—	74.56	0.35	
Holländisch. Torf	1.49	1.17	11.75	4.57	2.98	5.33	Spur	9.77	9.86	—	—	1.50	51.57	—	?
Amerikanischem Torf	0.69	0.80	40.52	6.06	5.17		0.50	5.52	8.28	—	—	—	81.71	0.15	Johnson.
Amerikanischem Torf	0.58	—	35.59	4.92	9.08		0.77	10.41	1.40	—	—	—	87.32	0.43	

und der warme Torfgrus mittelst Maschinen in reguläre Formen
gepresst, — Presstorf.

3) Dem frischen, nicht getrockneten Torf wird durch starken
Druck sein Wasser benommen, derselbe zugleich geformt und hierauf in Schupfen getrocknet, — Nasspresstorf.

4) Der Torf wird unter Wasserzufluss zerrissen und vor dem
Trocknen durch Schlämmen von seinen unorganischen Bestandtheilen befreit, — Schlämmtorf.

5) Der Torf wird mittelst Maschinen durch ein Sieb gedrückt,
und so von Steinen, Wurzeln und verunreinigenden Pflanzenresten
getrennt, dann aber durch Maschinen zu Stücken geformt, —
Siebtorf.

6) Der frisch gewonnene Torf wird in Maschinen zerrissen
und durch inniges Mischen eine möglichst gleichförmige Masse erzeugt, und zwar:

   a) ohne vorherigen Wasserzufluss durch Hand- oder Ma-
     schinenarbeit in Soden geformt, — Maschinenformtorf.

   b) nach vorheriger Zumengung von Wasser als Schlamm auf
     ebenem Terrain absetzen gelassen, und vor völliger Trock-
     nung in Soden geformt, — Maschinenbrei- oder
     Backtorf.

7) Der Rohtorf wird in Maschinen zerrissen und mittelst Maschinen zu Kugeln geformt — Kugeltorf.

Nach den neueren Methoden wird bei der Maschinentorfge-
winnung das anfänglich ungleich dichte Rohmateriale mit 70 und
mehr Procent Wassergehalt durch das Zerreissen der einzelnen
Fasern und inniges Mischen zu einem dichten, homogenen Brei
verwandelt, der sich bei der darauf folgenden Entfernung des
Wassers dicht zusammenlegt und schwindet, wobei das Bindemittel
die Humusstoffe selbst sind und es für die Verdichtung gleichgültig ist, ob der Torf bei dem Verlassen der Zerreissmaschine
gepresst oder nicht gepresst wird.

Der Torf kann zu Flammfeuer und im Hohofen verwendet
werden; er hat im lufttrockenen, gedarrten und verkohlten Zustand
ständige Anwendung gefunden. Zu Pillersee in Tirol war der
Betrieb mit Torf seit 1858 ein currenter, man hat sogar damit eine
Ersparniss erzielt und konnte im Hohofen bei einem Kohlensatz
von $^1/_5$ Torf und $^4/_5$ Holzkohlen den Erzsatz um 25 Kilo erhöhen;
später wurde der Torfsatz vermehrt. Zu Josefsthal in Böhmen

bestand eine Brennstoffgicht aus gleichen Theilen Torfkohle und Holzkohle, die Cupolöfen wurden dort ausschliesslich mit Torfkohle betrieben, und auch bei dem Verfrischen des Eisens in Heerden wurde ¹/₆ Torfkohle neben ⁵/₆ Holzkohle angewendet. Zu Ransko in Böhmen bestand eine Brennstoffgicht aus 70 Procent lufttrockenen Torfs und 30 Procent Holzkohle; der Torf wurde 24 Stunden hindurch vor dem Aufgeben durch die Gichtflamme getrocknet, und auch dort wurden die Cupolöfen ausschliesslich mit gedarrtem Torf betrieben. Aus neuester Zeit datirende in Vordernberg von A. Enigl durchgeführte Versuche über Verwendung von Kugeltorf im Hohofen haben ebenfalls günstige Resultate ergeben.

Zu Achthal und Hammerau in Baiern verwendete man lufttrockenen Torf zum Puddlofenbetrieb. Für die Verwendung des Torfs bei Flammofenheizungen muss der Rost hinreichend gross sein, weil der Torf ein meistens sehr lockerer Brennstoff ist, wesshalb, um eine hinreichend genährte Flamme zu erhalten, mehr davon auf einmal auf dem Roste liegen muss.

Torfgas findet überhaupt bei der Eisenraffinirung ausgebreitete Verwendung, so im Salzburg'schen, Steiermark, Kärnten, Böhmen (Josefsthal), Oldenburg, Hannover u. s. f. bei dem Puddl- und Schweissofenbetrieb.

Darren und Verkohlen des Torfs. Das Darren des Torfs geschieht in derselben Weise, wie bei dem Holze.

Die Verkohlung geschieht ebenfalls in ähnlicher Weise, man erzeugt für diesen Zweck grössere Torfziegel und setzt sie in lufttrockenem Zustand in den Meiler ein. Die Meiler sind kleiner, sie fassen 5000—6000 Stück Soden. Der Torf braucht zur Verkohlung stärkern Luftzutritt als Holz; man erhält dem Volumen nach 35—40, dem Gewichte nach bei langsamer Verkohlung etwa 28 Procent Torfkohle.

An flüchtigen Verkohlungsproducten erhält man vom Torfe dieselben, wie vom Holz, nur weniger Essigsäure, dagegen etwas Ammoniak; der Torftheer hat einen sehr unangenehmen Geruch.

Die Braunkohlen.

Die Braunkohlen sind von sehr verschiedener Art, und man unterscheidet:

1) Gemeine Braunkohle mit zum Theil sehr deutlicher

Holzstructur und erdigem Bruche, selten flachmuschlig und glänzend; unter allen Braunkohlen hat sie die meiste Festigkeit und ist sehr verbreitet.

2) **Erdige Braunkohle**; dieselbe besteht aus pulverigen mehr oder weniger fest verbundenen Theilen. Sie ist glanzlos, zerreiblich, brennt mit viel Russ und bituminösem Geruch.

3) **Moorkohle**; sie ist häufig zerklüftet, fast ohne alle Holztextur, schwach glänzend und mancher Art von Steinkohle ähnlich.

4) **Fossiles, bituminöses Holz, Lignit**, von deutlicher Holztextur und Spaltbarkeit, fasrigem, muschligem Querbruche und mattem Glanz.

Die Braunkohle ist in der Metamorphose der Pflanzensubstanz noch nicht so weit fortgeschritten, wie die Schwarzkohle; zerrieben gibt sie ein dunkleres oder lichteres Pulver, und mit Aetzkalilauge gekocht eine braune Auflösung oder ein solches Extract.

Frisch aus der Grube gefördert enthalten die Braunkohlen bis 33 Procent Wasser und darüber, wovon sie bei dem Trocknen an der Luft etwa die Hälfte verlieren, und desshalb sollen sie vor ihrer Anwendung zum Verbrennen allemal lufttrocken sein, weil sie sich dann leichter entzünden und bei dem Verbrennen mehr Wärme entwickeln.

Der Aschengehalt der Braunkohlen wechselt von 3—30%, an Koks geben sie je nach ihrem Aschengehalt 35—45 Procent, aber diese Koks sind mürbe und zerklüftet, so wie auch die gewöhnlichen Braunkohlen bei dem Trocknen an der Luft zerklüften und in kleinere Stücke zerfallen.

Es ist schwer, ein richtiges Bild der Braunkohlen im Allgemeinen aufzustellen, weil eben der Wasser- und Aschengehalt die Zusammensetzung sehr beeinflusst; beiläufig kann man annehmen, dass die Braunkohle bei 20 Procent Wassergehalt und ohne Rücksicht auf den Gehalt an Asche besteht aus:

	faserige	erdige	muschlige Braunkohle
Kohlenstoff	48	56	60
Wasserstoff	1	2	3
chem. geb. Wasser	31	22	17

Die Brennbarkeit der Braunkohle ist geringer, als die des Holzes, obgleich man aus dem grösseren Gehalt an Wasserstoff auf eine grössere Brennbarkeit schliessen sollte; es liegt dies aber in der Dichtigkeit dieses Brennstoffs. Die Flammbarkeit ist ebenfalls geringer, als die des Holzes.

Die mittlere Zusammensetzung der organischen festen Masse der Braunkohle besteht nach den Untersuchungen von Regnault, Liebig u. and. aus:

	faserige	erdige	muschlige Braunkohle
Kohlenstoff	60	70	75
Wasserstoff	5	5	5
Sauerstoff	35	25	20

Die Asche der Braunkohlen enthält neben Kalk, Thonerde und Kieselerde, so wie Magnesia auch etwas Alkalien und Eisenoxyd und bedeutendere Mengen Schwefelsäure, gewöhnlich aber keine Phosphorsäure.

Die Braunkohlen allein finden in Hohöfen bis jetzt noch sehr wenig Verwendung, doch werden bei der Roheisenerzeugung zu Zeltweg Braunkohlen gemengt mit Koks als Brennstoff aufgegeben; im Siegen'schen findet Braunkohle im Gemenge mit Holzkohle in Eisenhohöfen Anwendung. Zu Galan in Siebenbürgen steht seit 1872 ein Eisenhohofen mit Braunkohle im Betrieb, welcher ohne wesentliche Störungen in gutem Gang erhalten wird; die Braunkohlen dort gehören aber zu den ältesten, wie die zu Häring in Tirol, welche letzteren man, so wie auch die zu Wolfsegg in Oberösterreich ohne sonderliche Erfolge in eisernen, Retorten ähnlichen Oefen zu verkoken versuchte, denn man erhielt nie geflossene Koks. Dennoch waren diese Koks fest genug, um in Hohöfen verwendet zu werden, aber sehr dicht und stellenweise anthrazitartig. Die in Siebenbürgen im Zsilthale gewonnenen Braunkohlen werden vor ihrer Verwendung im Hohofen in Meilern mit gemauertem Quandelschacht in Mengen von 350 metr. Ctr. derart abgeflammt, dass der geschlichtete Meiler an 10—12 Stellen am Umfange gleichzeitig angezündet und erst dann bedeckt wird, wenn das Feuer mehr nach Innen zu gedrungen ist. Das Abflammen ist in 30—36 Stunden beendet; das Ausbringen beträgt 50% und können nur Grobkohlen hierzu genommen werden; die frisch erzeugten Halbkoks werden sogleich aufgegichtet, da sie bei längerem Liegen stark zerfallen. Diese Braunkohlen enthalten:

Kohlenstoff	. .	74.00%
Wasserstoff	. .	0.50 „
Sauerstoff	. . .	9.50 „

Stickstoff	. . .	1.20%
Schwefel	. . .	0.50 „
Asche	. . . .	5.30 „
Wasser	. . . .	4.50 „

Chemische Untersuchungen böhmischer Braunkohlen[1]) haben ergeben:

	Davidsthal		Falkenau	Rudiazeche bei Bilin	Duxer Salon-kohle.
	Josefi-zeche	Agnes-zeche			
Kohlenstoff	59.23	61.97	49.79	49.22	52.03
Wasserstoff	5.99	6.31	4.43	3.75	4.26
Sauerstoff	11.88	11.82	12.58	15.23	15.22
Wasser	16.22	14.06	28.92	25.92	23.35
Asche	6.78	5.84	4.28	5.88	5.14

Gehalt der lufttrockenen Kohle an brennbarer Substanz:

77.20	80.10	66.80	68.20	71.51

Die wasser- und aschenfreie Kohle enthält:

Kohlenstoff	76.82	77.37	73.28	72.16	72.75
Wasserstoff	7.77	7.88	6.63	5.49	5.96
Sauerstoff	15.41	14.75	20.09	22.35	21.29

Die bedeutendsten Braunkohlenablagerungen Oester-reichs sind:

In Böhmen — das Falkenau-Karlsbader- und das Saaz-Teplitz-Aussiger Becken.

In Mähren — bei Göding und bei Boskowitz.

In Tirol — zu Häring.

In Steiermark — zu Trifail, Fohnsdorf, Leoben, Cilli, Eibiswald-Wies, Schwanberg, Voitsberg-Köflach.

In Istrien — zu Carpano.

In Krain — zu Sagor und Johannesthal.

In Kärnten — bei Prävali.

In Niederösterreich — bei Gloggnitz.

In Oberösterreich — im Hausruckgebirge.

In Ungarn — zu Brennberg.

An Braunkohlen wurde erzeugt in metr. Tonnen:

---

1) Baierisches Industrie- und Gewerbeblatt, 1881, erstes Heft.

In Preussen 1879 9,278353
„ Frankreich 1880 554785
„ Baiern 1878 321308
„ Sachsen 1879 . . . . 590889?
„ Russland 1876 14638
„ Spanien 1876 13346
„ Schweden 1879 . . . . 4,484180 (Kbkfuss.)
„ den Vereinsstaaten von Nordamerika 1876   840232.

Die Länder Oesterreichs erzeugten im Jahre 1880 in metr.
Tonnen:

Böhmen . . .	6,186965
Mähren . . .	93804
Galizien . . .	2777
Niederösterreich	19668
Oberösterreich .	262811
Steiermark . .	1,567497
Tirol	15342
Vorarlberg . .	3854
Kärnten . . .	36393
Krain	32362
Istrien	7229
Dalmatien . .	39651
Schlesien . . .	475
Ungarn (1879) .	9,324752

Die Steinkohlen.

Die Stein- oder Schwarzkohlen haben einen muschligen,
unebenen Bruch, häufig ein schiefriges Gefüge, mehr oder weniger
Fettglanz und schwarze oder schwarzbraune Farbe; sie sind undurchsichtig, mild und haben eine specifische Schwere von 1.16
—1.63, auf welche letztere Eigenschaft jedoch auch die Grösse des
Aschengehaltes Einfluss nimmt. Oft enthalten sie Schwefelkies
eingesprengt, und werden solche Kohlen im Schmiedefeuer verwendet, so wirken sie nachtheilig auf das darin geglühte Eisen,
und gebraucht man sie zum Beheizen von Dampfkesseln, so bildet
sich am Kesselboden äusserlich eine Lage von Schwefeleisen, wodurch der Kesselboden leidet.

Bei dem Verkohlen der Steinkohle, dem Verkoken, zeigt sich ein wesentlicher Unterschied in ihrem Verhalten, und hiernach unterscheidet man sie in Sandkohlen, Sinter- und Backkohlen.

Eine besondere Abart ist die Cannelkohle; ihr Bruch ist gross- und flachmuschlig, in's Ebene verlaufend; sie ist schwach glänzend, leicht entzündlich, mit grosser, heller, weisser Flamme brennend und eine vorzügliche Gaskohle. Sie lässt sich auf der Drehbank bearbeiten und wird zur Erzeugung von allerhand Galanteriewaaren und Schmucksachen verwendet.

Die Sandkohle behält bei der Verkokung ihre Form bei, sie vermindert jedoch ihr Volumen, zerklüftet dabei nach allen Richtungen und liefert sehr mürbe Koks von geringer Festigkeit; im gepulverten Zustande verkokt, erhält man ein unzusammenhängendes Pulver, sie bleibt sandig, daher ihre Benennung.

Die Sinterkohlen verkleinern bei dem Verkoken ebenfalls ihr Volumen, kleinere Stücke sintern dabei zu festen Klumpen zusammen; sie geben mitunter ziemlich feste Koks.

Backkohlen schmelzen bei der Verkokung zusammen, so dass man aus Staubkohlen und Kohlenklein dennoch feste Koks erhält. Die Masse backt zusammen und liefert Klumpen, aber sie bläht sich dabei auf und die Koks bilden eine mehr oder weniger poröse Masse, die sich, in breiten Lagen verkokt, in langen stengligen Stücken von einander trennen lässt[1].

Eine scharfe Begrenzung dieser Qualitäten der Schwarzkohlen kömmt aber nicht immer vor, sie finden sich manchmal in den Lagern übereinander oder auch verwachsen, und Faserkohle oder Anthrazit bildet darin oft zwischengelagerte Schichten.

Die Verwendbarkeit der Schwarzkohlen hängt ebenfalls von ihrem Aschen- und Feuchtigkeitsgehalt, von ihrer spezifischen Beschaffenheit und dem Aschengehalt der daraus darstellbaren Koks ab; backendes Kohlenklein wird auch in Schmiedefeuern mit Vortheil verwendet, weil es darin zu Koksklumpen zusammenbackt, wesshalb die backenden Schwarzkohlen an einigen Orten „Schmiedekohlen" genannt werden.

Die Steinkohlen enthalten immer veränderliche Mengen von

---

1) A. Schondorff unterscheidet noch „gesinterte Sandkohlen" und „backende Sinterkohlen". (Zeitschr. f. d. Berg-, Hütten- und Salinenwesen im preuss. Staate, Bd. 23 pag. 135 et seq.)

Wasserstoff und Sauerstoff, auch etwas Stickstoff, selbst bis zu 2 Procent, und dieser stammt aus den der Zersetzung entgangenen Proteïnkörpern oder vorhandenen thierischen Resten, und dadurch unterscheiden sie sich von der durch Feuer künstlich erzeugten Pflanzen- oder Holzkohle, woraus auch hervorgeht, dass sie auf nassem Wege ohne Einwirkung von Feuer entstanden sein müssen. Während man bei den Schwarzkohlen die Pflanzen nicht mehr zu erkennen vermag, aus welchen sie entstanden sind, und nur aus den darin manchmal vorkommenden versteinerten Baumstämmen, so wie aus den in den darüber liegenden Gesteinschichten vorkommenden Pflanzenabdrücken auf die Pflanzen schliessen kann, aus welchen sie gebildet worden sind, zeigen viele Braunkohlen ganz deutliche Holztextur und lassen selbst die Holzart erkennen, die zu ihrer Bildung gedient hat. Vom Fasertorf zum Specktorf, von diesem zur Braunkohle und von der Braunkohle durch ihre Varietäten zur Schwarzkohle und zum Anthrazit gibt es deutliche Uebergänge und es scheint, dass sie auch nach ihrem relativen Alter, so wie auch nach dem Alter der Gesteinschichten, worin sie vorkommen, in der hier aufgestellten Reihenfolge stehen.

Die Verkohlung der Steinkohlen nennt man aber insbesondere Verkokung, und die im Rückstande verbleibenden Kohlen nennt man Koks; in früherer Zeit nannte man diesen Process „Abschwefelung" und den Rückstand nannte man „abgeschwefelte Steinkohlen". In der That wird dabei der in den Steinkohlen eingesprengt enthaltene Schwefelkies zersetzt, und ein Antheil Schwefel (in Form von Schwefelwasserstoffgas) aus denselben verflüchtigt; es bleibt darin eine dem Magnetkies ähnliche Verbindung zurück und in diesem Anbetracht enthalten die Koks dann weniger Schwefel und sind als Brennstoff in Hohöfen dann brauchbarer. Der häufige Gehalt der Stein- und Braunkohlen an eingesprengtem Schwefelkies bedingt oft Selbstentzündlichkeit derselben auf den Lagerstätten, besonders aber in dem abfallenden Kohlenklein, weshalb Letzteres zu Tage gefördert und auf Halden gestürzt sich auch hier manchmal selbst entzündet, manchmal aber auch absichtlich in Brand gesteckt wird, um sodann die Asche auszulaugen und auf Eisenvitriol, Alaun und Bittersalz zu verarbeiten.

Aus den bis jetzt vorhandenen Analysen von Steinkohlen lässt sich die folgende Zusammensetzung als die durchschnittliche der einzelnen Steinkohlenarten annehmen:

	Kohlenstoff	Wasserstoff	Sauerstoff
Sandkohle	77	5	18
Sinterkohle	83	5	12
Backkohle	87	5	8
Anthrazit	95	3	2

Die chemische Zusammensetzung einiger böhmischer Steinkohlen wurde in der Heizversuchsstation zu München folgends ermittelt [1]):

	Sulkov-zeche	Littitz, Mathildenzeche Stück-kohle	Förder-kohle	Miröschauer Gewerkschaft Stück-kohle	Würfel-kohle	Pankrats-zeche
Kohlenstoff	65.83	72.58	72.51	68.60	66.33	63.86
Wasserstoff	4.77	4.87	4.93	4.58	4.20	4.73
Sauerstoff	13.32	10.33	9.90	10.97	10.99	9.06
Wasser	5.98	7.38	6.59	8.84	9.11	8.67
Asche	10.10	4.84	6.07	7.01	9.37	13.68
Koks	—	58.43	57.85	53.80	51.33	—
Flüchtige Bestandtheile .	—	29.42	29.89	31.01	30.13	—
Hieraus berechnen sich:						
Bei der Verbrennung entwickelte Calorien . .	—	7098	7131	6649	6335	—
Zur Verbrennung nöthige Luftmenge für 1 kg in cbm	—	7.39	7.41	6.93	6.63	—
Gehalt der lufttrockenen Kohle an brennbarer Substanz	83.92	87.78	87.34	84.15	81.52	77.65
Die aschen- und wasserfreie Kohlensubstanz enthält:						
Kohlenstoff	78.42	82.69	83.04	81.52	81.37	82.25
Wasserstoff	5.71	5.55	5.65	5.44	5.16	6.09
Sauerstoff	15.87	11.76	11.31	13.04	13.47	11.66
Schwefel	0.56	0.90	1.19	Von 1.34—2.07		0.33

Der Wasserstoffgehalt ist in den Steinkohlen wie in den andern Brennstoffen zum mindesten in dem Verhältniss enthalten, in welchem er mit dem vorhandenen Sauerstoff Wasser bildet, nie

---

1) Baierisches Industrie- und Gewerbeblatt, 1881, Heft 1.

weniger, gewöhnlich aber mehr, und bezeichnen wir dieses Plus an Wasserstoff mit dem Ausdrucke „freier Wasserstoff", welcher allein es ist, der bei der Verbrennung der Kohle Wärme entwickelt, dagegen der an Sauerstoff gebundene Wasserstoff bei seiner Wasserbildung Wärme bindet, also den Brennwerth der Steinkohle herabdrückt. Den grössten Gehalt an „freiem" Wasserstoff haben die Gaskohlen, geringeren in absteigender Ordnung die Back-, Sinter- und Sandkohlen und die Anthrazite.

Der Aschengehalt der Steinkohlen wurde in den äussersten Grenzen von 1—30 Prozent gefunden; es gibt aber Steinkohlen, deren Aschengehalt in Folge des beigemengten Schiefers noch mehr beträgt, doch übersteigt derselbe bei den meisten Kohlen kaum 7 Procent. Die Steinkohlenasche enthält in vorwaltender Menge Kieselerde, dann Thonerde, Kalk, Magnesia, Eisenoxyd und Manganoxyd, oft auch Schwefelsäure; der Gehalt an Phosphorsäure in den Steinkohlen ist meist nur gering. (Siehe Tabelle S. 176.)

Der Gehalt an hygroscopischem Wasser in den Steinkohlen dürfte im Durchschnitt 5 Procent nicht übersteigen; die Sandkohlen enthalten gewöhnlich am meisten, die Backkohlen am wenigsten Feuchtigkeit.

Die Brennbarkeit der Steinkohlen ist geringer, als die der übrigen Brennstoffe, und bedürfen dieselben zum Fortbrennen besondere Luftzuführung (weitere Roste, Essen, Unterwind), oder man muss grössere Mengen davon auf einmal verbrennen.

Die Flammbarkeit ist ebenfalls geringer, und geben die wasserstoffreicheren Kohlen die längeren Flammen, also die Backkohlen die längste Flamme, während Sandkohlen und Anthrazite hauptsächlich nur durch einen starken Luftstrom zum wirklichen Entflammen gebracht werden können.

An Steinkohlen wurden erzeugt in metr. Tonnen:

In Grossbritannien 1878	1326,078660
„ Frankreich 1880	18,857327
„ Preussen 1879	37,674647
„ ganz Deutschland 1879	42,031727
„ Russland 1876	896726
„ Schweden 1877	2500
„ Spanien 1876	695340
„ den Vereinsstaaten von Nordamerika 1875	26,448234

Analysen von Steinkohlenaschen.

Asche der Steinkohle von	SiO₂	Al₂O₃	Fe₂O₃	CaO	MgO	K₂O	Na₂O	SO₃	P₂O₅	Untersucht von
Durchschnittskohle von 4 übereinanderliegenden Flötzen zweier westfälischen Zechen	27.365	22.552	46.900	2.686	—	0.300	0.237	Spur	0.541	Im berggewerkschaftlichen Laboratorium zu Bochum.
	10.639	15.224	51.366	12.298	6.702	»	»	2.103	0.390	
	6.676	14.127	74.800	3.121	—	»	»	Spur	0.534	
	4.656	7.651	55.422	21.872	9.823	»	»	0.820	0.464	
do.	46.790	30.240	21.340	1.700	Spur	»	»	»	»	do.
	38.150	34.090	15.120	12.310	1.210	»	»	»	»	
	39.140	19.530	21.540	10.680	3.500	»	»	2.640	»	
	32.170	17.870	17.420	17.880	6.970	»	»	5.740	»	
Kohle aus dem Inde-Revier bei Aachen	1.700	2.210	60.790	19.220	5.030	0.350	0.080	10.710	—	Kremers.
„ „ „ Waldenburger Revier	31.300	8.310	54.470	3.440	1.600	0.070	0.290	0.520	—	
„ „ „ Zwickauer Revier	60.230	31.360	6.860	1.080	0.350	0.110	—	0.240	—	
Backkohle von Mynydd-Newydd	35.05	26.00	19.56	5.80	1.95	2.55	0.65	8.46	—	Dick.
Sandkohle von Tyrcenol	35.04	28.01	19.06	4.53	2.14	2.95	0.95	7.14	—	
„ „ Pentrefelin	36.15	28.12	26.26	2.28	1.68	1.36	0.64	3.17	—	

1) Nicht bestimmt.

In Pennsylvanien . . . . 20,984981 (Anthrazit)
„ Canada 709646
„ dem übrigen Amerika etwa jährlich 400000
„ Indien . . . . „ „ 500000
„ China . . . . „ „ 3,000000
„ Japan 1874 396240
„ Afrika . . . . . . etwa jährlich 100000
„ Australien . . . . „ „ 1,400000

Dänemark hat nur auf der Insel Bornholm, jedoch nicht viel Steinkohle, in der Türkei ist blos das Lager zu Eregli an der asiatischen Küste in der Ausbeutung begriffen, die Lager in Bosnien werden erst seit Kurzem ausgerichtet. Die Schweiz dürfte jährlich an 30000 metr. Tonnen Steinkohle erzeugen.

In Oesterreich betrug die Steinkohlenproduction im Jahre 1880 in metr. Tonnen:

In Böhmen 3,265216
„ Mähren und Schlesien 2,263298
„ Galizien mit Krakau . 318505
„ Niederösterreich . . 42321
„ Steiermark 2901
„ Ungarn (1879) 5,378605

Als vorzügliches Material für Gasbeleuchtung hat sich die böhmische Plattenkohle des Pilsner Beckens erwiesen, welche der englischen Cannelkohle sehr ähnlich ist und derselben an Gasgiebigkeit in nichts nachsteht; nach Marx enthielten drei Proben derselben:

Kohlenstoff	65.19	66.48	73.27
Wasserstoff	5.50	5.30	4.34
Stickstoff	1.70	1.73	1.57
Sauerstoff	8.03	9.89	11.25
Schwefel	2.81	2.65	0.99
Feuchte	2.00	2.30	6.10
Asche	14.77	11.65	2.48

Die bedeutendsten Steinkohlenablagerungen im österreichischen Kaiserstaate sind:

In Böhmen das Schlan-Rakonitzer Becken, die beiden Becken zu Schatzlar und Nachod und das Pilsner Becken mit den kleinen Mulden zu Wittuna, Miröschau, Manetin und Radnitz.

In Mähren die Ablagerungen zu Rossitz und Mährisch Ostrau.

In **Ungarn** die Steinkohlenlager zu Fünfkirchen, Reschitza und Steierdorf.

Im **Krakauer Gebiet** die Mulde zu Javorzno.

Die Steinkohlenarten sind aus untergegangenen Vegetationen früherer Zeitperioden entstanden, und es haben Pflanzen und Hölzer mit der Zeit durch Einwirkung der Feuchte und eines starken Drucks durch die darauf abgelagerten Gestein- und Erdschichten in Folge eingetretener Vermoderung eine solche Veränderung erlitten, wodurch hauptsächlich die Elemente des Wassers aus denselben ausgeschieden wurden, und demnach der Kohlenstoff sich im Rückstande mehr oder weniger angehäuft hat, wodurch ihre dunklere bis schwarze Färbung entstanden ist. Da aber die Steinkohlen noch etwas von den Elementen des Wassers enthalten, so lassen auch sie sich, im Verschlossenen erhitzt, ähnlich dem Holze zersetzen, d. h. verkohlen, und geben dabei analoge Verkohlungsproducte, wie das Holz.

Verkohlung der Steinkohle. Verkokung.

Die Erklärung der Ursache der backenden Eigenschaften einiger Steinkohlen beruht bis jetzt blos auf Hypothesen, abstrahirt aus der chemischen Zusammensetzung derselben, und man hat angenommen, dass die Backkohlen einen hauptsächlich aus Kohlenstoff und Wasserstoff bestehenden organischen Körper entweder schon enthalten, oder dass sich ein solcher Stoff durch Erhitzung in ihnen bilde, welcher in höherer Temperatur in Schmelzung geräth, und consequent dieser Annahme ergibt sich die Folgerung, dass der in den Sinter- und Sandkohlen enthaltene grössere Sauerstoffgehalt die Bildung oder Wirkung jenes Körpers beeinträchtige.

Fleck's vielfach angefeindete Theorie, vom chemischen Standpuncte aus die Steinkohlenbildung aus „Pflanzen", welche in ihrer chemischen Zusammensetzung noch jetzt bestehenden Pflanzensubstanzen nahe kommen, nachzuweisen, hätte auch für die Verkokungstheorie wichtige Schlüsse zugelassen; es erwies sich indess das von **Fleck** aufgestellte Verhältniss von „freiem" zu „gebundenem" Wasserstoff nicht allgemein genug zutreffend, und bedurfte dasselbe für viele der einzelnen Kohlenreviere besonderer Correctionen. Die Substanz der Steinkohle ist nämlich nach **Muck** (dessen „Steinkohlenchemie", Bonn, 1881. pag. 3), auch wenn sie äusserlich völlig gleichartig erscheint, keinesfalls eine einfache chemische Verbindung, auch nicht als ein Gemenge von ähnlichen Verbindungen aufzufassen. Vorläufig sind die Kohlenstoffverbindungen, aus welchen die Steinkohlen bestehen, noch unbekannt, es ist noch nicht gelungen, dieselben von einander zu trennen oder wenigstens einzelne zu isoliren, aber man hat allen Grund anzunehmen, dass die Steinkohle, so wie viele andere Natur- und Umsetzungsproducte, auch ein Gemenge verschiedener, vielleicht auch sehr mannigfaltiger Kohlenstoffverbindungen ist, und als von dieser Zusammensetzung enthält dieselbe thatsächlich weder freien Kohlenstoff, noch freien Wasserstoff als solche.

Die Anwendbarkeit der Steinkohlen zur Verkokung wird bedingt von ihrem Aschengehalt, von der Menge des vorhandenen Sauerstoffs, Kohlenstoffs und Wasserstoffs, dann von ihrer Neigung zu zerklüften, von ihrem Gehalt an Schiefer, an Faserkohle und der Einlagerung derselben, endlich von der Beschaffenheit der daraus erzeugten Koks. Ueberschuss an Sauerstoff und Kohlenstoff, sowie bedeutender Aschengehalt sind dem Backen der Kohle hinderlich und nach Muck beruht wirklich die Eigenschaft der Kohle zu schmelzen oder nicht zu schmelzen auf der An- oder Abwesenheit gewisser Kohlenstoffverbindungen — von denen wir aber keine nähere Kenntniss haben.

Der freie Wasserstoff einer Kohle bedingt demnach, wie lange Zeit hindurch angenommen wurde, die Backfähigkeit einer Kohle nicht.

Frisch geförderte Kohlen backen besser, als abgelegene. Die Ursache dieses Unterschiedes ist noch nicht genau bekannt, doch verwittert die Steinkohle nach Varrentrapp's Untersuchungen, d. h. sie wird bei allen Temperaturen von 0—180° C. durch die Einwirkung der Luft unter Entwickelung von Kohlensäure zersetzt. Je höher die Temperatur steigt, um so mehr Kohlensäure wird entwickelt, und bei rascher Entwickelung steigert sich auch die Temperatur der lagernden Kohle. Nach den Untersuchungen Richter's ist die Verwitterung die Folge einer Aufnahme von Sauerstoff, wodurch der Kohlenstoff und Wasserstoff der Kohle oxydirt wird. Der Verwitterungsprocess verläuft abhängig von der in Folge der Oxydation entstehenden Temperatur verschieden rasch, wobei die Feuchtigkeit der Kohle direct keinen begünstigenden Einfluss auf die Verwitterung ausübt.

Backkohlen haben vor andern Steinkohlenarten den Vorzug,
dass sie durch Zerklüftung und Gehalt an Faserkohle zum Verkoken nicht untauglich werden, weil sie dabei zusammenschmelzen,
und deshalb dennoch Koks in grossen Stücken liefern können;
Sinter- und Sandkohlen, wenn sie durch feine Risse und Klüfte
sehr zerspalten sind, eignen sich zum Verkoken nicht, weil sie
dabei in kleine Stücke zerfallen, welche man in Schachtöfen
nicht benützen kann. Sandkohlen, deren Gehalt an Kohlenstoff
98 Procent und mehr beträgt, sind als natürliche Koks zu betrachten und lassen sich als solche anwenden, wenn sie eine homogene Masse bilden und nicht zerspringen (Anthrazit). Sinter- und
Sandkohlen von geringerem Kohlenstoffgehalt, welche wenigstens
in 10—12 cm starken Lagen gleichartig bleiben und nicht zerklüftet sind, sind sehr gut zur Verkokung anwendbar; die aus
ihnen erzeugten Koks sind zwar nicht geschmolzen, aber sehr dicht
und fest, und erfordern einen starken Wind zur Verbrennung.

Die geschmolzenen Koks sind spezifisch leichter, als die rohen
Steinkohlen, von grauschwarzer Farbe und schwachem Seidenglanz,
ausgezeichnet porös und zum Theil entschwefelt; gute Koks sind
leicht (der Kubikmeter wiegt 390—470 Kilo), stenglig und klingend.
Es sind jedoch diese Eigenschaften der Koks nicht die maass-
gebenden, sondern die nothwendigste Eigenschaft eines brauchbaren Koks ist die, dass derselbe fest genug sei, einen Erzsatz
von bestimmtem Gewicht zu tragen; die spitzigen und stengligen
Koks sind für den Betrieb eher nachtheilig insofern, als bei dem
Verladen, Abladen und der Zufuhr die Spitzen und dünnen Enden
leicht abbrechen, demnach der Abfall an Kleinkoks vermehrt wird,
welche sich im Hohofen nicht mehr verwenden lassen, wodurch
die Oekonomie des Betriebes leidet. Man erzeugt demgemäss in
neuerer Zeit in den schmalen Oefen sogenannte „Blockkoks", d. i.
mehr cubische, nicht spitzige Stücke, welche in dieser Form von
den Hütten auch verlangt werden, um das Abfallcalo zu vermindern.
Zum Verbrennen erfordern die Koks einen stärkeren Luftzug, als
die Holzkohlen, weil jene dichteren Kohlenstoff enthalten, weshalb
die Schmelzöfen höher sein und die Gebläse stärkeren Wind in
den Ofen treiben müssen; bei gleichem Gewicht verhält sich die
Wirkung der Holzkohlen zu jener der Koks wie 2:3. Die Koks
von Backkohlen sind locker, schwammig und dem Durchzug der
Luft sehr zugängig, die Koks aus Sinterkohlen bilden eine dichtere,

festere Masse und Koks aus Sandkohlen sind dem Durchzuge der Luft sehr ungünstig. Dagegen können die ersteren durch ihre Lockerheit auch unbrauchbar werden, weil sie dann bei dem Aufeinanderliegen grosser Massen schon durch ihr eigenes Gewicht zerdrückt werden, noch weit mehr durch die Last des Erzes in hohen Schachtöfen; man kann demnach lockere Koks nur in niedrigen Schachtöfen mit günstigem Erfolg verwenden.

Kleinkohle und Kohlenklein ist nur dann zum Verkoken geeignet, wenn es Backkohle ist; es fällt bei dem Kohlenbergbau in bedeutender Menge ab, und wird behufs Verkokung und Erzeugung brauchbarer Koks durch einen Schlämm- oder Waschprocess von Faserkohle, Letten und gröberem Gestein, Schiefer und Schwefelkies gereinigt; diese Reinigung geschieht durch besondere Aufbereitungsprocesse. Bei dem grossen Bedarf an Koks aber genügt das bei den Bergbauen abfallende Kohlenklein nicht mehr, und um diesen Bedarf zu decken, werden Grosskohlen in eigenen Mühlen zerkleinert und die zerkleinerte Kohle gewaschen.

Sowohl Gross- oder Stückkohle, wie auch Kleinkohle und Kohlenklein werden verkokt in Meilern, in Haufen und in Oefen. Es scheint, dass das Verkoken der Steinkohle im Jahre 1651 in England bereits bekannt war.

Die Verkokung in Oefen geschieht, um theils bessere Koks zu gewinnen, theils den Theer und das Gas zu benützen, weshalb beide aufgefangen werden, und ersterer condensirt wird.

Zur Eisenerzeugung dienende Steinkohlen sollen nicht über 5 Procent Asche enthalten, weil bei mehr davon sich der Aschengehalt in den Koks so anreichert, dass die Eisenschmelzung schwieriger wird, indem der nothwendige Kalkzuschlag vermehrt werden muss, indessen werden Koks mit 10—12 Procent Asche häufig zum Eisenschmelzen angewendet; für die Gewinnung der übrigen Metalle ist der Aschengehalt der Koks von geringerem Einfluss, obwohl er natürlich auch da nicht ökonomisch günstig wirken kann, und zu Freiberg in Sachsen (bei den Bleischmelzprocessen) werden Koks aus dem Plauen'schen Grunde bei Dresden mit einem Aschengehalt von 22 Procent verwendet. Nachdem man bei den Metallschmelzprocessen zumeist viel Eisen zu verschlacken hat, ersetzt die Koksasche einen Theil des nothwendig zuzusetzenden sauren Zuschlags.

Die Koksausbeute wechselt überhaupt von 50—80 Procent

und bei derselben Steinkohlenart je nach der Verkokungsmethode von 40—70 Procent, was natürlich auf die Beschaffenheit der Koks wesentlichen Einfluss nimmt.

Nach Karsten erhält man:

Von Sandkohlen mit	1.9	—29%	Asche	59—70%	Koks an Gewicht			
„ Sinterkohlen „	0.6	—23 „	„	58	„	„	„	„
„ Backkohlen „	0.15	—27 „	„	51—86 „	„	„	„	
„ Anthrazit „	0.6	—20 „	„	72—96 „	„	„	„	

Muck theilt mit, dass die Koksausbeute aus gut backenden, d. h. wirklich noch zur Verkokung gelangenden und als Schmiedekohlen geschätzten, westphälischen Kohlen zwischen 70—87 Procent, die der Flammkohlen wenig über 70 und darunter, und die der Sinter- und Sandkohlen 87—93 Procent betrage.

Nach Schondorff geben die Saarkohlen an Koksausbeute:

Backkohlen	. . . .	61 —71.8%
Backende Sinterkohlen		59.5—70.8 „
Sinterkohlen	. . . .	56.4—74.7 „
Gesinterte Sandkohlen		59.9—71.0 „
Sandkohlen	. . . .	59.9—81.9 „

Ein höherer Aschengehalt vermehrt auch das Gewichtsausbringen, da derselbe in den Koks verbleibt. Die Koksausbeute ist zunächst abhängig von der Menge des „freien" Wasserstoffs, welchen eine Kohle enthält. Der Sauerstoff bindet zwar auch Kohlenstoff, indem er Kohlenoxydgas (wenig) und Kohlensäure bildet; im ersten Fall werden 12 Gewichtstheile Kohle durch 16, im letzteren durch 32 Gewichtstheile Sauerstoff fortgeführt. Der freie Wasserstoff aber entführt als Grubengas bedeutend mehr Kohlenstoff, indem blos 4 Gewichtstheile Wasserstoff 12 Gewichtstheile Kohlenstoff binden, d. i. 8mal mehr als dies durch den Sauerstoff geschieht, — abgesehen davon, dass neben Grubengas (CH_4) bei dem Verkoken auch andere kohlenstoffreiche flüchtige Producte gebildet werden.

Es ist zur Verwendung der Steinkohlen als Brennstoff bei Erschmelzung der Metalle in Hohöfen nicht gerade nothwendig, sie zur Gänze zu verkoken, sondern es kann oft genügen, besonders bei backenden Steinkohlen, Halbkoks zu erzeugen, d. h. die Steinkohlen so weit zu verkoken, dass das Kohlenklein hinlänglich fest zusammenbäckt; sie behalten dann einen grösseren Brennwerth und auch für die Anwendung derselben zu anderen Heizungen ist dies sehr wichtig (Kessel- und Locomotivheizung).

Die beste Verkokungsmethode der Steinkohlen ist die in Oefen; in Meilern und Haufen werden gegenwärtig nur mehr Stückkohlen verkokt.

Zur Verbesserung der Verkokung und zur Erzielung eines grösseren Koksausbringens und besserer Koks aus dem gewaschenen Kohlenklein wurden seit etwa 40 Jahren vielfache Modificationen der Verkokungsöfen bekannt und patentirt; diese Verbesserungen beziehen sich hauptsächlich auf

1) Die Reinigung der zu verkokenden Steinkohle und

2) auf die Verbesserung des Verkokungsverfahrens selbst.

Der Hauptfehler bei der Verkokung der Steinkohlen in Haufen, Meilern und Stadeln (Schaumburger Oefen), sowie auch in den backofenförmigen Oefen ist der, dass dabei zu viel Kohle verbrennt und sehr aschenreiche Koks zurückbleiben.

Die auf die Verbesserung des Verkokens hinzielenden Versuche haben ergeben, dass die beste Verwendung der Verkokungsgase die Benützung derselben zur Heizung der Verkokungsöfen selbst ist, und gelangt seitdem das gewaschene Kohlenklein in Oefen zum Verkoken, welche von aussen mit den bei der Verkokung sich entwickelnden Gasen geheizt werden. Die ersten diesbezüglichen Versuche wurden 1842 von Brunfort zu Agrappe in Belgien durchgeführt, wozu man noch die alten backofenförmigen Oefen benützte.

Die Idee, die erzeugte Wärme zum Heizen der Ofenwände zu benützen, wurde immer mehr verfolgt; die Oefen wurden sehr verkleinert, mehrere zu einem System vereinigt, nahe an einander gerückt, und die Gasführung in den Sohlen- und Seitenkanälen derart angeordnet, dass je ein Ofen gleichzeitig auch den benachbarten beheizt; theils um die Production zu steigern, theils um eine zu grosse Abkühlung bei dem Entleeren zu vermeiden, war man bemüht, das Füllen und Leeren des Ofens möglichst zu beschleunigen. Die Verbrennung der Verkokungsgase erfolgt durch Luft, welche theils durch mit Schiebern verschliessbare Oeffnungen in der Thüre, theils durch zu den Gaskanälen führende Oeffnungen hinzutritt, und die mit Registern nach Bedarf mehr oder weniger geschlossen gehalten werden.

Als Hauptgrundsätze für die Verkokung der Kleinkohlen in

Oefen haben sich nach Ringel aus der Erfahrung die folgenden ergeben:

Das Hauptmoment bei der Erzeugung von Koks in geschlossenen Oefen unter Benützung der während des Processes sich entwickelnden Gase zur Erhitzung der Ofenwandungen besteht darin, die Temperatur in dem Ofen vom Beginne des Processes an sofort auf jene Höhe zu bringen und auf derselben zu erhalten, welche es ermöglicht, dass alle Zersetzungsproducte der trockenen Destillation der Kohle in einfachster Form und Verbindung entwickelt werden, und zwar derart, dass diese Verbindungen nur die des leichten und schweren Kohlenwasserstoffs sind. Wird die Temperatur vom Beginne des Verkokungsprocesses an unter jene herabgedrückt, welche die Ofenwandungen nach Entleerung des Ofens besitzen, so tritt zunächst nur eine Entgasung der dieser zunächst liegenden Kohlenpartien ein, und es wird nach Beendigung des Processes der Kokskuchen nicht gleichartig.

Es bilden sich nämlich, und dies hauptsächlich bei schwach backender Kohle, zunächst an den Ofenwänden durch den Contact der Kohlencharge mit denselben Koksschalen, welche um so dicker sind, je wärmer der Ofen bei dem Beginne des Processes war; lässt dann die Temperatur im Ofen etwas nach, was eintritt, wenn die entwickelten Verkokungsgase nicht oder nur zum Theil verbrannt die Canäle passiren, indem die abziehenden Gase den Ofenwänden nur Wärme entziehen, ohne vorläufig selbst Wärme zu erzeugen, so werden die den Koksschalen zunächst liegenden Partien der Kohle entgasen, ohne zu koken. Mit dem Fortschreiten des Processes steigt nun allerdings die Temperatur im Ofen, weil immer, selbst bei dem sorgfältigsten Verschmieren der Oeffnungen etwas Luft in den Ofenraum tritt und die Entzündung der Gase bewirkt, welche nun bei dem Abziehen durch die Gascanäle den Ofen wieder erhitzen, allein die Folge dieses Vorgangs ist eben die Bildung ungleicher Koks. Da die Wärmeübertragung von den heissen Wänden und vom Boden aus nach der Mitte der Kohlencharge zu geschieht, so zeigt der Kokskuchen aus horizontalen Oefen eine Gestalt, wo zunächst dem Boden, als der heissesten Stelle des Ofens die Koks nach einer zum Boden parallel laufenden Axe in ihrer Form zugespitzt erscheinen, welche Axe aber je nach dem Temperaturgrad des Bodens diesem näher oder entfernter liegt.

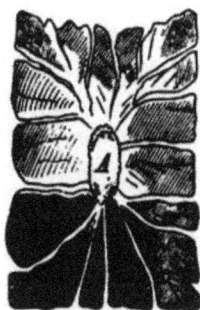

Fig. 3.

Die Koks der Seitenwände zeigen sich bei vollkommenem Process ebenfalls von den Wänden aus senkrecht auf diese zerklüftet, und trennen sich, wenn beide Wände gleiche Temperaturen hatten, genau in der Mitte des Ofens, dort eine Partie schwarzer schaumiger Masse A (Fig. 3) zurücklassend. Bei gewölbten Oefen wirkt der Wärmereflex vom Gewölbe auf die obersten Schichten der Kohlencharge, von hier aus gegen den Boden Koks bildend, so dass ein gar gebrannter Kokskuchen im Querschnitt die Gestalt von Fig. 3 zeigt. War die Temperatur des Bodens oder einer Seitenwand bedeutend verschieden von der entgegen gesetzten, Wärme mittheilenden Fläche, so liegt die Axe der Trennungskluft im Ofen um so näher an jene kältere Partie gerückt, je grösser die Differenz der Temperatur war. Der dichter schraffirte Theil in Fig. 3 soll die grössere Dichte der Koks anzeigen. Bei verticalen Oefen liegt diese Trennungskluft parallel zu den verticalen Wänden und steigt keilförmig vom Boden, als dem kältesten Theil des Ofens, nach oben sich verengend, aufwärts.

Bei Steinkohlen, welche stark backende Eigenschaften zeigen, glaubte man lange, dass die Verkokung derselben in heiss gehenden Oefen nicht gut durchführbar sei, weil man angab, es bilden sich gerade an den heissesten Stellen, also zunächst am Boden, schwammartige, lockere Koks, sogenannte schwarze Füsse, allein die Ursache dieser Bildung ist nach G. Ringel eine andere. Bei unvollkommener Verbrennung der Gase nämlich ist der Boden des Ofens stets der kälteste Theil, wo sich die schweren Kohlenwasserstoffverbindungen condensirten, und erst zu Ende, wenn der gare Kuchen auch diese unterste Partie erhitzte, verflüchtigten sich die Oele und der Theer und liessen sehr lockere und zerreibliche Theerkohle zurück.

Um nun die bereits als nothwendig für den Verlauf der Verkokung hervorgehobene hohe Temperatur gleich anfangs des Processes zu erzielen, ist es nöthig, den Verkokungsgasen gleich bei dem Verlassen des Verkokungsraumes stark durchglühte Massen zur Erhitzung zu bieten und gleichzeitig die nöthige atmosphärische Luft zur Entzündung zuzuführen, um im Momente der Gasentwickelung dauernd jene Temperatur im Ofen zu erhalten, die zur gleichmässigen Durchführung des Processes nöthig ist. Bei der Construktion von Koksöfen — besonders für schwach backende Kohle, ist darauf Rücksicht zu nehmen, dass bei geringstem Volumen der Wärme absorbirenden Theile des Ofens doch die grösstmögliche Oberfläche zur Wärmeabgabe der Gase geschaffen werde, um deren intensivste Ausnützung zu erreichen.

Ein weiteres wesentliches Moment ist das, den in den Gascanälen stark erhitzten Verkokungsgasen eine hinreichende Menge Luft zuzuführen, um den höchsten Verbrennungseffect zu erzielen. Nimmt man hierauf nicht Rücksicht, so entweichen die Gase zum Theile unverbrannt, und führt man zu viel Luft zu, so werden die Gase zu sehr abgekühlt; das gesättigte Kohlenwasserstoffgas (C_2H_4) zersetzt sich schon bei Rothgluth, wobei es einen Theil seines Kohlenstoffs abgibt, welcher sich in Form von Graphitschuppen absetzt, die Kanäle verlegt, und da im Ofen eine Pressung der Gase stattfindet, diese trotz lebhaften Schornsteinzuges zwingt, ihren Austritt aus den Thürfugen zu suchen. Die Zuführung der Verbrennungsluft zu den entwickelten Gasen soll aber nicht in dem Verkokungsraum stattfinden, da hierdurch eine Verbrennung von Kohle unvermeidlich wird, sondern die Luft darf blos in den Verbrennungsraum der Gase eingeführt werden.

Näheres über eine zweckmässige Construction der Verkokungsöfen findet sich in einer Abhandlung unseres Gewährsmannes, G. Ringel, welchen wir hier zum Theil selbst sprechen lassen, in der Kärnthner Zeitschrift f. Berg- u. Hüttenwesen, 1873. No. 5.

Je dichter die Kohle im Ofen lagert, desto dichtere Koks resultiren; in Staubform kann nur gut backende Steinkohle verkokt werden. Kohlen nun, welche von den Aufbereitungsmaschinen kommen, führen neben Staub auch Körner, und am schwersten von dieser Mischung ist jene cubische Einheit, wo in den Zwischenräumen der groben Körner die feineren zur vollständigen Raumausfüllung eingelagert sind.

Da alle aufbereitete Kohle nass in den Ofen kommt, so gibt auch die durch Verdampfung entstehende Volumverringerung von selbst ein Gegenmittel gegen zu festes Anlegen fetter Kohlen an die Ofenwände, und ungewaschene Kohlen müssen vor dem Einbringen in den Ofen der Vorsicht halber benetzt werden. Aufbereitete Kohlen sollen nicht mehr als 10 Procent Wasser enthalten, da sonst die Abkühlung der Oefen zu bedeutend und die Brenndauer unnütz in die Länge gezogen wird.

Um den Wassergehalt herabzudrücken, mengt man ungewaschenen Staub bei, wie er bei der Separation fällt, besser ist es aber, zu nasse Kohlen in eigenen Vorrathsräumen vorher absickern zu lassen.

Wasserstoffarme, sogenannte magere Kohlen, können für sich allein nicht verkokt werden, d. h. sie geben keine festen zusammenhängenden Koksstücke, wenn sie vorher zerkleinert und gewaschen worden sind; man hat aber auch in dieser Richtung Versuche gemacht und Verkokungsmittel, Backmittel, gesucht, um solche magere Kohlen zu verkoken. Als solche wurden Harze, Theer etc. versucht, als das beste und billigste Mittel aber haben sich immer die fetten, d. i. die gut backenden Steinkohlen bewährt.

Cochrane mengt nicht backende Steinkohlen mit gut backenden zu gleichen Theilen, oder mit 1/3 Steinkohlenpech; in den Eaton'schen Oefen werden 44 % magere Steinkohlen von Wales und 44 % Steinkohlen von Staffordshire mit 12 % Pech verkokt, wobei man 60—65 % für den Hohofenbetrieb sehr geeigneter Koks erhält. In Preussisch-Schlesien, wo backende und nicht backende Steinkohlen zugleich vorkommen, werden dieselben ebenfalls gemengt zur Verkokung gebracht, und Ringel zu Rokitzan gattirt die schwach backenden Steinkohlen von Miröschau mit den (bestbackenden) Steinkohlen von Littitz (Böhmen).

In allen Verkokungsöfen kann man diese Art gemischter Koks erzeugen und jede fette Kohle verträgt einen gewissen Procentzusatz an magerer Kohle bei der Verkokung, wobei man ganz brauchbare Koks erhält, und die nicht backenden Steinkohlen auch bei den Hohofenschmelzprocessen Verwendung finden können; bei welchem Betrieb und in welchen Mengungsverhältnissen dieses mit Vortheil noch ausführbar ist, bleibt Sache der Erfahrung. Auch Koksklärе lässt sich in dieser Art wieder in Form von Stückkoks bringen.

Die sogenannten Halbkoks, d. i. noch nicht völlig verkohlte, nur soweit erhitzte Steinkohlen, dass sie fest werden und zusammenbacken, haben in der Hüttentechnik keine Anwendung gefunden, trotzdem dieselben einen höheren Brennwerth besitzen.

Die aus den Koksöfen ausgedrückten oder gezogenen Koks

werden sogleich mit Wasser abgelöscht, wobei dieselben etwas
entschwefelt werden; es wird nämlich bei der Verkokung der Steinkohlen der Schwefelgehalt derselben nur zum Theil entfernt, der
Schwefelkies bleibt als Einfachschwefeleisen oder in einer dem
Magnetkies ähnlichen Zusammensetzung in denselben zurück, und es
wurden auch in dieser Hinsicht vielfache Versuche gemacht, die
erhaltenen Koks zu reinigen, d. h. dieselben möglichst vollständig zu entschwefeln, weil der Schwefelgehalt der Koks hauptsächlich bei dem Eisenschmelzprocess die Qualität des Produkts nachtheilig beeinflusst, beziehungsweise Schwefel nur durch vermehrten
Kalkzuschlag bei dem Roheisenschmelzen in die Schlacke überführt
werden kann, was wieder einen grösseren relativen Brennstoffaufwand zur Folge hat.

Barthelemy entschwefelt Koks unter Anwendung von Wasserdampf; dasselbe Mittel schlägt Armstrong vor. Man treibt zu
diesem Behufe den Wasserdampf in die Koköfen oder Meiler zu
der Zeit, wenn die Koks noch glühend sind, wozu 4—5 Stunden
Zeit hinreichen sollen; der Dampf muss die Koks durchdringen
und wieder abziehen können.

Bessemer schlägt vor, das Kohlenklein vor der Verkokung
von der specifisch schwereren Bergart durch eine Salzlösung zu
scheiden, wozu er Chlorcalcium von einer spec. Schwere von 1.35
empfiehlt, auf welcher die leichte Kohle schwimmt, die schwereren
Verunreinigungen derselben aber untersinken, und so leichter als
blos mit Wasser abgeschieden werden können. Durch Waschen
mit Wasser soll die Salzlösung, welche dem Kohlenklein anhängt,
wieder gewonnen und die verdünnte Flüssigkeit durch Eindampfen
concentrirt werden. Diese Methode bewirkt aber blos eine bessere
Aufbereitung der rohen Kohlen, keineswegs aber eine Entschwefelung der Koks.

Bleibtreu vermengt behufs der Entschwefelung die Steinkohle innig mit einer dem Schwefelgehalte der Steinkohlen wenigstens äquivalenten Menge gebrannten Kalks, und verkokt das Gemenge; dieser Kalkzuschlag hat den Zweck zu verhindern, dass
im Hochofen das reducirte und geschmolzene Eisen den Schwefel
aufnehme, was geschieht, wenn das Eisen im geschmolzenen Zustande mit schwefelhaltenden Materialien in Contact kömmt.

Dieser Zweck wird, wie früher erwähnt wurde, auf Kosten
eines relativen grösseren Kohlenverbrauchs erreicht, indem der

Schwefel als Schwefelcalcium in der erschmolzenen Schlacke, deren Menge vermehrt wird, mehr dillatirt und die Bildung von Schwefeleisen verhindert wird. 9 Theile Kohle und 1 Theil Kalk gaben bei dem Ablöschen mit Wasser einen festen Kok und Schwefelwasserstoff entwich; zu Duttweiler wurden diese Kok mit Zusatz von 10 Procent Kalk dargestellt. Sie waren fest, körnig und hatten einzelne glänzende Flächen, indessen wurden keine näheren Nachrichten über die Anwendung derselben gegeben.

Bleibtreu's Methode verlangt die Bestimmung des Schwefelgehaltes in einer guten Durchschnittsprobe der zu verkokenden Steinkohlen.

Calvert wendete Kochsalz an, wobei das Einfachschwefeleisen der Koks mit dem Kochsalz in Eisenchlorür und Schwefelnatrium sich umsetzte, welches erstere bei höherer Temperatur durch Wasserdampf in Eisenoxyd und Salzsäure zersetzt wird; das Schwefelnatrium geht in die Schlacke. Dieses Verfahren ist dem vorher Angegebenen analog; man soll damit in 3 Hochöfen in Schottland und Wales, sowie auch in Cupolöfen sehr gute Resultate erzielt haben.

Kopp empfiehlt die Koks nach dem Ausziehen aus dem Ofen mit verdünnter Salzsäure aus den Sodafabriken zu behandeln, wobei Schwefelmetalle zerlegt und Phosphate und Silicate zum Theil gelöst werden, die sich leicht auswaschen lassen. Den Vortheil der Billigkeit hat dieses Verfahren nicht und ein nachtheiliger Einfluss der in der Asche der Koks enthaltenen Phosphate ist bei dem Eisenschmelzprocess nicht so sehr zu befürchten.

Claridge und Roper wenden zum Entschwefeln einen Verkokungsofen an, der in geringer Entfernung über dem wirklichen Boden einen zweiten, siebartig durchlöcherten Boden hat, auf welchen die zu verkokende Steinkohle gestürzt wird; zwischen beide Böden werden brennbare Gase, meist Gichtgase und Luft eingeführt, und durch die bei der Verbrennung derselben erzeugte Temperatur die Steinkohlen verkokt. Die Flamme streicht durch den durch Mauerzungen mehrfach getheilten Raum zwischen den beiden Böden im Zickzack hin und her, und entweicht durch eine mit einem Register versehene Esse; für die Ableitung der Gase aus dem Verkokungsofen ist eine separate Esse angebracht. Nach beendeter Verkokung wird, um Abkühlung zu verhüten, statt der Gichtgase ein Strom überhitzten Dampfes zwischen beide Böden eingeführt, dessen Abzug durch Schliessen aller Oeffnungen möglichst verhindert wird; um die Koks wo möglich völlig zu entschwefeln, wird der Dampf längere Zeit im Ofen zurückgehalten, wodurch derselbe unter Druck kömmt und die Koks besser durchdringt. Es ist so zum Entschwefeln weniger Dampf erforderlich und die Koks bleiben längere Zeit glühend, was die Abscheidung des Schwefels begünstiget; die Koks werden dann im Ofen mit Wasser abgelöscht, und die Löschwässer laufen durch den durchlöcherten Boden aus dem Ofen ab.

Nach Grandidier und Rue werden die Koks in einem auf 2½ Atmosphären comprimirten Luftstrom auf 250—300° C. erhitzt, bei welcher Temperatur das Einfachschwefeleisen durch den Sauerstoff der Luft oxydirt wird, ohne dass die Koks selbst in Brand gerathen; die entstehende schweflige Säure oxydirt sich zum Theil in Schwefelsäure, die zuerst an das gebildete Eisenoxyd, dann aber an die Thonerde tritt und als Aluminiumsulfat nach dem Austritt aus dem Entschwefelungsapparat in einem Behälter derart mit Wasser ausgelaugt wird, dass die Koks keinen Schwefel mehr enthalten sollen. Der Entschwefelungsapparat besteht aus einer Pumpe und dem Entschwefler, deren Herstellung für eine tägliche Erzeugung von 30—35 Tonnen Koks 7000—8000 Frcs. kostet; die Erhitzung kann bei Hütten, die nicht selbst koken, mittelst Hohofengasen vorgenommen werden, bei Hütten aber, welche selbst koken, werden die Koks noch glühend auf eine Stunde in den Entschwefler gebracht. Solche Koks sollen leicht verbrennlich, also lockerer sein, ein erhöhtes Reductionsvermögen besitzen, und bei reinen Erzen angewendet, Roheisen erster Qualität geben; in Folge dessen soll man bei dem Roheisenschmelzen weniger Koks für 100 Gewichtstheile Roheisenerzeugung benöthigen, rascher schmelzen, es soll ein geringerer Kalkzuschlag erforderlich sein, und endlich brauchen die Hohöfen nicht höher zu sein als Holzkohlenhohöfen, und können minder kräftige Gebläse angewendet werden. Die lockere Beschaffenheit und in Folge dessen die raschere Zersetzbarkeit dieser Koks durch den Gebläsewind ist bei denselben zu erwarten, aber sie ist nur die Folge der Verbrennung eines Theils der Koks, woraus sich auch die mögliche Anwendung minder kräftiger Gebläse erklärt; solche lockere Koks vergasen auch leichter zu Kohlenoxydgas, daher das erhöhte Reductionsvermögen.

Smith und Swinnerton empfehlen, Kohlen in Haufen mit

durchbrochenem Kanal und Schornstein, mit Koksklein bedeckt, zu glühen; sobald die Koks glühend geworden sind, wird ein starker Luftstrom durch dieselben hindurchgesaugt, und so der Schwefel verbrannt. Auch diese Methode der Entschwefelung hat bestimmt einen grossen Koksverbrand zur Folge.

Mankowsky zu Fünfkirchen hat seine Verkokungsöfen mit einer Entschwefelungsvorrichtung in Verbindung gebracht, worin die aus dem Ofen herausgedrückten Kokskuchen sogleich einem völligen Entschwefelungsprocess unterworfen werden sollen.

Philippart empfiehlt zur Entschwefelung der Koks Kalkkoks nach Morel's Princip zu erzeugen, wodurch die Selbstkosten des Roheisens nicht merklich erhöht werden sollen.

Die Verkokungsöfen nun, bei welchen die aus denselben tretenden Gase zur Heizung der Sohle und der Seitenwände des Ofens verwendet werden, baut man hart an einander d. h. eine Anzahl derselben wird zu einem Ofenmassiv vereinigt, wodurch die Stabilität der dünnen Wände der Oefen unterstützt und hierdurch auch der Vortheil erreicht wird, dass ein Ofen auch den Nachbarofen beheizt, also wärmeerhaltend wirkt.

In ganz neuester Zeit wurden von E. Lürmann Verkokungsöfen angegeben, welche gegenüber den bis jetzt bestandenen bedeutende Vorzüge aufweisen. Dieselben sind an der der Ausdruckmaschine gegenüberliegenden Seite etwas weiter, damit die Koks leichter aus dem Ofen austreten; die Ausdruckmaschine ist ein continuirlich arbeitender Kohlenbeschickungsapparat, welcher die Kohlen in den Ofen presst und dadurch wird bewirkt, dass die Verkokung unter Druck vor sich geht, wodurch minder backende Kohlen zum Koken gebracht werden können. Die Verkokung in diesem Ofen (ebenso das Ausdrücken der Koks) ist eine continuirliche, und fallen die aus dem Ofen austretenden Koks in einen geschlossenen Kühlraum, dessen heisse Wände Luftzuführungscanäle enthalten, in welchen die zur Verbrennung der aus den kokenden Kohlen sich entwickelnden Gase dienende Luft vorgewärmt wird.

Wie bei allen andern Kokofensystemen müssen selbstverständlich auch hier die Dimensionen der Ofenkammern der Backfähigkeit der Kohlen anpassend gewählt werden und ist die Länge der Oefen hauptsächlich von diesem Umstand abhängig; es ist diese Construction als ein bedeutender Fortschritt in der Koksindustrie zu bezeichnen, und können die Vortheile dieser Oefen kurz in folgenden Puncten zusammengefasst werden:

1) Der Verkokungsprocess verläuft continuirlich.

2) Die Verkokung geht unter Druck vor sich, wodurch das Zusammenbacken minder backender Kohlen wesentlich unterstützt wird.

3) Die Verbrennungsluft wird vorgewärmt, wodurch eine höhere Verbrennungstemperatur der Verkokungsgase erzielt wird, ohne die Ofenwände des Verkokungsraumes selbst abzukühlen. Die Oefen stehen gegenwärtig zu Osnabrück und Kohlscheidt bei Aachen im Betriebe und sind dort 6 Meter lang.

Der Verlust an Kohlenstoff bei der Verkokung der Steinkohlen ist wie bei der Verkohlung des Holzes bedeutend, indem viel durch die sich bildenden Kohlenwasserstoffgase verloren geht (s. p. 146), wesshalb es behufs möglichster Ausnützung der Steinkohlen wünschenswerth erschien, auch die noch gewinnbaren, und verdichtbaren Verkokungsproducte durch Condensation derselben zu gewinnen. Die ersten Versuche, die Steinkohlen in Oefen mit durch separate Feuerung erwärmter Heerdsohle zu verkoken und die erzeugten Verkokungsgase zur Gewinnung des Theers etc., die gereinigten Gase aber zur Unterstützung der Heizung zu benützen, indem dieselben über den Hilfsrost geführt werden, wurden von Knab, Sire, Forey u. A. vorgenommen, von welchen das Knab'sche System bleibende Anwendung gefunden hat und immer mehr an Ausbreitung gewinnt.

Auf den Werken der Verkokungsgesellschaft zu Loire du Marais St. Etienne verkokt man in 88 Oefen täglich 150 Tonnen Steinkohle und erzeugt daraus:

Grobe Koks	. . .	70.70 %
Kleine Koks	. . .	1.50 „
Kokskläre	. . . .	2.50 „
Theer	. . . . .	4.00 „
Ammoniakwasssser	.	9.00 „
Gas	. . . . . .	10.58 „
Graphit	. . . . .	0.50 „

Der Gesammtverlust beträgt blos 1.92 Procent.

Verkokung von Anthrazit. Penrose und Richards in Swansea erzeugen sehr gute, harte und feste Koks aus Anthrazit, indem sie 60 Procent derselben mit 35 Procent backender Kohle und 5 Procent Pech in einem Desintegrator zerkleinern und gleichzeitig mischen, dann das Gemenge in den in Südwales gebräuchlichen Oefen derart verkoken, dass auf die Charge des Gemenges eine 50 mm starke Lage von bituminöser Kohle ausgebreitet wird, um auf der Oberfläche ein Wegbrennen des Pechs zu vermeiden. Man gewinnt 80 Procent Koks, welche nicht zerfallen, leicht transportabel sind, wegen ihrer Dichte weniger Wasser absorbiren und um 25 Procent schwerer sind, als die besten Steinkohlenkoks. Die Gestehungskosten stellen sich dann den besten Steinkohlenkoks nahe, da der niedrige Preis des Anthrazits mit dem Ankauf des Pechs sich ausgleicht. Je feiner gemahlen die Substanzen sind, um so festere Koks erhält man, ebenso, je besser und vollkommener die Mengung erfolgte.

Der Verbrauch des Anthrazits war bislang auf ein gewisses Mass beschränkt, weil das Anthrazitklein sich schwieriger verwerthen lässt und einige Anthrazite die unangenehme Eigenschaft besitzen, in der Hitze zu zerfallen; bei dem Hohofenbetrieb macht sich insbesondere der Umstand fühlbar, dass der bei dem Zerspringen erzeugte feine Staub teigige Massen bildet, welche weder schmelzen noch verbrennen, und das dadurch bewirkte Ansteifen der Schlacke den Ofengang stört.

Erzeugung von (sogenannten) Metallkoks. Minary und Soudry empfehlen das folgende Verfahren zur Gewinnung von Eisen aus Raffinirschlacken: die Schlacken werden fein gepocht, mit gepulverten backenden Steinkohlen gemengt, und das Gemenge in Verkokungsöfen verkokt; hiebei wird durch die Verkokungsgase das Eisenoxydul reducirt und durch das Kohlenwasserstoffgas theilweise gekohlt (wobei Schwefel und Phosphor angeblich grösstentheils als Wasserstoffverbindungen entweichen sollen), während die Kieselerde unzersetzt bleibt und durch einen entsprechenden Kalkzuschlag verschlackt werden muss. Das erhaltene Product ist eine Art Halbkoks, deren Festigkeit aber durch zu grossen Zusatz an Raffinirschlacken leiden würde, wesshalb derselbe eine bestimmte Grenze nicht überschreiten darf. Man erhielt zu Givors sehr zufriedenstellende Resultate bei einem Mengungsverhältniss von 40 Proc. Schlacken mit 60 Procent mittelfetten Steinkohlen, in welchem Fall die Koks 20—25 Procent gekohltes Eisen enthielten. Das Verhältniss zwischen Schlacken und Kohle hängt ab von der Art der Kohle, ihrer Kokbarkeit und der Gasmenge, welche sie bei dem

Verkoken gibt. Bei dem Durchsetzen solcher Metall-(Schlacken)-
koks schmilzt nun das gekohlte Eisen früher aus, als sich die beigemengte Kieselerde reduciren kann; man soll nach diesem Verfahren gegenüber der Verwendung roher Schlacke im Hohofen bedeutend an Brennstoff ersparen und gutes, graues Roheisen erhalten.
Die Erfahrung hat auch gelehrt, dass sich bei dieser Art der Verkokung das Koksausbringen vermehrt, indem der bei der Verkokung entstehende Kohlenwasserstoff bei der Reduction des Eisenoxyds und Kohlung des Eisens einen Theil Kohle zurücklässt.

Hollway erzeugt Ferromangan durch Mengen und Verkoken von Manganerzen mit Kohle und bituminösen Stoffen, und
Verschmelzen derselben im Hohofen (Mangankoks). Auch Siliciumferromangan und Chromferromangan soll in dieser
Art durch Verkoken von Steinkohlen mit Braunstein und Silicaten,
oder durch Verkoken von Steinkohlen mit Chromeisenstein und
Manganerzen und Verschmelzen der erhaltenen Koks leicht dargestellt werden können (Englische Patente).

Anwendung roher Brennstoffe in Hohöfen.

Von rohen Brennstoffen wurden in Hohöfen, jedoch nur zum
Eisenschmelzen, sämmtliche verwendet, der Torf jedoch und die
Braunkohle nicht ausschliesslich, sondern als theilweiser Ersatz für
Holzkohle oder Koks einen Theil der Brennstoffgicht bildend.

Die Anwendung roher statt verkohlter Brennstoffe zum Eisenschmelzen in Hohöfen muss auf folgende Art beurtheilt werden.

Wenn rohe Brennstoffe, welcher Art immer, statt der verkohlten zum Schmelzen in Hohöfen verwendet werden, so erleiden dieselben während ihres Niedergangs im Ofenschacht durch allmälig
steigende Erhitzung die Verkohlung bei Ausschluss der atmosphärischen Luft ebenso, wie in einem Meiler oder in einem Verkohlungs-
ofen, und bevor die Brennstoffe in den unteren Theil des Ofenschachts und in das Gestelle gelangen, sind sie schon verkohlt;
der Verbrennungsprocess im Gestelle und der Process im unteren
Theile des Ofenschachts bleiben demnach dadurch unverändert und
unberührt. Der Verkohlungsprocess selbst aber und der Vorgang
im Ofenschacht erleiden dadurch eine Veränderung.

Was den Verkohlungsprocess betrifft, so gehen die rohen
Brennstoffe mit den Gichten im Kohlensack zu schnell nieder, die

Verkohlung erfolgt sehr rasch, die Verkohlungshitze wird zu sehr gesteigert und die Kohlenausbeute aus dem Holze wird dadurch sehr vermindert. Da nun die gas- und dampfförmigen Verkohlungsproducte bei der Verkohlung der rohen Brennstoffe im Ofenschacht des Hohofens ebenso nach oben entweichen und durch die Gicht in die Atmosphäre austreten, wie bei der Verkohlung in Meilern, so kann bei der Anwendung roher Brennstoffe im Hohofen gegen jene der Kohlen keine Ersparniss eintreten, vielmehr findet bei gleicher Windführung und Gichtentrieb ein Verlust an Kohlen statt, weil wegen der zu schnellen Verkohlung die Kohlenausbeute kleiner wird, man mag die rohen Brennstoffe allein oder gemeinschaftlich mit Kohlen anwenden. Weil endlich bei rascher Verkohlung eine grössere Menge flüchtiger Verkohlungsproducte gebildet wird und entweicht, als bei langsamer Verkohlung, so wird bei der Verflüchtigung derselben auch mehr Wärme gebunden und dem Hohofen entzogen, was immer auf Kosten des Brennstoffs geschieht.

Die Schnelligkeit der Verkohlung der rohen Brennstoffe im Schachte eines Hohofens ist abhängig von der Schnelligkeit des Niedergangs der Gichten, und diese letztere ist wieder hauptsächlich bedingt von der Windmenge, welche dem Ofen zugeführt wird. Da nun zur vortheilhaften Verkohlung der Brennstoffe eine längere Zeitdauer nothwendig ist, so müssen, um eine grössere Kohlenausbeute zu erzielen, die Gichten langsamer getrieben werden, und dies kann nur durch Verkleinerung der in den Ofen eingeblasenen Windmenge geschehen; die nächste Folge davon ist, dass die Production des Ofens bedeutend kleiner, und weil die Regiekosten dieselben bleiben, der Erzeugungspreis des producirten Metalls gesteigert wird.

Den Vorgang im Ofenschacht betreffend müssen wir uns vorher vergegenwärtigen, dass der obere Theil desselben der Vorbereitungsraum, der untere aber der Reductionsraum sei, und sowohl zum Vorbereiten der Erze — wenn sie nicht vor dem Verschmelzen gebrannt oder geröstet worden sind — als auch zur Reduction derselben ist eine gewisse Temperatur nothwendig; es gehört dazu auch Zeit. Wenn nun im oberen Theil des Kohlensacks und bis zu einer gewissen Tiefe desselben die Verkohlung der Brennstoffe vor sich gehen muss, so kann in diesem Raum nicht auch eine Röstung der Erze stattfinden, weil die Temperatur für die Röstung dann zu niedrig ist, und diese — nämlich blos ein Brennen — kann erst dann beginnen, wenn die Verkohlung der Brennstoffe schon beendigt ist, mithin in einem tieferen Theil des Kohlensacks, und dadurch wird der Vorbereitungsraum und durch diesen der Reductionsraum verkürzt. Dieses hat ebenfalls Nachtheile im Gefolge, indem dann der Erzsatz verkleinert werden muss und der Kohlenaufwand vergrössert wird; die Verlangsamung des Gichtentriebes hilft diesem Nachtheil nur theilweise ab.

Nachdem so die Umstände im Allgemeinen angezeigt wurden, welche bei der Anwendung roher Brennstoffe zu berücksichtigen kommen, wollen wir diesen Gegenstand nun speziell mit Beziehung auf die verschiedenen Brennstoffe betrachten.

Anwendung von rohem Holze. Die Verwendung des rohen Holzes statt der Holzkohle zum Eisenschmelzen in Hohöfen wurde schon öfter und seit mehr als 80 Jahren an verschiedenen Orten ohne günstigen Erfolg versucht, in Russland will man jedoch bei diesem Betriebe vortheilhafte Resultate erzielt haben. Man hat dort die Erfahrung gemacht, dass die Holzgichten nur halb so schnell niedergehen dürfen, als bei denselben Oefen die Kohlengichten, wenn der Brennstoffaufwand nicht grösser ausfallen soll. Es darf also bei der Verwendung rohen Holzes nur die halbe Windmenge gegen den vorhergegangenen Betrieb mit Holzkohlen in den Ofen eingeblasen werden; hieraus folgt, dass der Ofen in derselben Zeit auch nur halb so viel Roheisen produciren könne, und dieser Umstand ist nicht zu ändern. Für die Verwendung des rohen Holzes müssen demnach bei der verhältnissmässig geringen Roheisenerzeugung andere Vortheile sprechen, und diese können thatsächlich nur in der Erzeugung der Kohlen ohne besondere vorhergehende Verkohlung bestehen.

Dagegen fallen der Anwendung des rohen Holzes zur Last:

1) Der wegen der schlechten Waldwege beschwerlichere und kostspieligere Transport aus dem Wald zur Hütte, da das Holz mindestens viermal so viel wiegt, als die daraus erzeugte Kohle.

2) Die geringere Eisenproduction, in welche sich die verhältnissmässig grösseren Regiekosten theilen.

Bisher haben sich bei uns die Nachtheile immer noch grösser gezeigt, als die Vortheile, und deshalb wird vom rohen Holz selten Gebrauch gemacht; nur besonders günstige locale Verhältnisse,

z. B. sehr billige Bringung des Holzes durch Flössen würden dies
ermöglichen.

Das anzuwendende Holz muss wenigstens lufttrocken sein; es
wird gespalten und in kurze, 20 cm lange, kubische Stücke zer-
sägt. Da aber hierdurch sowohl, als auch bei der Verkohlung
durch die bedeutende Schwindung des Holzes sehr viel leere
Räume entstehen,. ist ein Vorrollen der Erze nicht zu verhüten,
dessen Folge ein unregelmässiger Ofengang ist; weiters empfiehlt
es sich, zur Ausnützung der an Kohlenwasserstoffen sehr reichen
Gichtgase die Gicht zu schliessen, und die Gase zur Winderhitzung,
Dampferzeugung, Holzdarrung etc. zu benützen. Ausserdem ist es
zur Verhinderung des Erzvorrollens nöthig, sehr grosse Brennstoffgichten, 3 cbm und mehr zu setzen; in Russland aber werden
ganze Holzscheite angewendet, weshalb man die Ofenschächte viereckig baut, um die Scheite bequemer, dichter und scheiterhaufen-
artig, d. i. über die Quere in den Gichtenraum einschlichten zu
können.

Das lufttrockene Holz enthält immer noch 20 Prozent Wasser,
das bei seiner Verdampfung im Ofenschacht denselben abkühlt;
es ist deshalb vortheilhaft, wenn

1) das Holz vor seiner Anwendung künstlich getrocknet, d. i.
gedarrt wird. Der Ofen wird weniger abgekühlt, die Verkohlung
des Holzes tritt früher ein, der Vorbereitungs- und Reductionsraum
wird weniger verkürzt.

2) wenn das Holz selbst geröstet oder halb verkohlt, — in
Brände verwandelt wird (charbon rou); die Verkohlung wird dadurch anticipirt und die Aufgabe des Ofenschachtes dabei ist dann
kleiner, weil er die Verkohlung nur zu beenden hat.

In beiden Fällen kann man die Windmenge wieder etwas
vermehren, wodurch die Roheisenerzeugniss in gleichen Verhältnissen vergrössert wird, und Darrung und Halbverkohlung kann
mit der Gichtflamme bewirkt werden.

Höhere Oefen sind für Holzbetrieb vortheilhafter anzuwenden,
als niedrigere.

Anwendung von rohem Torf. Die Verwendbarkeit des
Torfes zum Eisenschmelzen ist überhaupt abhängig von seinem
Aschengehalt, welcher nicht zu gross sein darf, und von der Beschaffenheit der daraus erzeugten Kohlen, welche hinreichend fest
sein müssen, weshalb nicht alle Arten von Torf brauchbar sind.

Den brauchbaren Torf kann man lufttrocken, besser aber im gedarrten Zustande verwenden.

Vom rohen Torfe gilt dasselbe, wie vom rohen Holze, nur in
minderem Grade, da er eine schnellere Verkohlung verträgt und
doch eine genügende Kohlenausbeute liefert; allein aber kann man
den Torf nicht verwenden, immer wird er mit Holzkohlen gemeinschaftlich verwendet. Es ersetzen ungefähr zwei Raumtheile rohen
Specktorfs einen Raumtheil Holzkohle; von Fasertorf ist mehr
nothwendig.

Anwendung roher Steinkohle. Seit Einführung des erhitzten Gebläsewindes hat man in England auch rohe Steinkohlen
zum Eisenschmelzen angewendet, und dort, sowie in Amerika,
werden viele Hohöfen damit ganz allein betrieben.

Von der Verwendung der rohen Steinkohlen bei dem Eisenschmelzen gilt dasselbe, wie vom Holze, nur in viel niederem Grade,
weil der Kohlenstoff darin schon in viel höherem Maasse angehäuft ist und die Schnelligkeit der Verkohlung bei denselben keinen
so grossen Einfluss auf die Kohlenausbeute nimmt, als bei dem
Holze; stark backende Steinkohlen sind dazu weniger geeignet,
weil sie im Kohlensack Klumpen bilden und leicht selbst unüber-
windliche Störungen im Betriebe hervorbringen. Am besten eignen
sich weniger backende Kohlen und Sinterkohlen; Sandkohlen sind
ebenfalls nicht geeignet, weil sie mürbe, zerklüftete Koks geben,
die sich bei dem Niedergehen im Ofenschacht zertrümmern und
dicht zusammenlegen, das Aufsteigen der Hohofengase hemmen,
auch gänzlich hindern und den Ofen zum Ersticken bringen. Die
Anwendung roher Steinkohle hängt aber hauptsächlich von dem
Grade der Backfähigkeit derselben ab, und müssen gut backende
Steinkohlen, sowie Backkohlen überhaupt vor ihrer Verwendung
im Hohofen verkokt werden, da dieselben in rohem Zustande
für diesen Zweck nicht verwendbar sind.

Die Schwierigkeiten für die Anwendung roher Steinkohlen
liegen auch in dem Schwefelgehalt derselben; man kann jedoch
den Schwefel durch entsprechenden Kalkzuschlag verschlacken.
Bei Anwendung roher Steinkohlen erzielt man viel reducirende
Gase im Ofen, die Gichten müssen aber auch hier geschlossen und
die Gase weiterer Benützung zugeführt werden.

Die Schwarzkohlen eignen sich um so besser zur Verwendung
in rohem Zustande, je mehr Kohlenstoff sie enthalten und je grösser

die Koksausbeute aus denselben ist, weil sie durch die Verkokung dann nur wenig verlieren. Anthrazit wird auch sehr viel roh verwendet, bedarf aber wegen seiner Dichte einen sehr gepressten und wo möglich recht heissen Wind. Die Windpressung bei einem Anthrazitofen ist ungefähr doppelt so gross, wie bei einem Kokshohofen.

Rohe Braunkohle konnte, weil sie nicht genügend feste Koks gibt, für sich allein im Hohofen noch nicht verwendet werden.

Anwendung gemischter Brennstoffe. Mehrfache in dieser Hinsicht angestellte Versuche, die bereits früher angeführt wurden, haben in den meisten Fällen zu günstigen Resultaten geführt.

Bezüglich der Anwendung gemischter Brennstoffgichten aus rohem Holz und gar gebrannten Kohlen sagt Tunner, dass das Holz vorher nicht klein gespalten, sondern in Scheiten verwendet und deshalb der Ofenschacht viereckig hergestellt werden solle, derart, dass der eine Verticalschnitt desselben von der Gicht bis zum Kohlensack die gleiche Weite (einige Centimeter über die Scheitlänge), der andere Schacht aber die Erweiterung nach dem Kohlensacke zu zeige; die Holzscheite seien stets zuerst aufzugichten und müssten mit so viel gar gebrannten Kohlen überlagert werden, als zur Erreichung des vortheilhaftesten Verhältnisses zwischen den beiden Brennstoffen nöthig ist, was erfahrungsmässig zu ermitteln bleibt.

Nach den günstigen, mit Torf vorgenommenen Versuchen zu schliessen, ist $1/4—1/3$ der vegetabilischen Brennstoffe in verkohltem oder gut lufttrockenem Zustande, und bei Benützung der Gichtflamme zum Trocknen (Darren) bis $1/2$ derselben gut zu verwerthen und ersetzt nahezu jenen Theil der Gichtflamme, welcher zur Verkohlung des Holzes verwendet werden müsste, wenn man diese auf der Gicht vornehmen wollte; die Gichtflamme wird durch die brennbaren Verkohlungsproducte des Torfes verstärkt, könnte zu allen übrigen Zwecken verwendet werden, und da wo günstige Localverhältnisse vorhanden sind, sollte diese mögliche Brennstoffersparung nicht unbeachtet bleiben.

Holzkohlen mit Koks gemengt finden viel in Frankreich, Deutschland, Amerika und Oesterreich bei Eisen- und Metallhütten Verwendung.

Koks mit Steinkohlen gemengt stehen ebenfalls (in Oesterreich zu Schwechat, Koks von Ostrau mit 40% rohen Steinkohlen), dann **Koks mit Braunkohlen** (in Oesterreich zu **Zeltweg**, Koks mit 40% Fohnsdorfer Steinkohlen) unter günstigen Resultaten in Anwendung.

Verwendung staubförmigen Brennmaterials. Staubförmige Brennstoffe finden zwar nicht unmittelbar bei der Erzeugung der Metalle, wohl aber bei den Röst- und Raffinationsprocessen Verwendung, und da dies jedenfalls ein Fortschritt ist, so sollte auf diese Art der Brennstoffverwerthung mehr das Augenmerk gerichtet werden, als dies bis jetzt allenthalben geschehen ist. Man verwendet hiezu kleine Abfälle (Lösche und Braschen) der Brennstoffe, welche vorher fein gemahlen werden.

E. Resch verwendete Braunkohlenklein zur Heizung eines Stahl- und Eisenstreckofens zu **Reichenau**, **Crampton** verwendet staubförmige Kohle zum Betriebe eines rotirenden Puddlofens, **Whelply** und **Storer** verwenden Kohlenstaub zur Einleitung des Röstens der Kupfererze, und in **Colorado** wird gepulverte Braunkohle in Schacht- und Flammöfen zum Schmelzen von Erzen angewendet.

Gasförmige Brennstoffe.

Wenn hier von Gasfeuerung die Rede ist, so erscheint es vorher nothwendig, festzustellen, was man darunter zu verstehen hat.

Jede Erhitzung mit **Flamme**, also jede Flammfeuerung ist eine Gasfeuerung, denn die Flamme ist nichts anderes, als brennbares Gas; mit dem Namen Gasfeuerung bezeichnet man aber im Speziellen jene Art von Feuerung, wobei die Brennstoffe vorerst in einer eigenen, dazu bestimmten Vorrichtung durch Erhitzung in brennbare Gase zersetzt und diese dann an den Ort geleitet werden, wo man sie verbrennen und dadurch Hitze erzeugen will. Die brennbaren Gase werden dann in den Oefen mit zugeführter atmosphärischer Luft verbrannt, welche durch ein Gebläse beschafft wird, und wozu man sich am besten der Ventilatoren bedient. Solche brennbare Gase, hauptsächlich Kohlenoxydgas, werden auch bei dem Hohofen- und Frischfeuerbetriebe entwickelt, und theils zum Trocknen feuchten Brennmaterials, theils zur Erhitzung des Windes und zur Dampferzeugung benützt.

Wir haben hier aber zunächst jene Erzeugung von Gas für Gasfeuerungen zu betrachten, welche unmittelbar aus den Brennstoffen und nur zu diesem Zwecke geschieht.

Generatoren und Generatorgase.

In Oesterreich geschahen die ersten Versuche, durch unvollständige Verbrennung des Brennstoffs Gase zu erzeugen und dieselben zum Puddln zu benützen, 1839 und 1840 zu Ienbach in Tirol und zu Werfen im Salzburg'schen, dann zu Dernö und Krompach in Ungarn, ferner 1842 zu Hollaubkau und Neuhütten in Böhmen (an allen genannten Orten unter Verwendung von Holzkohlenklein), endlich zu St. Stefan in Steiermark unter Verwendung von Braunkohlenklein. Zu Mägdesprung am Harze wurden 1839 von Bischof aus Torf Generatorgase erzeugt und zum Schweissen des Eisens benützt, während an allen übrigen Orten die Gase zum Puddln des Eisens angewendet wurden.

In Frankreich wurde mit dem Gashüttenbetriebe 1841 begonnen, und haben sich hier hauptsächlich Thomas, Laurent und Ebelmen um denselben verdient gemacht. Seit jenen gelungenen Versuchen hat der Gasofenbetrieb nicht nur in der Hüttenindustrie, sondern auch in andern technischen Zweigen vielfache Verbreitung und Anwendung gefunden, und ist gegenwärtig ziemlich allgemein geworden. Dieser Betrieb gewährt eine grosse Brennstofferparniss, und wenn auch die ausschliessliche Anwendung desselben für Flammfeuerungen noch nicht Anwendung gefunden hat, so sind höchstens einige practische Schwierigkeiten sowie der Umstand Ursache, dass man hiezu besonders aufmerksame und geschickte Arbeiter braucht. Dies nun sind aber Gründe, welche die weitere Verbreitung dieser Feuerungsmethode wohl aufhalten, aber nicht verhindern können.

Ausser der Brennstofferparniss sind es aber hauptsächlich zwei Umstände, welche immer mehr zu allgemeinerer Anwendung des Gasofenbetriebes beitragen, nämlich:

a) die Möglichkeit der Verwendung geringwerthiger Brennmaterialien und sonst werthloser Abfälle;

b) die selbst bei Anwendung solcher Brennstoffe erreichbaren hohen Temperaturen.

Aus den sub a angegebenen Gründen erfährt das ökonomische Moment des Feuerungsbetriebes seine bedeutendste Förderung; das technische Moment gewinnt aus den sub b angeführten Ursachen.

Die Gasfeuerung beruht auf dem Princip, dass an dem einen Orte aller Brennstoff in brennbare Gase umgewandelt wird, welche dann an einem andern Orte durch Zumischen der nöthigen Luft zur Verbrennung gebracht werden. Die Erzeugung dieser Gase findet dadurch statt, dass man dem Brennstoff eine grosse Schütthöhe gibt, wodurch der meiste Kohlenstoff blos zu Kohlenoxyd verbrannt wird, der Wasserstoff aber theils frei, theils als Kohlenwasserstoff auftritt. Unmittelbar über dem Roste bildet sich zwar zunächst Kohlensäure, aber diese wird bei dem Durchziehen durch die darüber liegenden glühenden Brennstoffschichten wieder zu Kohlenoxydgas umgewandelt.

$$CO_2 + C = 2CO.$$

Je feinkörniger der Brennstoff im Allgemeinen ist, je dichter also derselbe liegt, um so niederer, je gröberes Korn er aber besitzt, um so höher muss er aufgeschichtet werden, um die Reduction der Kohlensäure zu bewerkstelligen.

Neben den genannten Verbrennungsproducten treten aber auch in Folge der Hitzeeinwirkung auf die oberen Brennstofflagen aus diesen Destillationsproducte auf, welche sich mit den Verbrennungsgasen mischen; unter diesen ist das schwere Kohlenwasserstoffgas (Elayl, Aethylen, ölbildendes Gas C_2H_4) dasjenige, welches den Worth eines Generatorgases wesentlich erhöht, und von diesem wird um so mehr im Generator gebildet, je trockener der verwendete Brennstoff ist.

Die Generatorgase erfordern zu ihrer Bildung eine bestimmte Temperatur, die nicht überschritten werden darf, und diese ist abhängig von der Menge der zugeführten Luft; ist diese zu gross, so tritt vollständige Verbrennung ein und der beabsichtigte Zweck wird nur unvollkommen erreicht, ist sie aber zu gering, so wird die Wärme zur Bildung von Kohlenoxydgas nicht hinreichend, und die Gasentwickelung, d. i. die unvollständige Verbrennung hört gänzlich auf. Die richtige Menge Luft, welche einem Gaserzeuger zuzuführen ist, lässt sich nur durch Versuche ermitteln.

Die Generatorgase sind durch ihren Geruch kenntlich. Holz-
gas zeigt mehr bläuliche Farbe bei vorherrschendem Creosotgeruch,
Torfsorten liefern verschiedenes, bald mehr dem Gas aus Holz, bald
dem aus Braunkohle ähnlicheres Gas, Braunkohlengase sind wegen
ihres Wassergehaltes.mehr weisslich, Steinkohlengas ist mehr grün-
lich und riecht intensiv nach Theer.

Zum Gasofenbetrieb kann jedes Brennmaterial, wenn auch
nicht gleich bequem benützt werden; Holzscheite werden dazu mit
Kreissägen in kurze Stücke zerschnitten, aber nicht gespalten, Torf
wird in gewöhnlicher Form, Braun- und Steinkohlen in Nuss- bis
Eigrösse angewendet. Backende Steinkohlen können auch pulverig
sein, und bei Anwendung von Treppenrosten kann jedes Material,
auch in der kleinsten Form angewendet werden. Holz und Torf
sollen künstlich getrocknet, die anderen Brennstoffe sollen wenigstens lufttrocken sein, denn die Feuchtigkeit, d. i. der hygroscopische Wassergehalt der Brennstoffe ist der grösste Feind des Gas-
hüttenbetriebes. Auch je mehr chemisch gebundenes Wasser der
Brennstoff enthält, desto geringer ist sein Werth für die Gaserzeu-
gung, daher man mit Holz unter den ungünstigsten Verhältnissen
arbeitet; umgekehrt verhält sich ein freier Wasserstoffgehalt in den
Brennstoffen, welcher den Werth der erzeugten Gase wesentlich
erhöht, indem er zur Bildung von Elayl beiträgt.

Der Gehalt an freiem Wasserstoff in den Brennstoffen beträgt
auf 1000 Gewichtstheile Kohlenstoff bezogen im Durchschnitt
nahezu:

bei Holz .　.　.　.　18
" Torf .　.　.　.　29
" Lignit .　.　.　30
" Gaskohle .　.　36—45
, Backkohlen .　42
" Sinterkohlen .　37
" Sandkohlen .　35
" Anthrazit .　.　10

Die Zersetzung der Brennstoffe in brennbare Gase geschieht
in eigenen Apparaten, die man Generatoren nennt; aus diesen
werden sie in die Gasöfen geleitet, und dort verbrannt.

Die Flamme der Generatorgase kann beliebig regu-
lirt werden. Zur Erzielung einer sehr intensiven Hitze lässt
man das Gas wagrecht austreten und führt die Luft unter einem

sehr spitzen Winkel zu; das spez. leichtere Gas (0.78) ist immer bestrebt aufzusteigen und mischt sich sehr innig mit der Luft.

Zur Erzielung geringerer Temperaturen lässt man Gas und Luft nebeneinander parallel ausströmen, so dass die Verbrennung gleichsam nur an den Berührungsschichten erfolgt, und Gas und Luft einige Zeit sich neben einander fortbewegen.

Eine oxydirende Flamme erhält man durch Zuführung eines entsprechenden Luftüberschusses, eine reducirende Flamme bei Ueberschuss von Gas.

Sollen die höchsten Temperaturen erzeugt werden, so muss dem Generator Luft zugeführt und die zur Verbrennung dienende Luft möglichst hoch erhitzt werden.

Sehr feinkörniges und überhaupt dicht liegendes Brennmaterial verlangt ebenfalls, selbst wenn nur mittlere Temperaturen zu erzeugen sind, Gebläsewind, wo dann auch eine hinlänglich hohe Brennstoffschicht aufgegeben werden kann, um die möglichst vollständige Reduction der oberhalb des Rostes gebildeten Kohlensäure zu Kohlenoxyd herbeizuführen.

Die eben nöthige Pressung des unter den Rost zugeführten Windes muss durch Versuche ermittelt werden; sie soll nicht unter 30 mm und nicht über 270 mm Wassersäulendruck betragen.

Bei gutem Gang des Generators zeigt das durch die geöffneten Schaulöcher entströmende Gas die jedem Brennstoff eigenthümliche, jedoch etwas gelbliche Farbe und wenn diese verschwindet, ist der Generator neu zu beschüren. Bei Verwendung sehr nasser Brennstoffe wird, um das Gas vom Wasserdampf zu befreien, zwischen den Generator und den Verbrennungsraum ein Condensator eingeschaltet.

Die Thatsache, dass durch Vorwärmung des Brennstoffs die bei der Verbrennung desselben erzeugte Temperatur um etwa die Hälfte jener Temperatur zunimmt, auf welche das Brennmaterial vor seiner Verbrennung erhitzt wurde, so wie dass die Vorwärmung der Luft die Verbrennungstemperatur um ebenfalls einen, dem vorigen nahezu gleichen Theil jener Temperatur erhöht, welche die Luft vor ihrer Mischung mit den Gasen angenommen hat, haben dahin geführt, diesen beiden Factoren mehr Aufmerksamkeit zu schenken. Abgesehen nun von der Vorwärmung der Luft auf geringere Temperaturen von etwa 150 ° C., was gleich ursprünglich ausgeführt wurde und mit zu der Einführung der Gasfeuerung zu zählen ist, manifestiren sich die neueren Verbesserungen in der Construction und im Betriebe der Generatoren im Wesentlichen nach folgenden Richtungen:

1) Rücksichtlich starker Erhitzung der Luft vor ihrer Mischung mit den Generatorgasen.

2) Rücksichtlich starker Vorwärmung des Heizmaterials vor seiner Verbrennung.

3) Rücksichtlich der Regeneration der verbrannten Gase.

Die sub 1 und 2 genannten Mittel, die Verbrennungstemperatur der Gase zu erhöhen, sind bei gleicher Vorwärmung in ihrer Wirkung für Erreichung eines möglichen Temperaturmaximums nicht viel verschieden; mit der Regeneration der Gase ist eine Vorerhitzung derselben verbunden.

Die vollkommenste Methode der Verwerthung erzeugter Gase ist die Regeneration derselben, denn es bedarf, um ein verbranntes Gas in brennbares umzuwandeln, des geringsten Brennstoffaufwandes, und das frisch reducirte Gas erhält bei seiner neuerlichen Verbrennung die geringste Menge unbrennbarer Bestandtheile beigemengt. In Verbindung mit der Regeneration der Gase steht auch zum Theil eine Elimination des Stickstoffs, wie solche von Schinz, zuerst aber von Lebedeff in Vorschlag gebracht und empfohlen wurde; allerdings ist in praxi die Regenerirung eines Gases nie eine vollständige. Die von Fröhlich und Thum angegebenen Gasregeneratoren lösen diese Aufgabe in ziemlich einfacher Weise.

Generatorgase zeigen die folgende Zusammensetzung:

A) Dem Volum nach:

Gas aus	Holz	Torf	Holzkohle	Koks
CO	32.4—19.0	21.8	34.1—33.3	33.5
CO_2	7.2—13.2	9.1	0.8— 0.5	0.8
H	10.2—17.2	7.5	1.5— 2.8	1.5
N	50.1—50.0	61.5	64.9—63.4	64.1

B) Dem Gewichte nach:

CO	11.6—22.0	22.4		33.8
CO_2	34.5—21.2	14.0		1.3
H	0.7— 1.3	0.5		0.1
N	53.2—55.5	63.1		64.8

Um den Stickstoff vollständig zu eliminiren, versuchte man in neuerer Zeit Wasserdampf zu vergasen, das so erzeugte Gas in

einem Gasometer zu sammeln und von hier der Verbrennung zuführen. Streng hat hiefür einen Generator angegeben, doch sind
für ununterbrochenen Betrieb mindestens 2, besser 3 Generatoren
nothwendig. Hocherhitzter Wasserdampf wird durch eine glühende
Kohlensäule geführt, und das durch Zerlegung desselben erzeugte
Gas enthält:

CO_2	2.05
CO	35.88
H	52.76
CH_4	4.11
N	4.43
O	0.77

Hohofengase.

Die ersten Versuche, die aus der Gicht eines Hohófens abziehenden Gase zu benützen, wurden zu Anfang des laufenden
Jahrhunderts in Frankreich gemacht, wo man sie zum Erzrösten
verwendete; wohl die ersten Versuche, diese Gase auch zum Frischen des Eisens in Flammöfen zu benützen, wurden von Fabre
du Faure zu Wasseralfingen durchgeführt und von da verbreitete
sich diese Methode an mehrere Orte. Auch in Oesterreich wurden
an einigen Orten derartige Versuche gemacht, aber sehr bald kam
man wieder davon ab, denn es hat sich herausgestellt, dass Hohofengase zum Puddlofenbetriebe nicht nur nicht taugen, weil sie
die hiezu nöthige Temperatur nicht erzeugen, sondern dass die
Entziehung derselben aus dem Hohofen in grösserer Tiefe für den
Betrieb desselben auch nachtheilig ist, wesshalb man mehr an die
Benützung der Gichtgase, d. i. auf die dem Ofen an der Gicht bereits entströmenden Gase angewiesen ist.
Zunächst ist es nöthig, die Zusammensetzung der Gichtgase
näher zu kennen; sie enthalten sowohl brennbare, als auch un-
brennbare Gase, und ist ihre Zusammensetzung abhängig von der
Art des Brennstoffs, dann von der Temperatur und Pressung des
Windes.
Bisher sind die Gase der folgenden Hohöfen untersucht
worden:

Im Jahre 1839 Gase vom Hohofen zu Veckerhagen (Deutschland) von Bunsen.

„ „ 1841 „ „ „ „ Clerval (Frankreich), Ebelmen (wiederholt 1848).

„ „ 1842 „ „ „ „ Mägdesprung (Harz) von Heine.

„ „ 1841 „ „ „ „ Audincourt (Frankreich) von Ebelmen.

„ „ 1843 „ „ „ „ Bärum (Norwegen) von Scheerer und Langberg.

„ „ 1843 „ „ „ „ Vienne (Frankreich) von Ebelmen.

„ „ 1843 „ „ „ „ Ponte-l'-Eveque (Frankreich) von Ebelmen.

„ „ 1845 „ „ „ „ Alfreton (England) von Bunsen und Playfair.

„ „ 1848 „ „ „ „ Seraing (Belgien) von Ebelmen.

„ „ 1860 „ „ „ „ Eisenerz (Steiermark) von Tunner und Richter.

„ „ 1862 „ „ „ „ Hammarby (Schweden) von Rinmann und Fernquist.

„ „ 1863 „ „ „ „ Forsjö (Schweden) von Rinmann und Fernquist.

„ „ 1864 „ „ „ „ Hasselfors (Schweden) von Rinmann und Fernquist.

„ „ 1866 „ „ „ „ Harnäs (Schweden) von Rinmann und Fernquist.

„ „ 1868 „ „ „ „ Raiwolow (Russland) von Kulibin und Cholostov.

„ „ 1871 „ „ „ „ Eisenerz (Steiermark) von Kupelwieser u. Schöffel.

„ „ 1876—1878 Gase von den Freiberger achtförmigen Rundöfen (Bleihüttenbetrieb mit Koks) von Schertel.

Die Bestandtheile einiger dieser Gase werden in dem Folgenden mitgetheilt.

Hohofengase vom Holzkohlenbetrieb zu Veckerhagen, Bärum und Clerval enthielten dem Gewichte nach:

Stickstoff	63.4—59.7
Kohlensäure	5.9—19.4
Kohlenoxydgas	29.6—20.2
Grubengas	1.0— 0.3
Wasserstoffgas	0.1— 0.4

Hohofengase vom Holzkohlenbetrieb zu Eisenerz enthielten dem Gewichte nach:

Tiefe unter der Gicht:	3.6	5.6	7.6	9.0	11.1 Meter.
Stickstoff	63.50	60.52	64.90	65.65	62.23
Kohlensäure . , . . .	23.56	24.86	14.26	4.15	17.67
Kohlenoxydgas	12.94	14.62	20.84	30.20	20.70

Hohofengase vom Hohofenbetrieb mit Holzkohlen von Raiwolow enthielten dem Volumen nach:

Tiefe unter der Gicht:	0.6	1.1	2.3	3.5	4.5 Meter.
Stickstoff	47.22	55.94	57.59	53.32	58.84
Kohlensäure	11.92	12.50	8.50	9.00	2.93
Kohlenoxydgas	27.03	26.08	33.90	37.68	38.23
Wasserstoff	11.41	5.48	—	—	—
Grubengas	2.42	—	—	—	—

Hieraus berechnet sich bei letzteren die procentische Zusammensetzung dem Gewichte nach:

Tiefe unter der Gicht:	0.6	1.1	2.3	3.5	4.5 Meter.
Stickstoff	49.61	54.82	54.92	50.51	57.86
Kohlensäure	19.67	19.25	12.74	13.50	4.52
Kohlenoxydgas	28.40	25.54	32.33	35.97	37.60
Wasserstoff	0.84	0.04	—	—	—
Kohlenwasserstoff . . .	1.45	—	—	—	—

Hohofengase vom Steinkohlenbetriebe zu Alfreton enthielten dem Gewichte nach:

Stickstoff . .	56.3
Kohlensäure .	15.2
Kohlenoxyd .	21.5
Wasserstoff .	1.0
Elayl . . .	1.8
Grubengas. .	4.1

Hohofengase vom Koksbetrieb zu Seraing enthielten dem Volumen nach:

Tiefe unter der Gicht:	0.3	1.3	2.8	3.1	3.9	14.4 Met.
Stickstoff	57.06	59.64	62.46	61.67	61.34	54.63
Kohlensäure	11.39	9.84	1.54	1.08	0.10	—
Kohlenoxyd	28.61	28.06	33.38	35.20	36.30	45.05
Elayl	0.20	1.48	1.43	0.33	0.25	0.07
Wasserstoff	2.74	0.97	0.69	1.72	2.01	0.25

Hieraus berechnet sich die procentische Zusammensetzung dem Gewichte nach:

Tiefe unter der Gicht:	0.3	1.3	2.8	3.1	3.9	14.4 Met.
Stickstoff	55.49	58.46	61.65	61.32	61.64	55.33
Kohlensäure	16.40	15.17	2.42	1.70	1.56	—
Kohlenoxyd	27.81	27.50	34.01	35.59	36.48	44.59
Elayl	0.11	0.81	0.82	0.19	0.14	0.02
Wasserstoff	0.18	0.05	0.04	0.13	0.14	0.02

Tiefe unter der Gicht:	0	3.5	5.8	8.3	9.0	9.5	10.1	10.9 m
Kohlensäure	14.23	13.70	14.64	12.67	13.48	12.30	12.78	12.07	7.92
Kohlenoxyd	24.37	24.51	26.30	25.99	25.98	27.44	28.57	29.33	29.01
Grubengas	0.69	0.03	—	0.93	0.04	0.09	0.20	0.03	—
Wasserstoff	4.22	5.48	8.20	6.90	3.78	2.92	2.84	2.78	2.31
Stickstoff	56.49	54.34	50.86	53.15	56.76	57.25	56.23	56.55	60.76

Dem Gewichte nach berechnet sich die Zusammensetzung dieser Gase folgends:

Tiefe unter der Gicht:	0	3.5	5.8	8.3	9.0	9.5	10.1	10.9 m
Kohlensäure	21.47	20.90	23.22	19.79	20.29	18.50	19.16	18.14	12.12
Kohlenoxyd	23.40	23.81	25.90	25.82	24.87	26.26	26.66	27.32	28.25
Grubengas	0.38	—	—	0.52	0.01	0.04	0.11	0.01	—
Wasserstoff	0.29	0.39	0.58	0.49	0.29	0.20	0.19	0.20	0.16
Stickstoff	54.46	54.90	50.30	53.38	54.57	55.00	53.88	54.33	59.47

Am Lichtloch zeigten dieselben die folgende Zusammensetzung:

	dem Volumen nach		dem Gewichte nach	
Kohlensäure	1.19	2.96	1.88	4.66
Kohlenoxyd	29.33	38.22	29.49	37.93
Grubengas	0.03	0.09	0.01	0.03
Wasserstoff	1.62	1.17	0.11	0.08
Stickstoff	67.76	57.56	68.35	57.35

Ausser den genannten Gasarten führen die Hohofengase noch Cyangas, Blei-, Zink-, Cadmium-, Lithium-, Kalium- und Natriumdampf, Calciumdämpfe, endlich die Gase der mit rohen Steinkohlen betriebenen Hohöfen auch noch Ammoniak und Schwefelwasserstoffgas, die Gase der Oefen von Silber-, Blei-, Kupfer- u. s. w. Schmelzprocessen auch noch Schwefeldioxyd. Zu den in Vorstehendem angeführten Gasanalysen ist hinzuzufügen, dass dieselben mit Rücksicht auf die durch St. Claire-Deville nachgewiesene Dissociation bei der Abkühlung kaum der ursprünglichen Zusammensetzung entsprechen dürften.

Cailletet hat übrigens nachgewiesen, dass die den metallurgischen Oefen entströmenden Gase, selbst nachdem sie schon nachher einen Dampfkessel beheizt haben, noch brennbar sind und sich entzünden, wenn man sie über eine Hilfsfeuerung streichen lässt, wo sich die abgekühlten Gase wieder zur Entzündungstemperatur erwärmen und noch Weissgluth erzeugen, somit zum Ausglühen von Eisen und Draht, zum Kalk- und Ziegelbrennen noch verwendbar sind.

Wenn man den Sauerstoffgehalt der Hohofengase mit jenem des Stickstoffs in Relation bringt, so ergibt sich stets ein Ueberschuss an Sauerstoff gegenüber dem Verhältniss, in welchem beide Gase in der atmosphärischen Luft vorkommen, und dieser Sauerstoffüberschuss hat seinen Grund:

1) In dem Sauerstoffgehalte der Brennstoffe, denn keiner ist frei davon.

2) In dem Kohlensäuregehalt der Erze und Zuschläge, und dem Sauerstoffgehalt der Erze.

3) In der Feuchtigkeit der eingeblasenen atmosphärischen Luft.

Ebenso verhält es sich mit dem Stickstoff, doch ist die Zunahme sehr gering und hat ihren Grund in dem Stickstoffgehalte der Brennstoffe (Steinkohle und Koks an 1 Procent), wofür durch Bildung von Cyankalium und Cyantitan wieder etwas verloren geht.

Eine Abnahme des Sauerstoffgehaltes der Gase gegenüber dem vorhandenen Stickstoff ist nur im Formniveau möglich, wo unter Umständen eine Oxydation von bereits reducirtem Metall stattfinden kann, und jede Abweichung von diesem Verhältniss, beziehentlich jeder Sauerstoffabgang kann seinen Grund nur darin haben, dass die aufgefangene Gasprobe nicht der mittleren Zusammensetzung des Gases in jenem Horizonte entspricht, in welchem die Gase abgefangen wurden; es kann daher eine Abnahme des Sauerstoffs der Gase gegenüber Stickstoff nicht statthaben.

Freier Sauerstoff kann nur in dem Focus der Formen vorhanden sein, bevor er sich mit dem Kohlenstoff chemisch verbunden hat oder auch überhaupt in den heissesten Theilen des Ofens, da Deville's Untersuchungen dargethan haben, dass sowohl Kohlenoxyd als auch Kohlensäure sich selbst bei Gegenwart von Kohle und freiem Sauerstoff in hohen Temperaturen zersetzen können, also

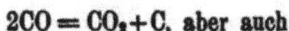

$$2CO = CO_2 + C, \text{ aber auch}$$
$$CO_2 = CO + O,$$

dass aber in kühleren Zonen die getrennten Bestandtheile sich wieder vereinigen, beziehentlich regeneriren.

Nach Cailletet zeigen auch Ofengase von Flammöfen in höherer Temperatur eine andere Zusammensetzung, als nach der Abkühlung; der Sauerstoffgehalt nimmt nach erfolgter Abkühlung ab, der Gehalt an Kohlensäure zu, Kohlenoxyd und Stickstoff bleiben unverändert, demnach hier

$$C + 2O = CO_2;$$

d. h. der freie Sauerstoff verbrennt nur die fein vertheilte Kohle, welche sich in der Ofenluft befindet. Rauch und Kohlenwasserstoffgase können selbst bei Schweisshitze und bei Gegenwart von Sauerstoff bestehen.

Cailletet benützt auch zum Abfangen der Ofengase einen eigenen Apparat mit stark (durch Wasser) gekühltem Gasfangrohr, um die Dissociation zu verhindern, welche bei langsamer Abkühlung stattfindet.

Die Art des Brennstoffs übt fast keinen Einfluss auf die Bildung der beiden Oxyde des Kohlenstoffs im Hohofen; im Allgemeinen ergibt sich, dass die Menge an Kohlensäure von der Form zur Gicht zunimmt, die Menge des Kohlenoxydgases in derselben Richtung abnimmt. Die abweichendsten Verhältnisse werden sich in dieser Richtung in Hohöfen finden, welche mit rohen Brennstoffen betrieben werden.

Eine Verminderung des Kohlenstoffgehalts der Gase hat ihren wesentlichsten Grund in der Carbonisation der Metalle (Eisen). Zu diesen Vergleichungsresultaten gelangt man, wenn man den Gehalt der Gase an Sauerstoff und Kohlendampf auf 100 Volumina Stickstoff berechnet.

Anwendung von Petroleumdämpfen zur Flamm-(Gas-)
feuerung. Von der Verwendung des Petroleumdampfes als Reductionsmittel ist bereits gesprochen worden; in neuester Zeit findet der Petroleumdampf auch zur Flamm-(Gas-)feuerung Anwendung.

In der sogenannten Oelregion Nordamerika's wird das aus
den Bohrlöchern strömende natürliche Gas durch eiserne Röhren
oft weite Strecken geleitet, und zur Eisenraffinirung in Flammöfen
benützt. Solches aus den in der Nähe von Pittsburg gelegenen
Werken gewonnene Gas enthält nach Stadler:

Bohrloch	Lechburg	Burns	Harosy
Kohlenoxyd	0.35	Spur	—
Kohlensäure	0.26	0.34	0.66
Elayl	0.56	—	—
Grubengas	89.65	75.44	80.11
Wasserstoff	4.79	6.10	13.50
Aethylwasserstoff	4.39	18.12	5.72

Auf den Eameseisenwerken in Titusville (Pennsylvanien)
wird das Petroleum in einer Art Generator (einem eisernen Kessel)
verdampft, der Dampf passirt dann eiserne Röhren, in welchen er
überhitzt wird und tritt weissglühend auf den Verbrennungsheerd,
wo er durch aus einer Batterie zuströmende Luftstrahlen verbrannt wird.

Anwendung heisser Gebläseluft in Hohöfen. Wenn
man bei gleichbleibender Gebläsekraft den aus dem Gebläse aus-
geblasenen Wind in den verlängerten Windleitungsröhren erhitzt,
so wird die Gebläseluft dadurch ausgedehnt; in Folge dessen drückt
sie nach vorwärts durch die Düse, aber auch nach rückwärts auf
den Gebläsekolben, und die unmittelbare Folge davon ist:

1) Dass der ausströmende Wind eine grössere Pressung an-
nimmt, dann

2) dass das Gebläse langsamer wechselt, mithin weniger Wind
in den Ofen gebracht wird.

Das Mass, in welchem beides geschieht, hängt von der Temperatur und Ausdehnung ab, welche der Wind bei der Erhitzung
angenommen hat.

Bei den Schmelzprocessen mit heissem Winde zeigen sich
wieder zwei neue Erscheinungen, und zwar:

a) die Hitze im Gestelle nimmt zu

b) die Hitze oberhalb des Gestelles nimmt ab.

Für die erste Erscheinung wird die Erklärung in dem Capitel über Temperaturerhöhung gegeben werden. Die zweite Erscheinung erklärt sich daraus, dass, weil in derselben Zeit weniger Wind in den Ofen strömt, auch weniger glühend heisse Verbrennungsgase aus dem Gestelle in den Kohlensack austreten, und in demselben aufsteigen, demnach auch weniger Wärme an die darin befindlichen Schmelzmaterialien abgeben können.

Die Anzahl der durchgesetzten Gichten nimmt dabei ab, und in diesem Verhältnisse würde auch die Eisenproduction verringert; weil aber bei heisser Windführung die Kohlengichten bedeutend höhere Erzsätze tragen und desshalb vergrössert werden müssen, so nimmt in jenem Verhältniss die Eisenproduction wieder zu, so dass sie jene bei kalter Windführung erreicht und selbst noch übersteigt.

Will man bei heisser Windführung eine gleiche Menge Luft, wie bei kaltem Winde in den Ofen führen, so kann dies auf zweierlei Art geschehen, und zwar:

1) Durch verstärkte Windpressung.

2) Durch Erweiterung der Düsenöffnung.

Heisse Gebläseluft wird bis jetzt fast nur bei Eisenhohöfen mit Vortheil angewendet; bei anderen Hüttenprocessen kann dieselbe nur dann zur Anwendung gelangen, wenn die Beschickung grösstentheils aus Erden besteht, arm an Eisen ist und keine in hoher Temperatur flüchtigen Metalle enthält. Bei viel Eisen haltenden Beschickungen wird die Abscheidung von Ofensauen zu sehr begünstigt.

Die Hauptresultate von der Anwendung der erhitzten Gebläseluft bei der Eisenerzeugung sind folgende:

1) Die Schlacke ist flüssiger, reiner verglast und lichter von Farbe, sie enthält nicht nur weniger Eisen verschlackt, sondern auch weniger mechanisch beigemengte Eisenkörner.

2) Die Formen leuchten besser und nahen weniger.

3) Der Schmelzgang des Ofens ist weit regelmässiger, und hat man die Temperatur des Windes in seiner Gewalt, so ist es leicht, durch Aenderung derselben sowohl den Rohgang, als den hitzigen und übergaren Gang zu mindern ohne an Gichtensatz abbrechen zu müssen, also beide für den Ofen unschädlich zu machen, was augenblicklich bei der Form im Gestelle eintritt, ohne so viel

Zeit verlieren zu müssen, bis, wenn man die Gichten ändert, die veränderten Gichten in das Gestelle einrücken.

4) Bei dem Kippen der Gichten, Versetzungen durch streng-flüssige Beschickung, Sinken der Schmelztemperatur im Gestelle und mehreren anderen Uebelständen ist die Anwendung einer gesteigerten Windtemperatur vom besten Nutzen.

5) Der Gichtenwechsel nimmt bei gleichbleibender Gebläsekraft ab; weil aber die Kohlengichten einen grösseren Erzsatz tragen, so nimmt doch die Roheisenerzeugung gegen die kalte Windführung zu.

6) Das heiss erblasene Roheisen ist in hohem Grade flüssig und hitzig.

7) Die relative und absolute Festigkeit des heisserblasenen Roheisens erleiden keine Verminderung, wohl aber die Dichte.

8) Das Ansetzen von Gichtschwamm wird befördert.

9) Die heisse Windführung gestattet eine schnellere Steigerung des Erzsatzes bei dem Anblasen und ein reineres Niederblasen.

10) Die Kohlenersparniss beträgt 15—30 Procente des Kohlenaufwandes bei heissem Winde.

11) Der Kohlensack leidet weniger, das Gestelle nicht mehr, als bei kalter Windführung.

12) Bei heisser Luft erblasenes Roheisen ist immer unreiner, als bei kalter Luft erblasenes.

13) Der Schwefelgehalt der Erze lässt sich bei heissem Wind und genügendem Kalkzuschlag vollständig in die Schlacke überführen.

14) Die Sättigungsfähigkeit der Kieselerde ist bei höherer Temperatur eine grössere, und es wurde desshalb die Ansicht ausgesprochen, dass man von dem Kalkzuschlag, wenn er schon bei kalter Windführund der richtige war, abbrechen könne; diese Aenderung in der Satzführung ist jedoch nicht zu empfehlen.

Die Hohöfen erhalten einen Wind von 250—600° C. Temperatur; noch höhere Temperaturen sind seltener.

Vergiftung durch Hohofengase.

Die Hohofengase sind wegen Mangels an freiem Sauerstoff nicht allein nicht athembar, sondern sie enthalten auch wirklich giftige Bestandtheile, nämlich das Kohlenoxydgas und das

Cyangas; es ist desshalb besonders darauf zu sehen, dass bei allen solchen Apparaten, in welchen Gase zur Heizung verwendet werden, keine unverbrannten Gase entweichen, und desshalb soll man für alle überschüssigen Gase an der Hohofengicht Abzüge anbringen, welche man auch zur Beleuchtung der Gicht während der Nachtzeit benützen kann. Aus diesem Grunde muss auch bei dem Oeffnen einer verschlossenen Gicht während des Chargirens das ausströmende Gas durch Einwerfen eines Stückes glühender Kohle oder Koks angezündet werden, wozu man stets eine kleine Kohlengluth auf der Gicht des Hohofens unterhält.

Das Kohlenoxydgas bewirkt hauptsächlich die Erscheinungen der Erstickung, d. h. des mangelnden Sauerstoffs im Blute, da es in den Lungen den Sauerstoff verdrängt und eine chemische Verbindung mit dem Blute eingeht; das Blut so Vergifteter ist immer hellroth, während durch Kohlensäure oder aus anderen Gründen Erstickte stets dunkles Blut haben. Die Einwirkung des Kohlenoxydgases ist eine langsame und ebenso langsam erholt sich der Vergiftete wieder.

Nach Hammerschmidt sind die Symptome dieser Vergiftung Eingenommenheit des Kopfes, Kopfschmerzen mit Uebelkeit und oft Erbrechen, Schwindel, Beklemmung, Athemnoth, Herzklopfen, Trübsehen, Ohrensausen, Schwere in allen Gliedern, beschleunigter Puls, oft ein geröthetes Gesicht; in stärkeren Vergiftungsfällen Bewusstlosigkeit, aus der die Kranken kaum zu erwecken sind.

Gegenmittel sind hauptsächlich Zuführung frischer Luft, also Forttragen des Kranken aus der schlechten Atmosphäre in's Freie, Oeffnen der Kleider, kalte Begiessungen, hauptsächlich des Kopfes, Frottiren. Innerlich gibt man starken schwarzen Kaffee oder Ammoniak zu 15—20 Tropfen in Wasser oder Graupenschleim; Elektrisiren der Brustmuskeln, um die Athembewegungen kräftig zu machen, ist wo möglich anzuwenden, und ebenso empfiehlt es sich, mit Sauerstoff gefüllte Blasen von Kautschuck in Vorrath zu halten, um diesen den Kranken in die Lungen einzublasen. Nach erfolgter Erholung gebe man säuerliche Getränke.

Eine Vergiftung durch Cyankalium, d. i. durch frei werdende Blausäure zeigt ebenfalls hauptsächlich Erstickungserscheinungen, aber in Folge ihrer lähmenden Wirkung auf das Nervensystem.

Symptome dieser Vergiftung sind rasch zunehmende Athemnoth mit Schwindel, krampfhafte Zuckungen, Erweiterung der Pupillen, blutiger Schaum tritt aus dem Mund, der Puls wird schwach und geht sehr rasch, die Haut ist kühl, dann folgt tiefer Schlaf und der Tod tritt nach Minuten oder wenigen Stunden ein.

Gegenmittel sind: Brechmittel, wenn das Gift nicht blos eingeathmet, sondern mit dem Gichtstaub auch verschluckt worden ist, dann vorsichtiges Einathmen von Chlorgas, indem man ein Theil Chlorwasser mit vier Theilen Wasser mischt und zum Einathmen vor Nase und Mund bringt; auch innerlich werden 15—20 Tropfen Chlorwasser in einem Glase Wasser esslöffelweise, oder die bereits angegebene Ammoniaklösung in Gerstenschleim gereicht. Sehr gut wirken auch kalte Uebergiessungen des Kopfes und kräftige Hautreize.

Characteristisch für die Vergiftung durch Kohlenoxydgas ist der heftige Kopfschmerz, die Uebelkeit, Neigung zur Schlafsucht und Bewusstlosigkeit; für die Vergiftung durch Cyanwasserstoff sind characteristisch die nervösen Erscheinungen, Krämpfe, Schwindel, Erweiterung der Pupille und der stürmische Verlauf.

Ausser dem hellrothen Blute gibt es für die Vergiftung durch Kohlenoxydgas bei dem Lebenden kein absolutes Kriterium.

Von den Wärmeeffecten der Brennstoffe und der Berechnung derselben.

Unter Wärme effect versteht man jene Wärmemenge, welche ein Körper bei seiner vollständigen Verbrennung entwickelt. Man unterscheidet einen absoluten, einen spezifischen und einen pyrometrischen Wärmeeffect.

Der absolute Wärmeeffect, die Verbrennungswärme ist jene Wärmemenge, welche ein Gewichtstheil eines Körpers bei seiner Verbrennung entwickelt, unabhängig von der Zeit, in welcher diese Verbrennung geschieht.

Als Einheit bei Messung dieser Wärmemenge dient jene Menge Wärme, welche im Stande ist, einen Gewichtstheil Wasser von 0° auf 1° C. zu erwärmen, oder jene Menge Wasser, welche von dem verbrannten Brennstoff von 0° auf 100° C. erwärmt wird. Man nennt nun jene Menge Wärme, welche einen Gewichtstheil Wasser von 0° auf 1° C. erwärmt, eine Wärmeeinheit, Calorie, und es wird der absolute Wärmeeffect eines Brennstoffs durch die Anzahl der entwickelten Wärmeeinheiten, Calorien, ausgedrückt.

Nach Favre und Silbermann entwickeln die nachfolgenden Stoffe bei ihrer Verbrennung folgende Wärmemengen:

1 Gewichtstheil	verbrannt zu	Cal.
Wasserstoff	Wasser	34462
Kohlenstoff	Kohlenoxydgas	2473
„	Kohlensäure	8080
Kohlenoxydgas	„	2403
Grubengas (CH_4)	Kohlensäure u. Wasser	13063
ölbildendes Gas (C_2H_4)	„ „ „	11858
Eisen	Eisenoxydul	1178
„	Eisenoxyduloxyd	1575
„	Eisenoxyd	1772
Zinn	Zinnoxyd	1167
Zinnoxydul	„	521
Kupfer	Kupferoxyd	604
Kupferoxydul	„	256
Zink	Zinkoxyd	1301
Silicium	Kieselerde	7830
Phosphor	Phosphorsäure	5953
Schwefel	Schwefeldioxyd	2221

Es ist gleichgültig, ob ein verbrennbarer Körper sogleich zu seiner höchsten Oxydationsstufe, oder ob er erst zu einem niederen Oxydat, und dieses hierauf zur höchsten Oxydationsstufe verbrennt, es wird dabei immer die gleiche Menge Wärme frei.

1 Gewichtstheil Kohlenstoff entwickelt bei seiner Verbrennung zu Kohlensäure 8080 Calorien, bei der Verbrennung zu Kohlenoxydgas aber nur 2473 Calorien; nun brauchen bei der Verbrennung zu Kohlenoxydgas

12 Kohlenstoff : 16 Sauerstoff = also 1 Kohlenstoff : x

x = 1.333 Gewichtstheile Sauerstoff, und es entstehen

1 + 1.333 = 2.333 Gewichtstheile Kohlenoxydgas.

Da nun ein Gewichtstheil Kohlenoxydgas 2403 Calorien entwickelt, wenn es zu Kohlensäure verbrennt, so werden bei der Verbrennung von 2.333 Kohlenoxydgas an Wärmeeinheiten frei:

$$2.333 \cdot 2403 = 5607.$$

Vorher bei der Verbrennung des Kohlenstoffs zu Kohlenoxydgas wurden frei . . 2473,

demnach zusammen 8080 Wärmeeinheiten.

Gruner (Abhandlungen über Metallurgie, deutsch von Kupelwieser, Paris 1877) berechnet den absoluten Wärmeeffect des Kohlendampfes mit 11214 Calorien, und zwar in folgender Weise:

Da in dem Kohlenoxydgas der Kohlenstoff gasförmig vorhanden ist, so tritt die Verbrennungswärme des dampfförmigen Kohlenstoffs in Wirksamkeit; bei Verbrennung von ein Gewichtstheil Kohlenstoff zu Kohlenoxyd werden 2473 Calorien frei, und bei Verbrennung der so erzeugten 2.333 Gewichtstheile Kohlenoxyd werden 5607 Wärmeeinheiten entwickelt. Sowohl der eine Gewichtstheil Kohle, als auch die 2.333 Gewichtstheile Kohlenoxyd bedürfen zu ihrer Verbrennung gleiche Mengen Sauerstoff, und doch wird bei Verbrennung von Kohlenoxyd bedeutend mehr, 5607 — 2473 = 3134 Calorien mehr frei, welche also bei der Vergasung des festen Kohlenstoffs absorbirt werden, und könnte man Kohlendampf direct zu Kohlensäure verbrennen, so müssten demgemäss

8080 + 3134 = 11214 Wärmeeinheiten frei werden.

Gruner findet aber, dass, mit wenigen Ausnahmen, die Koksausbeute mit den Wärmemengen in gradem Verhältnisse stehe, d. h. eine mehr Koks gebende Steinkohle entwickelt auch eine grössere Menge von Wärme.

Auch Scheurer-Kestner hat nachgewiesen, dass der Kohlenstoff in seinen Verbindungen mehr Wärme entwickelt, als der Kohlenstoff der Holzkohlen, daher der durch Rechnung sich ergebende calorische Werth der Steinkohlen im Allgemeinen stets zu niedrig gefunden wird, und um so höher ist, je mehr Kohlenstoff die mineralischen Brennstoffe besitzen.

Um der Wahrheit näher kommende Zahlen zu erhalten, sollte man nach Gruner für Kohlenstoff die Zahl 9000 statt 8080 und für Wasserstoff 30000 statt 34462 einführen, was der geringeren Condensation des Kohlenstoffs in den Steinkohlen mehr entspräche, da 8080 die für Holzkohlen ermittelte Ziffer ist; indessen enthalten Steinkohlen nach Muck (dessen Steinkohlenchemie pag. 140) factisch weder freien Kohlenstoff noch freien Wasserstoff; somit gewährt auch diese Rücksichtnahme keinen Nutzen.

Es ergibt sich daraus, dass die auf eine Elementaranalyse gegründeten Berechnungen der Wärmeeffecte der Mineralkohlen zwar unzureichend sind; für vergleichende Bestimmungen jedoch werden sie wohl immerhin Geltung behalten können.

Die Verbrennungswärmen der Aequivalente sind folgende: Cal.

1 Aequiv.	$H =$	2	Gewth.	verbrannt zu		$H_2O =$	2.34462	68924
1 „	$C =$	12	„	„	„	$CO =$	12.2473	29676
1 „	$C =$	12	„	„	„	$CO_2 =$	12.8080	96960
1 „	$CO =$	28	„	„	„	$CO_2 =$	28.2403	67284
1 „	$CH_4 =$	16	„	verbr. zu CO_2 u. $H_2O =$			16.13063	209008
1 „	$C_2H_4 =$	28	„	„ „ „ „ „ „ $=$			28.11858	332024
1 „	$Fe =$	56	„	verbrannt zu		$FeO =$	56.1178	65968
1 „	„ $=$	56	„	„	„	$Fe_3O_4 =$	56.1575	88130
1 „	„ $=$	56	„	„	„	$Fe_2O_3 =$	56.1772	99232
1 „	$Zn =$	65.2	„	„	„	$ZnO =$	65.2.1301	85866
1 „	$Sn =$	118	„	„	„	$SnO_2 =$ 118.1167		135372
1 „	$SnO =$	134	„	„	„	„ $=$ 134.521		68772
1 „	$Cu =$	63.4	„	„	„	$CuO =$	63.4.604	38294
1 „	$Cu_2O =$	142.8	„	„	„	„ $=$ 142.8.256		36556
1 „	$Si =$	28	„	„	„	$SiO_2 =$	28.7830	219240
1 „	$P =$	31	„	„	„	$P_2O_5 =$	31.5953	184543
1 „	$S =$	32	„	„	„	$SO_2 =$	32.2221	71072

Da nun zur Verbrennung der einzelnen Körper jedesmal eine bestimmte Menge Sauerstoff nothwendig ist, so ergibt sich durch Division der Anzahl Calorien, welche der verbrennende Körper entwickelt, durch die Anzahl der hiezu nöthigen Gewichtstheile Sauerstoff jene Wärmemenge, welche bei dieser Verbrennung durch einen Gewichtstheil Sauerstoff frei wird, und man erhält hienach die folgenden Zahlen.

Ein Gewichtstheil Sauerstoff macht frei bei seiner Verbrennung mit H zu Wasser . . 4308 Cal.

„	C	„	CO_2 . . .	3030 „
„	CO	„	CO_2 . . .	4205 „
„	CH_4	„	CO_2 u. H_2O	3266 „
„	C_2H_4	„	„ „ „	3458 „
„	Fe	„	FeO . . .	4123 „
„	Fe	„	Fe_3O_4 . .	4126 „
„	Fe	„	Fe_2O_3 . .	4134 „
„	Zn	„	ZnO . . .	5302 „
„	Sn	„	SnO_2 . . .	4230 „
„	SnO	„	„ . . .	4298 „
„	Cu	„	CuO . . .	2393 „
„	Cu_2O	„	CuO . . .	2285 „
„	Si	„	SiO_2 . . .	6850 „
„	P	„	P_2O_5 . . .	4623 „
„	S	„	SO_2 . . .	2221 „

Je grösser im Allgemeinen die spezifische Wärme eines Körpers, eine um so grössere Verbrennungswärme gibt derselbe.

Unter spezifischer Wärme oder Wärmecapacität versteht man jene Anzahl Calorien, welche eine Gewichtseinheit eines Körpers bedarf, um von Grad zu Grad höher erwärmt zu werden, oder anders ausgedrückt: je mehr Calorien ein Körper nöthig hat, damit derselbe um einen Grad höher erwärmt werde, eine desto grössere spezifische Wärme besitzt derselbe.

Die folgende Tabelle enthält die spezifischen Wärmen der vorzüglichsten Gasarten der Metalle und einiger anderer Körper.

	Spezifische Wärme bei	
	constantem Druck	constantem Volumen
Atmosphärische Luft .	0.2370	0.1668
Sauerstoff	0.2182	0.1547
Stickstoff	0.2440	0.1714
Kohlenoxydgas . . .	0.2479	0.1753
Kohlensäure	0.2160	0.1702
Wasserdampf	0.4750	0.3621
Grubengas	0.5929	0.4659

	Specifische Wärme bei constantem Druck	constantem Volumen
Oelbildendes Gas . .	0.3694	0.2968
Wasserstoffgas. . . .	3.4046	2.3885
Aluminium	0.2143	—
Cadmium	0.0567	—
Mangan	0.1441	—
Quecksilber	0.0333	—
Kobalt	0.1070	—
Nickel	0.1086	—
Kupfer	0.0952	—
Platin	0.0324	—
Zink . . . . : . .	0.0956	—
Zinn	0.0562	—
Antimon	0.0508	—
Arsen.	0.0814	—
Gold	0.0324	—
Silber.	0.0570	—
Wismuth	0.0308	—
Blei	0.0314	—
Chrom	0.1200	—
Palladium	0.0593	—
Wolfram	0.0334	—
Holzkohle	0.2415	—
Steinkohle	0.2009	—
Kok	0.2017	—
Asche	0.2000	—
Schwefel	0.2026	— (bei 120—150° C. = 0.2340)
Phosphor	0.1887	— (bei 50—100° C. = 0.2120)
Silicium	0.1600	—
Kohlenstoff.	0.2535	—
Schwefeldioxyd . . .	0.1553	0.1235
Schwefeldampf . . .	0.4005	—
Gebrannter Kalk . . .	0.2169	—
Kieselerde	0.19132	—
Quarz	0.1880	—

Spezifische Wärme bei

	constantem Druck	constantem Volumen
Eisenschlacke	0.3300	—
Eisenoxydul	0.1400	—
Eisenoxyduloxyd . . .	0.1678	—
Eisenoxyd	0.16707	—
Manganoxydul	0.15701	—
Kupferoxyd	0.14201	—
Bleioxyd	0.05118	—
Zinkoxyd	0.12480	—
Zinnoxydul	0.09500	—
Zinnoxyd	0.11100	—

Es haben dieselben Substanzen im tropfbar flüssigen Zustand eine höhere spezifische Wärme, als im starren, und je höher die Temperatur dieser Körper, eine um so höhere Wärmecapacität besitzen sie.

Spezifische Wärme im

	starren Zustand von 0—100° C.	tropfbar flüssigen Zustand von 350—450° C.
Blei	0.0314	0.0402
Quecksilber . .	0.0247	0.0333
Wismuth . . .	0.0308	0.0363
Zink	0.0956	0.1015
Zinn	0.0562	0.0637
Schwefel . . .	0.2026	0.2340
Phosphor . . .	0.1887	0.2120
Wasserdampf . .	—	0.4750
Schlacke von Eisenhohöfen über 1200° C.		0.3333

Das metallische Eisen hat eine spezifische Wärme bei

0— 100° C. . .	0.1098
0— 300 „ . .	0.1218
0— 400 „ . .	0.1278
0— 500 „ . .	0.1338
0— 600 „ . .	0.1398
0— 700 „ . .	0.1458
0— 800 „ . .	0.1518
0— 900 „ . .	0.1578
0—1000 „ . .	0.1638

$$0-1100^{\circ}\ \mathrm{C.}\quad .\ .\quad 0.1698$$
$$0-1200\quad \text{„}\quad .\ .\quad 0.1758$$

Der absolute Wärmeeffect ist abhängig:

1) Von der Art des brennbaren Körpers.
2) „ „ Menge desselben.
3) „ „ Art der gebildeten Verbrennungsproducte.
4) „ dem Wassergehalt der Brennstoffe.

Absoluter Wärmeeffect fester Brennstoffe. Die festen Brennstoffe bestehen nebst den unverbrennlichen, unorganischen Bestandtheilen, der Asche, vornehmlich aus Kohlenstoff, Wasserstoff und Sauerstoff mit geringen Mengen von Stickstoff; enthalten dieselben noch Wasser, gleichgültig ob in freiem oder gebundenem Zustande, so wird dasselbe verdampft, bindet hierbei Wärme und drückt die Verbrennungswärme des Brennstoffs herab. Jener Theil Wasserstoff in dem Brennmateriale, der von dem ebenfalls darin enthaltenen Sauerstoff zu Wasser gebunden wird, trägt zur Verbrennung nichts bei, sondern blos jener Theil, der als sogenannter freier Wasserstoff in dem Brennmateriale enthalten ist; es ist diese Menge, da zwei Gewichtstheile Wasserstoff mit 16 Gewichtstheilen Sauerstoff zu Wasser verbrennen $= \mathrm{H} - \dfrac{\mathrm{O}}{8}$, denn

$$16 : 2 = \mathrm{O}\ \text{Sauerstoff} : x\ \text{Wasserstoff},$$
$$\text{und}\quad x = \frac{20}{16} = \frac{\mathrm{O}}{8},$$

so dass also nur $\mathrm{H} - \dfrac{\mathrm{O}}{8}$ zur Wirkung gelangen, und demnach muss die Grösse $\dfrac{\mathrm{O}}{8}$ von dem Gesammtwasserstoff in Abzug gebracht werden.

Dasselbe gilt von dem hygroscopischen Wasser oder der Feuchte des Brennstoffs. Da nun ein Gewichtstheil Wasserstoff mit Sauerstoff zu Wasser verbrannt 34462 Calorien entwickelt, wird der in einem Brennmaterial enthaltene Wasserstoff $34462\left(\mathrm{H} - \dfrac{\mathrm{O}}{8}\right)$ Wärmeeinheiten entwickeln, und da bei der Verbrennung des Kohlenstoffs zu Kohlensäure 8080 Calorien frei werden, so ist der absolute Wärmeeffect eines Brennmaterials, d. i. die bei der Verbrennung entwickelte Wärmemenge in Calorien ausgedrückt

$$A = 34462\left(\mathrm{H} - \frac{\mathrm{O}}{8}\right) + 8080\ \mathrm{C}.$$

Das bei der Verbrennung entwickelte Wasser aber verdampft und bindet hiebei Wärme, um welches Wärmequantum demnach der absolute Wärmeeffect kleiner ausfällt; nach Regnault bedarf ein Gewichtstheil Wasser, um in Dampf von 150° C. verwandelt zu werden, 652 Calorien, es ist demnach der hiefür entfallende Antheil Calorien von dem obigen Ausdruck in Abzug zu bringen, um die nutzbare Wärme zu finden, und man hat demnach für den absoluten Wärmeeffect allgemein die Formel

$$A = 34462\left(H - \frac{O}{8}\right) + 8080C - 652H_2O.$$

Es bestehe z. B. eine Steinkohle aus:

$$\begin{aligned}
&0.06 \text{ Asche} \\
&0.83 \text{ Kohlenstoff} \\
&0.04 \text{ Wasserstoff} \\
&\underline{0.07 \text{ Sauerstoff}} \\
\text{Zusammen } &1.00 \text{ Gewichtstheilen,}
\end{aligned}$$

so ist, weil 16 Sauerstoff : 2 Wasserstoff $= 0.07 : x$

$$x = 0.009 \text{ Wasserstoff, und da}$$

0.07 Sauerstoff mehr 0.009 Wasserstoff zusammen 0.079 Wasser geben, der absolute Wärmeeffect dieser Kohle gleich:

$$A = 34462\left(0.04 - \frac{0.07}{8}\right) + 8080 \cdot 0.83 - 652 \cdot 0.079$$

$$= 1076 + 6708 - 51.5 = 7731 \text{ nutzbaren Calorien.}$$

Die theoretischen Verbrennungswärmen der vorzüglichsten festen Brennstoffe sind die folgenden:

Lufttrockenes Holz mit 20 % Wasser . . . 2800 Cal.
Gedarrtes Holz . . . . 3600 „
Gewöhnliche Holzkohle mit 20 % Wasser . 6000 „
Trockne Holzkohle . . . . 7050 „
Torf mit 20 % Wasser . . . . 3600 „
Gedarrter Torf . . . . 4800 „
Torfkohle . . . . 3600 „
Mittlere Steinkohle . . . . 7500 „
Koks mit 15 % Asche . . . . 6000 „
Reine Koks . . . . 7050 „
Rohes Petroleum (nach St. Claire Deville) 10000 „

Absoluter Wärmeeffect gasförmiger Brennstoffe. Die gasförmigen Brennstoffe werden meistens in eigenen Apparaten durch unvollkommene Verbrennung verschiedener geringwerthiger Brennmaterialien absichtlich erzeugt, oder sie bilden sich bei den metallurgischen Processen, und enthalten hauptsächblich Kohlenoxydgas, Kohlensäure, Wasserstoffgas, Sumpfgas und Stickstoff.

Auch bei Gasgemischen, bei deren Bildung nicht viel Wärme frei wird, und deren Aggregatszustand derselbe bleibt, ist die Verbrennungswärme gleich der Summe der Verbrennungswärmen der in den Gasmischungen enthaltenen, einzelnen brennbaren Gase (die Mischung der Gase erfolgt nämlich vor der Verbrennung und ihr Aggregatszustand bleibt unverändert), und somit lässt sich der absolute Wärmeeffect eines Gasgemenges folgends ermitteln:

Es seien in einem Gasgemenge $g, g_1, g_2, g_3, \ldots g_n$ die Gewichte der einzelnen Bestandtheile des Gasgemisches, und

$a, a_1, a_2, a_3, \ldots a_n$ die denselben entsprechenden Verbrennungswärmen, ferner sei A die Verbrennungswärme des Gasgemisches, so muss:

$$A(g + g_1 + g_2 + g_3 + \ldots g_n) = \overline{ag + a_1 g_1 + a_2 g_2 + a_3 g_3 \ldots a_n g_n}$$

woraus $A = \dfrac{ag + a_1 g_1 + a_2 g_2 + a_3 g_3 + \ldots a_n g_n}{g + g_1 + g_2 + g_3 + \ldots g_n} = \dfrac{\Sigma ag}{\Sigma g}$

Die Zusammensetzung eines Generatorgases aus Torf erzeugt, sei z. B.

Stickstoff	0.631
Kohlensäure	0.140
Kohlenoxydgas	0.224
Wasserstoffgas	0.005
Zusammen	1.000

Für die Aufsuchung des absoluten Wärmeeffects dieses Gases hat man:

	g	a	ga
Kohlensäure	0.140	—	—
Stickstoff	0.631	—	—
Kohlenoxydgas	0.224	2403	538.2
Wasserstoffgas	0.005	34462	172.2
	$\Sigma g = 1.000$		$\Sigma ag = 710.4$

somit $A = \dfrac{\Sigma ag}{\Sigma g} = \dfrac{710.4}{1} = 710.4$ Calorien.

Der procentische Nutzeffect einer Kohle im Hohofen ergibt sich aus der folgenden Betrachtung: Ist das Gewicht der in einer Zeiteinheit aus dem Ofen entweichenden Gase G, und A ihre Verbrennungswärme, so ist das in der Zeit t mit den unverbrannten Gasen verloren gehende Wärmequantum A. G. t.

Ist G' das Gewicht des in derselben Zeit verbrannten Brennstoffs und A' seine Verbrennungswärme, so ist das Product G'A' die erzeugte Wärme, und das Verhältniss $\frac{A \cdot G \cdot t}{A' \cdot G'}$ drückt den Nutzeffect des Brennstoffs im Ofen aus.

Pyrometrischer Wärmeeffect. Verbrennungstemperatur. Der absolute Wärmeeffect brennbarer Gase wurde gefunden $A = \frac{\Sigma ag}{\Sigma g}$, d. h. die Gase würden bei ihrer Verbrennung einen Gewichtstheil Wasser auf A Grade erwärmen, oder wenn das Verbrennungsproduct blos flüssiges Wasser wäre, würde es die Temperatur A besitzen.

Die Verbrennungsproducte aber, die sich gebildet haben, besitzen eine andere spezifische Wärme, als das Wasser, sie besitzen demnach auch eine andere Temperatur, und es verhalten sich die Temperaturen wie umgekehrt die spezifischen Wärmen.

Die spezifische Wärme des Wassers ist gleich 1 gesetzt, ebenso die spezifische Wärme der verbrannten Gase = C, und die Temperatur der Gase nach der Verbrennung mit P bezeichnet, hat man demnach

$$A : P = C : 1, \text{ woraus}$$
$$A = P. C.$$

Die Temperatur, welche ein Brennstoff bei seiner Verbrennung entwickelt, ist abhängig:

1) von dem absoluten Wärmeeffect,
2) von der Zeitdauer der Verbrennung,
3) von dem Raum, in welchem die Verbrennung erfolgt,
4) von dem Druck, unter welchem die Verbrennung stattfindet,
5) von dem Verlust an latenter Wärme des Brennstoffs, der Verbrennungsproducte und der die Verbrennung umgebenden Medien,
6) von dem Wärmeverlust durch das Leitungsvermögen der Umgebung.

Der pyrometrische Wärmeeffect kann aber nicht durch die Anzahl Calorien, die bei der Verbrennung frei werden, gemessen werden, sondern er wird durch den dabei erzeugten Wärmegrad ausgedrückt, d. h. durch einen Temperaturmesser, — Thermometer, Pyrometer — gemessen.

$$\text{Aus } A = P.C = \frac{\Sigma ag}{\Sigma g} \text{ ergibt sich } P = \frac{\Sigma ag \cdot 1}{\Sigma g \cdot C}.$$

Die spezifische Wärme zusammengesetzter Brennstoffe ist nahezu gleich der Summe aus den Producten der absoluten Gewichtsmengen der einzelnen Bestandtheile in die ihnen zugehörigen spezifischen Wärmen, dividirt durch das absolute Gewicht des Gasgemenges, vorausgesetzt, dass die Verbrennungsgase unter einander keine chemische Verbindung eingehen, sondern blos ein Gemisch derselben darstellen.

Sind nun p, p_1, p_2, p_3, ... p_n die Gewichte der in einem Verbrennungsproducte enthaltenen Bestandtheile, c, c_1, c_2, c_3, ... c_n die denselben zukommenden spezifischen Wärmen und C die spezifische Wärme des Gasgemenges selbst, so ergibt sich dem obigen Satz zufolge die spezifische Wärme des Gasgemenges aus:

$$C = \frac{pc + p_1 c_1 + p_2 c_2 + p_3 c_3 + \dots p_n c_n}{p + p_1 + p_2 + p_3 \dots p_n} = \frac{\Sigma cp}{\Sigma p}.$$

Wenn man diesen Ausdruck in die obige Formel für P substituirt, so erhält man:

$$P = \frac{\Sigma ag \cdot \Sigma p}{\Sigma g \cdot \Sigma cp}$$

Das Gewicht eines verbrannten Gases (Σg) aber plus dem Gewichte der zur Verbrennung nöthigen atmosphärischen Luft ist gleich dem Gewichte der Verbrennungsgase (Σp), und die obige Formel reducirt sich demnach auf

$$P = \frac{\Sigma ag}{\Sigma cp}.$$

Das aus Torf erzeugte, früher auf seine Verbrennungswärme berechnete Gemenge von Gas enthielt in Gewichtsprocenten:

Stickstoff	0.631
Kohlensäure	0.140
Kohlenoxydgas	0.224
Wasserstoffgas	0.005
Zusammen	1.000

Zur Verbrennung sind nothwendig:

Für das Kohlenoxydgas $28:16 = 0.224:x$ $x = 0.128$ Sauerstoff
Für das Wasserstoffgas $2:16 = 0.005:y$ $y = 0.040$ „

Zusammen 0.168 Sauerstoff,

welcher, weil in der atmosphärischen Luft dem Sauerstoff 77 Gewichtstheile Stickstoff beigemengt sind, nach

$$23:77 = 0.168:z \qquad z = 0.562 \text{ Gewichtstheile}$$

Stickstoff mit sich führt, und demnach in $0.168 + 0.562 = 0.730$ Gewichtstheilen atmosphärischer Luft enthalten ist.

Das zu verbrennende Gas besteht demnach aus:

Stickstoff $0.631 + 0.562 = 1.193$ Gewichtstheilen
Kohlensäure . . . . 0.140   „
Kohlenoxydgas . . . 0.224   „
Wasserstoffgas . . . . 0.005   „
Sauerstoffgas . . . . 0.168   „

$\Sigma g = 1.730$ Gewichtstheile.

Man hat somit vor der Verbrennung:

	g	a	ga
Stickstoff . . .	1.193	—	—
Kohlensäure . .	0.140	—	—
Kohlenoxydgas .	0.224	2403	538.2
Wasserstoffgas .	0.005	34462	172.2
Sauerstoffgas .	0.168	—	—
$\Sigma g = 1.730$		$\Sigma ag = 710.4$.	

Nach erfolgter Verbrennung berechnet sich Σcp folgends:

Das Kohlenoxydgas braucht zu seiner Verbrennung 0.128 Sauerstoff, und es entsteht neu $0.224 + 0.128 = 0.352$ Kohlensäure. An solcher sind schon in dem Gase enthalten 0.140

also zusammen 0.492 Kohlensäure.

Der Wasserstoff bedarf zu seiner Verbrennung 0.040 Sauerstoff, und bildet mit demselben $0.005 + 0.040 = 0.045$ Wasserdampf.

Die Gesammtsumme an mitgeführtem Stickstoff beträgt 1.193 Gewichtstheile, und man hat somit nach der Verbrennung:

	p	c	pc
Stickstoff . .	1.193	0.2440	0.2910
Kohlensäure .	0.492	0.2164	0.1066
Wasserdampf .	0.045	0.4750	0.0213

$$\Sigma p = 1.730 \qquad \Sigma cp = 0.4189$$

und somit $P = \dfrac{\Sigma ag}{\Sigma cp} = \dfrac{710.4}{0.4189} = 1696^{\circ}.$

Die spezifische Wärme der Gase ändert sich mit der Temperatur nicht, wie Regnault und Clausius nachgewiesen haben, während sich dieselbe, wie schon mitgetheilt wurde, bei den festen Brennstoffen und den übrigen Körpern überhaupt mit der Temperatur ändert.

Die in der angegebenen Art berechneten Verbrennungstemperaturen der Kohlen und der wichtigsten Gasarten sind nun bei der Verbrennung

	mit Sauerstoff	mit atmosphärischer Luft
Kohlenstoff zu Kohlenoxydgas . . .	4275°	1483°
„ „ Kohlensäure	10183°	2730°
Kohlenoxydgas zu „	7067°	2990°
Wasserstoff zu Wasser	8061°	3199°
Grubengas zu Kohlensäure und Wasser	7851°	2659°
Elayl „ „ „ „	9176°	2907°

Für die Verbrennung der Gase im geschlossenen Raum, wo nicht der Druck, sondern das Volumen der verbrennenden Gase constant bleibt, muss die spezifische Wärme bei constantem Volumen in Rechnung genommen werden; unter diesen Umständen fällt die Verbrennungstemperatur höher aus, und man erhält bei Durchführung der Rechnung bei der Verbrennung mit Sauerstoff

Kohlenstoff zu Kohlenoxydgas . . .	6227°
„ „ Kohlensäure	12947°
Kohlenoxydgas zu „	8986°
Wasserstoff zu Wasser	10575°
Grubengas zu Kohlensäure und Wasser	10183°
Elayl „ „ „ „	11860°

Da im geschlossenen Raum, d. h. bei constantem Volum die neu entstandenen Verbrennungsproducte sich nicht ausdehnen können, so bedingt dieser Umstand die Explosivität des Gasgemenges, d. h. den Druck, den dasselbe bei seiner Verbrennung auf die Gefässwände ausübt.

Pyrometrischer Wärmeeffect fester Brennstoffe.
Nimmt man auf den Aschengehalt der festen Brennstoffe Rücksicht, so ist zur Berechnung der Verbrennungstemperatur derselben die gleiche Formel anwendbar, wie die zur Berechnung gasförmiger Brennstoffe.

Die Steinkohle, deren Verbrennungswärme wir vorher berechneten, bestand aus:

0.83% Kohlenstoff
0.04 „ Wasserstoff
0.07 „ Sauerstoff
0.06 „ Asche.

1.00% zusammen.

Diese Kohle braucht zu ihrer Verbrennung an Sauerstoff:
Für den Kohlenstoff nach: $12:32 = 0.83:x$ $x = 2.38$ Gewichtsth.
„ „ Wasserstoff „ : $2:16 = 0.04:y$ $y = 0.32$ „

zusammen 2.70 Gewichtsth.
Sauerstoff; da aber schon 0.07 Sauerstoff in der Kohle enthalten sind, so bleiben nur mehr $2.70 - 0.07 = 2.63$ Gewichtstheile davon zuzuführen, welche Ziffer mit $\frac{77}{23} = 3.3478$ multiplicirt 8.80 Gewichtstheile als die beigemengte Stickstoffmenge ergibt, und es ist jener Sauerstoff demnach in $2.63 + 8.80 = 11.43$ Gewichtstheilen atmosphärischer Luft enthalten.

Man hat somit vor der Verbrennung:

	g	a	ga
Kohlenstoff	0.83	8080	6706 $\Big\}+$
Wasserstoff	0.04	34462	1378
Sauerstoff	0.07	—	301 —
Asche	0.06	—	—
Zugeführter Sauerstoff	2.63	—	—
„ Stickstoff	8.80	—	—

$\Sigma g = 12.43$ $\Sigma ag = 8084 - 301 = 7783$ Cal.

Der in der Kohle enthaltene Sauerstoff bindet bei der Verbrennung $\frac{O}{8} = \frac{0.07}{8} = 0.00875$ Wasserstoff, somit gehen

34462.0.00875 =¡301 Calorien verloren.

Nach der Verbrennung hat man:

	p	c	pc
Stickstoff	8.80	0.2440	1.9712
Kohlensäure (0.83C + 2.38O).	3.21	0.2164	0.6946
Wasser (0.04H + 0.32O) . .	0.36	0.4750	0.1710
Asche	0.06	0.2000	0.0120
	$\Sigma p = 12.43$		$\Sigma cp = 2.8488$

demnach $P = \frac{\Sigma ag}{\Sigma cp} = \frac{7783}{2.8488} = 2732^{0}$.

Da nun der mit der atmosphärischen Luft zugeführte Stickstoff selbst zur Verbrennung nichts beiträgt, im Gegentheil durch Bindung von Wärme die Verbrennungstemperatur herabdrückt, so sollte man zur Erzielung möglichst hoher Wärmeeffecte nie mehr atmosphärische Luft zu dem Brennstoff hinzutreten lassen, als gerade zur vollständigen Verbrennung desselben unumgänglich nöthig ist, allein die Erfahrung hat gelehrt, dass bei Rostfeuerungen die theoretisch sich berechnenden, zur Verbrennung nöthigen Luftmengen stets unter die Hälfte zu niedrig gefunden werden, und man muss demnach bei Berechnung der Verbrennungstemperatur eines Brennstoffs die zur vollständigen Verbrennung sich ergebende Luftmenge verdoppeln, wenn vollständige Verbrennung erfolgen soll, da der Brennstoff der zutretenden Luft nie allen Sauerstoff entzieht und bei Holzfeuerungen 5—7, bei Steinkohlenfeuerung 10—11 Volumprocente Sauerstoff aus den 21 Volumprocenten der atmosphärischen Luft mit den Feuergasen unzersetzt entweichen.

Temperaturerhöhung. Die bis jetzt aufgestellten Formeln wurden unter der Voraussetzung entwickelt, dass sowohl die Brennstoffe, als auch die zur Verbrennung nöthige atmosphärische Luft 0^{0} Temperatur besitzen. Ist aber die Temperatur, welche ein Brennstoff vor seiner Verbrennung besitzt, t_n und seine spezifische Wärme c_n, so ist der dadurch hervorgebrachte pyrometrische Wärmeeffect

$$P' = \frac{t_n c_n}{\Sigma cp},$$

und der durch Vorerhitzung eines Brennstoffs erreichte Wärmeeffect gleich dem ursprünglichen bei 0° Temperatur plus der Effect-
zunahme durch Vorwärmung, also

$$P+P' = \frac{\Sigma ag + t_n c_n}{\Sigma cp}.$$

Verbrennt ein Brennmaterial auch noch mit erwärmter Luft,
so ist der dadurch hervorgebrachte pyrometrische Wärmeeffect,
wenn t. die Temperatur der erhitzten Luft und q das nöthige Gewicht derselben zur Verbrennung einer Gewichtseinheit des Brennstoffs bedeutet,

$$P'' = \frac{0.237 tq}{\Sigma cp},$$

da 0.237 die specifische Wärme der atmosphärischen Luft ist.

Im Falle nun beide Vorerhitzungen stattfinden, ist der sum-
marische pyrometrische Wärmeeffect

$$P+P'+P'' = \frac{\Sigma ag + t_n c_n + 0.237 tq}{\Sigma cp}.$$

Wird nicht der Brennstoff vorgewärmt, sondern nur die zur
Verbrennung nöthige atmosphärische Luft, so wird das Glied P'
der Summe im Zähler $= 0$, und der obige Ausdruck übergeht in
den folgenden:

$$P+P'' = \frac{\Sigma ag + 0.237 tq}{\Sigma cp}.$$

Zur vollständigen Verbrennung berechnen sich theoretisch
für ein Kilo Brennstoff die folgenden Mengen atmosphärischer Luft
in Kubikmetern bei 15° C. Temperatur:

Für trockenes Holz	6.51
„ trockenen Torf	7.86
„ Braunkohlen	7.86
„ Steinkohlen	9.05
„ Anthrazit	9.57
„ Koks	9.03
„ Holzkohle	9.06

Ein Kubikmeter Luft wiegt bei 0° C. Temperatur und 760 mm
Barometerstand in unseren Gegenden im Mittel 1293.5 g.

Früher fanden wir bei der Berechnung des pyrometrischen
Wärmeeffectes des aus Torf erzeugten Generatorgases

$$P = \frac{\Sigma ag}{\Sigma cp} = 1696^\circ.$$

Die Rechnung ergab:

$\Sigma ag = 710.4$

$\Sigma cp = 0.4189$

q = 0.730 (zugeführte Luft) und es berechnet sich
$c_n = 0.2571$, denn man hatte:

N = 0.631

$CO_2 = 0.140$

CO = 0.224

H = 0.005.

Die spezifische Wärme dieses Gases ergibt sich also aus:

	p	c	pc
für Stickstoff . . .	0.631	0.2440	0.1542
„ Kohlensäure . .	0.140	0.2164	0.0303
„ Kohlenoxydgas .	0.224	0.2479	0.0555
„ Wasserstoffgas .	0.005	3.4046	0.0171

$$\Sigma cp = 0.2571 = C \text{ und}$$

hier $= c_n$.

Es sei ferner $t_n = 300^o$

und t $= 200^o$, so erhält man für

$$P + P' = \frac{\Sigma ag + t_n c_n}{\Sigma cp} = \frac{710.4 + 0.2571 \cdot 300}{0.4189} = 1880^o$$

P war $= 1696^o$

$P + P'$ ist $= 1880^o$

somit 184°

Temperaturerhöhung durch Vorerhitzung des Brennstoffs
auf 300°.

Für $P + P''$ findet man

$$P + P'' = \frac{\Sigma ag + 0.237 tq}{\Sigma cp} = \frac{710.4 + 0.237 \cdot 200 \cdot 0.730}{0.4189} = 1775^o.$$

P war $= 1696^o$

$P + P''$ ist $= 1775^o$

somit 79°

Temperaturerhöhung durch Vorerhitzung der Luft auf 200°.

Endlich berechnet sich:

$$P + P' + P'' = \frac{\Sigma ag + t_n c_n + 0.237 tq}{\Sigma cp}$$

$$= \frac{710.4 + 300 \cdot 0.2571 + 0.237 \cdot 200 \cdot 0.730}{0.4189} = 1960^o.$$

$$P \text{ war } = 1696^0$$
$$P + P' + P'' \text{ sind } = 1960^0$$
$$\overline{\text{somit } 264^0}$$

Temperaturerhöhung durch Vorerhitzung des Brennstoffs auf 300⁰ und der Luft auf 200⁰.

Temperaturmaximum. Bei dem Aufgeben des Brennstoffs in Schachtöfen rückt derselbe allmählich tiefer und erhält durch die aufsteigenden heissen Gase nach und nach eine Temperatur, welche unmittelbar vor seiner Verbrennung nahe eben so gross ist, als die Temperatur, welche im Verbrennungsraume herrscht.

Setzt man $P + P' + P'' = P_n$, so dass

$$P_n = \frac{\Sigma ag + t_n c_n + 0.237 tq}{\Sigma cp},$$

so kann ohne grossen Fehler $P_n = t_n$ gesetzt werden, wonach man dann erhält

$$P_n = \frac{\Sigma ag + P_n c_n + 0.237 tq}{\Sigma cp}.$$

Bei Lösen dieser Gleichung zur Bestimmung von P_n hat man zunächst

$$P_n - \frac{P_n c_n}{\Sigma cp} = \frac{\Sigma ag + 0.237 tq}{\Sigma cp}$$

und zum Schlusse gelangt man zu der Formel

$$P_n = \frac{\Sigma ag + 0.237 tq}{\Sigma cp - c_n} = T.$$

Man nennt diesen höchsten Effect, welchen ein Brennstoff bei seiner Verbrennung zu leisten vermag, das **Temperaturmaximum** desselben, und ist diese Berechnung nur für verkohlte Brennstoffe anwendbar, wie dieselben thatsächlich vor der Form zur Verbrennung gelangen; es ist desshalb jeder Brennstoff vor der Berechnung seines Temperaturmaximums auf seinen Gehalt an Kohlenstoff und Asche umzurechnen, da nur der erstere zur Wirkung gelangt.

In Eisenhohöfen verbrennt der Kohlenstoff vor der Form zu Kohlenoxydgas, abgesehen von sehr geringen Mengen Kohlensäure, die sich nebenbei bilden.

Hat man z. B. eine Holzkohle, welche

3 % Asche

10 „ Feuchte und

87 „ Kohlenstoff

enthält, so berechnet sich ihre Zusammensetzung vor der Form (nach Verdampfung des Wassers) mit

$$3.34 \,\% \text{ Asche und}$$
$$96.66 \,\text{ „ Kohlenstoff.}$$

Der Kohlenstoff verbrennt mit $\frac{16}{12} = 1.333$ Sauerstoff zu Kohlenoxydgas, demnach braucht unsere Kohle $96.66 \cdot 1.333 = 128.5$ Gewichtstheile Sauerstoff, welche $128.5 \cdot 3.3478 = 430$ Gewichtstheile Stickstoff mit sich führen.

Man hat demnach vor der Verbrennung:

	g	a	ga
Kohle	0.9666	2473	2390
Sauerstoff	1.285	—	—
Stickstoff	4.300	—	—
Asche	0.0334	—	—

$$\Sigma ag = 2390$$

und nach der Verbrennung:

	p	c	pc
Kohlenoxydgas $(0.9669C+1.285O)$	2.2516	0.2164	0.4872
Stickstoff	4.3000	0.2440	1.0492
Asche	0.0334	0.2000	0.0066

$$\Sigma cp = 1.5430$$

In der Eingangs dieses Capitels mitgetheilten Tabelle findet man die spezifische Wärme der Holzkohle $= 0.2415$. Es ergibt sich demnach

1) Für kalte Luft:

$$T = \frac{\Sigma ag}{\Sigma cp - c_n} = \frac{2390}{1.5430 - 0.2145} = 1836^0.$$

2) Für auf 300^0 erwärmte Luft:

$$T' = \frac{\Sigma ag + 0.237 tq}{\Sigma cp - c_n} = \frac{2390 + 0.237 \cdot 300 \cdot 558.5}{1.5430 - 0.2145} = 2141^0$$

also T' um $2141 - 1836 = 305^0$ höher.

Auf Grund der Vorwärmung der Brennstoffe und der dadurch erzeugten höheren, stetig zunehmenden Temperaturen würde sich dieselbe unter Umständen in's Unendliche steigern lassen müssen, wenn

die in der Rechnung gemachten Voraussetzungen alle ganz richtig
wären. Die wirklichen Resultate bleiben aber hinter den auf theoreti-
schem Wege gefundenen Temperaturmaximis zurück, und sind
diese nur als Näherungswerthe zu betrachten. Diese Differenz zwischen der Theorie und Praxis hat ihren Grund darin, dass:

1) die Vorwärmung des Brennstoffs doch nicht so vollständig
ist, als angenommen wird,

2) Luft und Gas nie so genau gemischt zur Verbrennung gelangen,

3) die spezifischen Wärmen der in der Rechnung erscheinen-
den Körper in höherer Temperatur noch nicht so genau gekannt sind,

4) ein Theil der erzeugten Wärme von dem Ofengemäuer
absorbirt wird, wodurch nicht die volle Summe der Producte a g
zur Wirkung gelangt, und der pyrometrische Wärmeeffect also
herabgedrückt wird. Auch würde kein Material gefunden werden
können, das der beständig zunehmenden Temperatur Widerstand
zu leisten vermöchte.

**Umrechnung von Volumtheilen der Gase in Ge-
wichtstheile.** Bei allen Berechnungen der Wärmeeffecte sind
die Gewichte der Brennmaterialien zu Grunde gelegt; bei der Untersuchung der Gasgemische auf ihre Bestandtheile erfährt man
aber die procentische Zusammensetzung derselben dem Volumen nach.

Das Volum der Körper multiplicirt mit dem spezifischen Gewicht derselben gibt das absolute Gewicht; man berechnet demnach die Volumtheile eines Gasgemenges in Gewichtstheile, wenn
man seine einzelnen Volumbestandtheile mit den ihnen eigenthümlichen spezifischen Gewichten multiplicirt, diese einzelnen Producte
addirt, und die so gefundenen Ziffern auf 100 bezieht.

Die spezifischen Gewichte der wichtigsten Gasarten
für atmosphärische Luft = 1 sind:

Kohlensaures Gas .	1.52025
Kohlenoxydgas . .	0.96744
Stickstoff	0.96744
Wasserstoffgas . .	0.06911
Sauerstoffgas . . .	1.11100
Grubengas	0.55282
Oelbildendes Gas .	0.57100

Findet man z. B. ein aus Torf erzeugtes Gas als bestehend aus:

$$
\begin{array}{rll}
62.22 & \text{Volumtheilen} & \text{Stickstoff} \\
8.79 & \text{„} & \text{Kohlensäure} \\
22.09 & \text{„} & \text{Kohlenoxydgas} \\
6.90 & \text{„} & \text{Wasserstoffgas} \\
\hline
\text{Zusammen } 100.00 & \text{„} &
\end{array}
$$

so erhält man durch Multiplication dieser Zahlen mit den ihnen zukommenden spezifischen Gewichten die folgenden Producte:

$$
\begin{array}{lll}
\text{für Stickstoff} & . \ . \ . & 62.22 \cdot 0.96744 = 60.19 \\
\text{„ Kohlensäure} & . \ . & 8.79 \cdot 1.52025 = 13.26 \\
\text{„ Kohlenoxydgas} & . & 22.09 \cdot 0.96744 = 21.37 \\
\text{„ Wasserstoffgas} & . & 6.90 \cdot 0.06911 = 0.48 \\
\hline
& & \text{Zusammen } \ 95.30
\end{array}
$$

Aus den Proportionen:

$$95.30 : 60.19 = 100 : x \text{ für Stickstoff,}$$
$$95.30 : 13.26 = 100 : y \text{ „ Kohlensäure u. s. f.}$$

ergibt sich die procentische Zusammensetzung dieses Gases dem Gewichte nach mit:

$$
\begin{array}{lll}
\text{Stickstoff} & . \ . \ . & 63.15 \\
\text{Kohlensäure} & . \ . & 13.91 \\
\text{Kohlenoxydgas} & . & 22.31 \\
\text{Wasserstoffgas} & . & 0.50 \\
\hline
& \text{Zusammen} & 99.87
\end{array}
$$

Regeneration der Gase. Die vollkommenste Methode der Verwerthung erzeugter Gase ist die Regeneration derselben, denn es bedarf, wie bereits an anderer Stelle hervorgehoben wurde, um ein verbranntes Gas in ein brennbares zu verwandeln, des geringsten Brennstoffaufwandes, und das frisch reducirte Gas erhält bei seiner neuerlichen Verbrennung die geringste Menge unbrennbarer Bestandtheile (Stickstoff) beigemengt.

Der bei der Regeneration stattfindende Vorgang ergibt sich aus der folgenden Betrachtung.

Die mittlere Zusammensetzung des aus Koks in Generatoren erzeugten Gasgemisches wird von Scherer als aus folgenden Gasen bestehend angegeben:

Stickstoff 64.8
Kohlensäure . . . 1.3
Kohlenoxydgas . . 33.8
Wasserstoffgas . . 0.1
_____
Zusammen 100.0

Dieses Gas braucht zu seiner Verbrennung an Sauerstoff:

a) Das CO zu CO_2 $28:16 = 33.8:x$ $x = 19.3$ Gewichtsth.

b) Das H zu H_2O $2:16 = 0.1:y$ $y = 0.8$ „
_____
Zusammen $= 20.1$ Gewichtsth.

welche mit $20.1 . 3.3478 = 67.2$ Gewichtstheilen Stickstoff gemischt
in $67.2 + 20.1 = 87.3$ Gewichtstheilen atmosphärischer Luft enthalten sind.

Nach der Verbrennung besteht das Gas aus:

Stickstoff . . $64.8 + 67.2 = 132.0$ Gewichtstheile

Kohlensäure . $1.3 + 53.1 = 54.4$ „

Wasserdampf . $0.1 + 0.8 = 0.9$ „
_____
Zusammen 187.3 Gewichtstheile

und seine procentische Zusammensetzung berechnet sich mit:

Stickstoff . . . 70.6
Kohlensäure . . 29.0
Wasserdampf . . 0.4
_____
Zusammen 100.0

Dieses verbrannte Gas bedarf zu seiner völligen Regeneration an Kohlenstoff:

a) Die CO_2 zu CO $44:12 = 54.4:x$ $x = 14.8$ Gewichtsth.

b) Der O des H_2O zu CO $16:12 = 0.8:y$ $y = 0.6$ „

c) Der H des H_2O zu CH_4 $4:12 = 0.1:z$ $z = 0.3$ „
_____
Zusammen 15.7 Gewichtsth.,

und das regenerirte Gas besteht aus:

Stickstoff . . . . 132.0 Gewichtstheile

Kohlenoxydgas . . 70.6   „

Grubengas . . . 0.4   „
_____
Zusammen 203.0 Gewichtstheile,

woraus sich die procentische Zusammensetzung desselben mit

Stickstoff 65.0
Kohlenoxydgas . . 34.7
Grubengas 0.2
_____

Zusammen 99.9 berechnet.

Dasselbe hat also nahezu dieselbe Zusammensetzung, welche das ursprüngliche Gas aufwies.

Zu gleichen Resultaten gelangt man, wenn man diese Rechnung in gleicher Weise weiter führen würde; man erhält durch die Regenerirung der verbrannten Gase stets wieder ein brennbares Gas, in welchem sich Kohlenoxydgas und Stickstoff in demselben Verhältnisse gemengt befinden, wie in dem ursprünglichen, wozu der ausserordentliche Vortheil hinzukömmt, dass gleichzeitig mit der Regenerirung eine bedeutende Vorerhitzung der zu verbrennenden Gase verbunden, demnach abgesehen von allen durch Wärmetransmission entstehenden Verlusten ein möglichstes Nahekommen an das für gegebene Fälle theoretisch sich berechnende Temperaturmaximum erreichbar ist.

Wärme- und Temperaturentwickelung bei Verbrennung von Metallen und einigen anderen Körpern.

Noch bedeutender, als die durch Verbrennung der Brennstoffe erzeugten Wärmemengen, beziehentlich Temperaturen, sind jene Wärmeeffecte, welche bei Verbrennung der Metalle und einiger anderer hüttentechnisch wichtiger Körper entwickelt werden. Man macht von dieser Thatsache bei einigen Raffinationsprocessen Gebrauch; dies ist wesentlich, nicht nur, weil diese Körper sehr hohe, viel höhere Temperaturen erzeugen, als der Kohlenstoff, sondern weil die erzeugten Wärmemengen alle dem flüssigen Bade zu Gute kommen, indem die Producte der Verbrennung nicht flüchtig sind und entweichen, sondern in der Substanz, welche erhitzt wurde, zurückbleiben.

A) Eisen. Ein Gewichtstheil Eisen entwickelt bei seiner Verbrennung zu Oxyduloxyd im Sauerstoffgase 1575 Calorien (nach Dulong 1648, nach Andrews 1582 Calorien).

Das Eisenoxyduloxyd besteht aus 3 Fe $= 3.56 = 168$ Gewth.

und $4O = 4.16 = 64$ „

Zusammen 232 Gewth.,

und es kommen auf ein Sauerstoff bei dieser Verbrennung $\frac{168}{64}$ Gewichtstheile Eisen, indem sich verbinden $64O$ mit : $168\ Fe = 1O:x$, woraus $x = \frac{168}{64}$.

Nun entwickelt 1 Eisen an Calorien : 1575, $=$ somit $\frac{168}{64}:y$ und $y = 4134$ Wärmeeinheiten, welche durch Verbrennen von ein Gewichtstheil Sauerstoff mit Eisen frei werden (nach Dulong 4327, nach Gruner 4400 Calorien).

Das Eisenoxyd besteht aus $2Fe = 2.56 = 112$,

und $3O = 3.16 = 48$

Zusammen 160,

woraus sich auch ergibt, dass in ein Gewichtstheil Eisenoxyd 0.7 Gewichtstheile Eisen und 0.3 Gewichtstheile O enthalten sind. Wenn nun 0.7 Fe : 0.30 bedürfen, $=$ so bedarf 1 Fe : z

$z = 0.4286$ Sauerstoff oder

1 Eisen verbrennt mit 0.4286 Sauerstoff zu 1.4286 Eisenoxyd.

Diese Menge Sauerstoff führt 1.4268 Gewichtstheile Stickstoff mit sich.

Ein Sauerstoff mit Eisen zu Oxyd verbrannt macht 4134 Wärmeeinheiten frei, demnach werden durch Verbrennen von 1 Eisen zu Oxyd an Wärmeeinheiten frei

$4134 . 0.4286 = 1772$.

(Nach Andrews 1780, nach Dulong 1854, nach Favre und Silbermann 2028, nach Despretz 2271.)

Für die Verbrennung des Eisens zu Oxyd in atmosphärischer Luft hat man demnach vor der Verbrennung:

	g	a	ga
Eisen . .	1.0000	1772	1772
Sauerstoff .	0.4286	—	—
Stickstoff .	1.4268	—	—
		$\Sigma ag = 1772$	

Nach der Verbrennung:

	p	c	pc
Eisenoxyd	1.4286	0.1670	0.2386
Stickstoff	1.4268	0.2440	0.3501

$$\Sigma cp = 0.5887$$

und es ist somit $P = \dfrac{\Sigma ag}{\Sigma cp} = \dfrac{1772}{0.5887} = 3008^\circ$ Verbrennungstemperatur des Eisens zu Oxyd.

Das Eisen verbrennt aber bei den metallurgischen Processen grösstentheils zu Oxydul, wenigstens in so lange blos zu dieser Oxydationsstufe, als es zur Bildung eines Salzes mit einer Säure dient, und wird dann als solches verschlackt; erst wenn kein elektronegativer Körper mehr ungebunden vorhanden ist, geht es durch weitere Verbrennung in Oxyduloxyd über.

Das Eisenoxydul besteht aus 1 Fe = 56
und 1 O = 16

Zusammen 72 Gewichtstheile,

oder es enthält ein Gewichtstheil Eisenoxydul 0.77 Gewichtstheile Eisen und 0.23 Sauerstoff.

Nach: $56 : 16 = 1 : x$ $x = 0.285$

braucht ein Gewichtstheil Eisen bei seiner Verbrennung zu Oxydul 0.285 Gewichtstheile Sauerstoff, welcher 0.954 Stickstoff mit sich führt. Bei dieser Verbrennung werden $4134 . 0.285 = 1178$ Wärmeeinheiten frei:

Man hat demnach vor der Verbrennung $\Sigma ag = 1178$.

Nach der Verbrennung ist

	p	c	pc
Eisenoxydul	1.285	0.1400	0.1799
Stickstoff	0.954	0.2440	0.2328

$$\Sigma cp = 0.4127$$

somit ist $P = \dfrac{\Sigma ag}{\Sigma cp} = \dfrac{1178}{0.4127} = 2854^\circ$ Verbrennungstemperatur des Eisens zu Oxydul.

B) Silicium. Ein Gewichtstheil Silicium entwickelt bei seiner Verbrennung zu Kieselsäure 7830 Calorien = Σag.

Die Kieselerde besteht aus Si 28
und 2 O = 2 . 16 = 32

Zusammen 60 Gewichtstheilen.

Nach $28 : 32 = 1 : x$ ist $x = 1.143$ die für 1 Gewichts-theil Silicium zu seiner Verbrennung benöthigte Sauerstoffmenge, welche in der atmosphärischen Luft mit 3.826 Stickstoff gemischt ist.

Man hat somit nach der Verbrennung:

	p	c	pc
Kieselerde	2.143	0.1880	0 4029
Stickstoff	3.826	0.2440	0.9335

$$\Sigma cp = 1.3364$$

somit ist $P = \dfrac{\Sigma ag}{\Sigma cp} = \dfrac{7830}{1.3364} = 5859^0$ Verbrennungstemperatur des Siliciums.

C) Phosphor. Ein Gewichtstheil Phosphor entwickelt bei seiner Verbrennung zu Phosphorsäure 5953 Wärmeeinheiten.

Die Phosphorsäure besteht aus $2P = 2 . 31 = 62$
und $5O = 5 . 16 = 80$

Zusammen 142 Gewichtsth.

Nach: $62 : 80 = 1 : x$ ist $x = 1.290$ die zur Verbrennung von 1 Gewichtstheil Phosphor nöthige Sauerstoffmenge, mit welcher aus der Luft 4.318 Stickstoff mitgenommen werden.

Man hat also nach der Verbrennung:

	p	c	p c
Phosphorsäure	2.290	0.1315	0.3011
Stickstoff	4.318	0.2440	1.0535

$$\Sigma cp = 1.3546$$

und somit $P = \dfrac{\Sigma ag}{\Sigma cp} = \dfrac{5953}{1.3546} = 4394^0$ Verbrennungstemperatur des Phosphors.

D) Kohlenstoff. Ein Gewichtstheil Kohlenstoff entwickelt bei seiner Verbrennung zu Kohlenoxydgas 2473 Wärmeeinheiten.

Das Kohlenoxyd besteht aus $1C = 12$
und $1O = 16$

Zusammen 28 Gewichtstheilen, und

nach: $12 : 16 = 1 : x$ sind $x = 1.333$ Gewichtstheile Sauerstoff zu seiner Verbrennung nöthig, welche 4.461 Stickstoff mit sich führen.

Man hat demnach nach der Verbrennung:

	p	c	pc
Kohlenoxydgas	2.333	0.2480	0.5785
Stickstoff	4.461	0.2440	1.0884

$$\Sigma cp = 1.6669$$

und $P = \dfrac{\Sigma ag}{\Sigma cp} = \dfrac{2473}{1.6669} = 1483°$ Verbrennungstemperatur des Kohlenstoffs zu Kohlenoxyd.

Es ergibt sich aus diesen Berechnungen, dass unter den hier angeführten Körpern der Kohlenstoff bei seiner Verbrennung zu Kohlenoxydgas die geringste Temperatur zu erzeugen vermag.

Diese hier gefundenen Zahlen gewähren einen ziemlich klaren Einblick in die bei dem Bessemern des Eisens bestehenden Verhältnisse und ergeben, dass nicht der Kohlenstoff es ist, welcher die zum Flüssigerhalten des gefrischten Eisens nöthige Hitze bei seiner Verbrennung erzeugt, sondern dass es das Eisen, Silicium und der Phosphor sind, welche die so hohe Temperatur bewirken. Ja es kann sogar, wie wir später sehen werden, unter Umständen ein hoher Kohlenstoffgehalt für die Temperatur- und Wärmeentwickelung von Nachtheil sein.

Die vorn stehenden Berechnungen werden ergänzt, wenn man nach Vorgang J. v. Ehrenwerth's jene Wärmemengen berechnet, welche nach Verbrennen eines Gewichtstheils derselben Körper in dem gefrischten Metallbad zurückbleiben. Es wird angenommen, dass die flüchtigen Verbrennungsproducte und Gase mit einer Temperatur von 1400° C. aus dem Converter entweichen.

A) Eisen. Eisen verbrannt zu Oxydul erzeugt . 1178 Cal.
Zu seiner Verbrennung sind nöthig 0.285 O und
0.954 N
Blos der letztere entweicht aus dem Metallbad und nimmt an Wärme, ausgedrückt in Calorien, mit sich fort
0.954 . 1400 . 0.2440 = ...   325 „

Somit verbleiben im Bade   853 Cal.

B) Silicium. Ein Gewichtstheil davon zu Kieselerde verbrannt erzeugt . . . .   7830 Cal.
Dasselbe bedarf 1.143 O mit 3.826 N; dieser letztere entführt an Wärme 3.826 . 1400 . 0.2440 = ...   1307 „

Es bleiben demnach zurück   6523 Cal.

C) **Phosphor.** Bei seiner Verbrennung entwickelt
derselbe . . . . 5953 Cal.
und braucht hiezu 1.29 O mit 4.318 N, welcher aus den
geschmolzenen Massen fortführt 4.318 . 1400 . 0.2440 = 1475 „

und Phosphor hinterlässt also 4478 Cal.

D) **Kohlenstoff.** Zu Kohlenoxydgas verbrannt
erzeugt er . . . . 2473 Cal.

Er bedarf zur Verbrennung 1.333 O mit 4.460 N.
Das Product der Verbrennung aber entweicht mit dem
Stickstoff und beide entziehen dem Bade an Wärme:

das CO : 2.333 . 1400 . 0.2480 = 810
der N : 4.460 . 1400 . 0.2440 = 1523

Zusammen 2333 „

und es verbleiben blos 140 Cal.

Nachdem der Kohlenstoff die geringste Wärmemenge im Bade
zurücklässt und die geringste Temperatur bei seiner Verbrennung
erzeugt, so folgt daraus, dass, wenn der Kohlenstoff gleichzeitig
mit andern Körpern, welche mehr Wärme und höhere Temperaturen geben, blos zu Kohlenoxydgas verbrennt, abkühlend auf das
Metallbad wirken muss, wie sich das auch durch Rechnung leicht
nachweisen lässt, und es erklärt sich, dass nur dann, wenn kein
anderer der hier behandelten Körper zugleich mit dem Kohlenstoff
verbrennt, eine etwas höhere Temperatur durch Vermehrung des
Kohlenstoffs erreicht werden kann, wie dies auch die Versuche mit
Einblasen von Kohlenstaub bei dem Bessemern bestätigten.

Gesetzt es sei ein Eisen zu bessemern, welches enthält:

Eisen . . . 94 %
Phosphor . . 0.5 „
Silicium . . 2.0 „
Kohlenstoff . 3.5 „

Zusammen 100.0 %

Es werden hiebei gebildet aus:

dem Silicium nach: 28 : 60 = 2 : x . . . . x = 4.28 SiO_2
„ Phosphor „ : 62 : 142 = 0.5 : y . . . . y = 1.145 P_2O_5
„ Kohlenstoff „ : 12 : 28 = 3.5 : z . . . . z = 8.166 CO

Sowohl die Kieselerde als auch die Phosphorsäure werden
von ebenfalls sich bildendem Eisenoxydul gebunden; es werden
aufgenommen zur Bildung von

Fe$_2$SiO$_4$ von der SiO$_2$ nach: 60:144=4.28 :α .... α = 10.27FeO

Fe$_3$(PO$_4$)$_2$ „ „ P$_2$O$_5$ „ 142:216=1.145:β .... β = 1.74 „

Zusammen 12.01FeO;

letzteres enthält 8.00+1.35 = 9.35 Eisen und 2.660 Sauerstoff,

die Kieselerde enthält 4.280—2.000 =. . 2.280 „

die Phosphorsäure „ 1.145—0.500 =. . 0.645 „

das Kohlenoxydgas „ 8.166—3.500 =. . 4.666 „

zusammen sind demnach nöthig . . . . . 10.251 Sauerstoff,

welche 10.251 . 3.3479 = 34.318 Stickstoff mit sich führen.

Man hat somit vor der Verbrennung für 100 Gewichtstheile Roheisen:

		g	a	ga
Verbrennende Körper	C	3.50	2473	8655 Cal.
	P	0.50	5953	2976 „
	Si	2.00	7830	15660 „
	Fe	9.35	1178	11014 „; hiezu

kömmt die latente Wärme von 94.0 Gewichtsth. Eisen von angenommen 1200° Temperatur

Fe 94.00 204 19176 „

Σag = 75481 Cal.

Nach der Verbrennung berechnet sich die Summe cp folgends:

		p	c	pc
	CO	8.166	0.2480	2.0251
als Schlacke zusammen 17.435 Gewichtstheile	P$_2$O$_5$ 1.145 SiO$_2$ 4.280 FeO 12.010		0.3330	5.8058
94.00—9.35 = flüssiges	Fe	84.650	0.1700	14.3905
endlich	N	34.318	0.2440	8.3735

Σcp = 30.5949

und es ergibt sich $P = \dfrac{\Sigma ag}{\Sigma cp} = \dfrac{57481}{30.5949} = 1878^0$ als Temperatur des gefrischten Metallbades, ohne Rücksicht auf sonstige Wärmeverluste.

Für ein Roheisen von sonst gleicher Zusammensetzung, wie das eben angeführte, jedoch blos mit 3.0 Procent Kohlenstoff, dafür 94.5 Procent Eisen berechnet sich $P = 1953^0$, also um 75^0 höher.

Wärme- und Temperaturentwickelung bei Verbrennung von Schwefel (Schwefeleisen). J. Hollway gründet ein Verfahren, arme spanische, Kupfer führende Pyrite unter gleichzeitiger Verschlackung des hiebei gebildeten Eisenoxyduls durch zugesetzten Quarzsand auf Stein zu verschmelzen, auf die durch Verbrennung des Schwefels und Eisens sich entwickelnde Wärme. Sein Apparat ist ein einer Bessemerbirne ähnlicher Ofen, und ist mit der Concentration des Kupfers im Stein auch die Gewinnung von Schwefel und Schwefelsäure beabsichtigt.

Die bei diesem Process frei werdende Wärme lässt sich folgends berechnen:

Ein Gewichtstheil Schwefel entwickelt bei seiner Verbrennung 2221, ein Gewichtstheil Eisen bei seiner Verbrennung zu Oxydul 1178 Calorien.

Von dem Schwefelkies (FeS_2) wird zunächst ein Schwefel als solcher verflüchtigt, und es bleibt Einfachschwefeleisen für die Verbrennung übrig.

Das FeS besteht aus 56 Gewichtstheilen Eisen

und 32 „ Schwefel
_____

88 Gewichtstheile zusammen.

Das Eisen entwickelt $56 \cdot 1178 = 65.968$ Cal.

Der Schwefel „ $32 \cdot 2221 = 71.072$ „
_____

Zusammen 137.040 Calorien.

Durch Verbrennung von Eisen mit Schwefel werden für ein Theil Eisen 634 Wärmeeinheiten frei, bei der Zerlegung dieser Verbindung also eben so viel latent, demnach für 56 Eisen

$56 \cdot 634 = 35504$ Calorien, und

es resultiren somit $137040 = 35504 = 101536$ Calorien als effective Verbrennungswärme von 88 Gewichtstheilen Schwefeleisen, und von einem Gewichtstheil derselben $\frac{101536}{88} = 1154$ Calorien.

Bei der Verbrennung entstehen an Verbrennungsproducten:

32 Schwefel zu Schwefeldioxyd mit 32 Sauerstoff $= 64$ Gewth.

56 Eisen „ Oxydul „ 16 „ $= 72$ „
_____

Zusammen 48 Sauerstoff,

welcher 160 Gewichtstheile Stickstoff mit sich führt.

Man findet somit Σcp nach

	p	c	pc
SO$_2$	64	0.1553	9.8112
FeO	72	0.1400	10.0800
N	160	0.2440	39.7520

$$\Sigma cp = 59.6432$$

und die Verbrennungstemperatur für FeS

$$P = \frac{101536}{59.6432} = 1702^o.$$

Für die Verbrennung von Schwefelzink findet sich in ähnlicher Weise

$$P = 1992^o,$$

für Verbrennung von Schwefelblei ist

$$P = 1863^o.$$

Einen gleiche Zwecke verfolgenden Apparat hat früher Tessié du Motthay angegeben und soll derselbe zu Coumiens in Frankreich mit Erfolg im Betriebe gestanden sein.

Zu Wolkins am Ural hat man versucht, das Kupfer durch den Bessemerprocess vollkommen zu entschwefeln und sofort Rohkupfer darzustellen, was aber nicht gelang, wesshalb diese Versuche aufgegeben wurden.

Feuerfeste Ofenbaumaterialien.

Für uns haben nur jene Baumaterialien ein besonderes Interesse, welche unmittelbar zur Herstellung derjenigen Ofenwände dienen, welche die erhitzten oder geschmolzenen Massen in sich aufnehmen, und an diese werden ausser den allgemeinen noch besondere Anforderungen gestellt; sie müssen nämlich

1) einen der jeweiligen Temperatur, bei welcher der Hüttenprocess ausgeführt wird, entsprechenden Grad von Feuerfestigkeit besitzen.

2) Sie dürfen bei der Temperatur, welcher sie ausgesetzt sind, weder reissen noch springen.

3) Sie dürfen durch die chemische Einwirkung der in ihnen behandelten Körper und durch Einwirkung der Flamme nur wenig verändert werden.

4) Sie müssen auch ohne zu leiden rasche Temperaturwechsel ertragen können.

Ueber diese Eigenschaften eines Baumaterials gibt die chemische Analyse zum Theil genügenden Aufschluss, besser aber ergibt sich dies durch Versuche, die man mit demselben in höherer Temperatur vornimmt; man nennt solche Materialien, welche den gestellten Anforderungen entsprechen, feuerbeständig oder feuerfest, und je mehr dieselben in dieser Hinsicht ausgezeichnet sind, um so feuerfester sind sie.

Im Allgemeinen sind jene Baumaterialien die feuerfestesten, welche nur aus einem Bestandtheil bestehen, z. B. Quarz, Kalk, Magnesit; je mehr Bestandtheile zusammen gemengt vorkommen, um so mehr wird ihre Feuerbeständigkeit beeinträchtigt, hauptsächlich bei Gegenwart von Kieselerde, am schädlichsten aber wirkt die Anwesenheit von Alkalien und Metalloxyden, weil dieselben mit Kieselerde, welche fast in keinem Baumateriale fehlt, sehr leichtflüssige Verbindungen geben, welche die Ofenwände stark angreifen. Wir unterscheiden im Wesentlichen:

1) Natürlich vorkommende feuerfeste Gesteine
2) Künstlich bereitete feuerfeste Steine.
3) Künstlich bereitete feuerfeste Massen.
4) Feuerfeste lose Massen zur Bildung der Schmelzheerde.
5) Feuerfeste Bindemittel.

Die natürlich vorkommenden feuerfesten Steine müssen vor ihrer Verwendung längere Zeit hindurch an einem trockenen Orte aufbewahrt werden, wodurch sie den grössten Theil ihrer natürlichen Feuchtigkeit verlieren, und sind sie geschichtete Gesteine, so müssen sie so in den Ofen eingesetzt werden, wie sie im Steinbruche gelagert waren, und zwar mit der Stirnseite gegen das Ofeninnere, damit sie nicht blättern, wesshalb die im Steinbruche roh behauenen Steine auf ihrer Lagerseite mit einer Marke bezeichnet werden.

Hieher sind zu zählen:

1) Quarz. Derselbe ist zwar an und für sich feuerfest, eignet sich aber doch nur selten zum Ofenbau, da er sehr schwierig zu bearbeiten ist und leicht springt; häufiger findet er Verwendung in Form loser Körner als Sand bei Herstellung der Heerde in Flammöfen. Steirische Quarze enthielten nach im Generalprobiramt zu Wien vorgenommenen Untersuchungen an fremden Bestandtheilen:

Quarz von	Neuberg	Parschlug	Köflach	Mürzzuschlag	Mürzzuschlag
Al_2O_3	0.55	—	—	Spur	1.56
Fe_2O_3	0.50	0.20	0.03	0.34	0.44
Mn_2O_3	Spur	Spur	Spur	—	—
CaO	3.36	0.50	0.61	0.10	0.10
MgO	0.14	Spur	Spur	0.20	Spur.

2) Kieselerdereiche Gesteine, vorzüglich Sandsteine, von welchen diejenigen die besten sind, welche ein wenig quarziges, aber thoniges Bindemittel besitzen. Dieselben finden ausgedehnte Anwendung, hauptsächlich bei der Zustellung der Eisenhohöfen, aber sie müssen feinkörnig und möglichst rein von Alkalien, Erden und Eisenoxyden sein. Es können Sandsteine der Steinkohlenformation, bunte Sandsteine, Sandsteine aus dem Silur u. s. w. Anwendung finden. Es enthielten solche Sandsteine

	von Straziowitz in Mähren	von St. Jakob bei Miröschau in Böhmen
SiO_2	95.90	92.46
Fe_2O_3⎱ Al_2O_3⎰	2.40	6.49
Feuchte	1.70	0.54

Der Puddingsandstein von Huy in Belgien ist ein sehr grobkörniges Kieselconglomerat, das aus hellgefärbten Quarzgeschieben besteht, die mit einer weissen Quarzmasse verkittet sind; die aus denselben gefertigten Gestellsteine für Eisenhohöfen schalen häufig und zerspringen leicht bei dem Erhitzen, wesshalb man sie vor dem Anblasen des Ofens mit feuerfestem Thon überziehen muss. Aber einmal erhitzt sind sie sehr dauerhaft und dehnen sich in der Hitze stark aus, worauf bei deren Gebrauch Rücksicht zu nehmen ist. Sie sind sehr hart und schwer zu bearbeiten.

3) Quarzschiefer, feinkörnig bis dicht, von verschiedener Reinheit.

4) Talgschiefer, Chloritschiefer, Serpentin, Speckstein, sämmtlich viel Magnesia haltende Gesteine, welche sich besonders für basische Beschickungen eignen.

Sie zeigen folgende Zusammensetzungen:

	Talgschiefer	Chloritschiefer	Serpentin	Speckstein
SiO_2	50—64	26—31	44	63
MgO	25—34	15—42	43	32
Fe_2O_3	0.5—9	10—27	—	—
Al_2O_4	—	5—22	—	—
H_2O	—	9—12	13	5

Der Talgschiefer und Chloritschiefer sind oft mit Quarz, Feldspath und Glimmer gemengt, und in dem Serpentin und Speckstein ist häufig ein Theil der Magnesia durch Eisenoxydul ersetzt.

5) Die Urgesteine, Granit, Gneis und Glimmerschiefer sind mechanische Gemenge von Quarz, Feldspath und Glimmer, und da sie ausser Kieselerde mehrere Basen, sowohl Erden als auch Metalloxyde und Alkalien enthalten, so sind dieselben auch weniger feuerfest und finden nicht allzuhäufig Anwendung.

Sie zeigen folgende Zusammensetzungen:

	Granit	Glimmerschiefer
SiO_2	63—76	49—81
Al_2O_3	} 14—30	1—19 Al_2O_3
Fe_2O_3		1—26 Fe_2O_3
CaO	0.5—9	Spur
MgO	} 0—15	0.6—9
Alkalien		

Gneis hat sich bei dem Bau der Flammöfen auf der Kupfer-
hütte zu Schmöllnitz in Ungarn gut bewährt; er erträgt sehr gut
raschen Temperaturwechsel, hält hohe Hitzegrade aus, und seine
Ausdehnung ist, wenn er langsam erhitzt wird, gering. Glimmerschiefer verwenden einige schwedische Hütten zu Schachtfuttern
bei Eisenhohöfen.

6) Kalkstein und Magnesit finden im Grossen nicht oder
nur bei einzelnen Processen (Bessemern nach Thomas-Gilchrist),
aber häufiger im Kleinen bei dem Probiren zur Herstellung sehr
feuerfester Tiegel Verwendung.

7) Thonschiefer und

8) Porphyr, welche beide verschiedene Grade der Schmelzbarkeit besitzen und desshalb auch seltener Verwendung finden;
die schwerschmelzigeren Thonschiefer zeigen die Zusammensetzung
eines Bi- oder Trisilicats der Thonerde.

9) Thone, und zwar als feuerfeste Thone, welche in verschiedenen älteren und jüngeren Formationen vorkommen, wovon jedoch
die aus der Kohlenformation gewöhnlich die besten sind; sie sind
hinsichtlich ihrer Feuerbeständigkeit sehr verschieden, und kennen
wir absolut feuerfeste, d. i. unschmelzbare oder gar nicht sinternde
Thone nicht.

Der Thon ist ein Hydrat der kieselsauren Thonerde, welches
mit Wasser angemacht bildsam, plastisch ist, aber ausgetrocknet
und zu Rothgluth erhitzt sein Wasser verliert und hierdurch seine
Plasticität für immer einbüsst. Ebenso, wie bei den übrigen feuerfesten Materialien kann hier eine Analyse sehr oft ganz genügende
Aufschlüsse über die Feuerfestigkeit der Thone geben, wenn man
nach Bischof aus den durch eine chemische Analyse gefundenen
Bestandtheilen den Feuerfestigkeitsquotienten sucht, und
diesen mit den von demselben für die Normalthone berechneten
Feuerfestigkeitsquotienten vergleicht, worüber später das Nähere.

Die Thone enthalten freie Kieselerde (Sand), unzersetzte Silicate, Alkalien, Eisenoxyde, Kalk- und Magnesiacarbonate, welche nicht nur die Feuerfestigkeit in einer Art beeinflussen, über welche die Kenntniss der Bestandtheile derselben nicht immer genügende Auskunft gibt, sondern durch den Gehalt an freier Kieselsäure in theils löslichem, theils unlöslichem Zustand wird auch der Grad der Magerkeit und Fettigkeit des Thons wesentlich bedingt.

In geologischer Hinsicht unterscheidet man zwei Hauptklassen von Thonen:

1) Thone primärer Lagerung, das sind diejenigen, welche sich noch am Orte ihrer Entstehung in den krystallinischen Urgebirgen finden, hauptsächlich auf feldspathreichen, glimmerarmen Graniten, Porphyren und jüngeren Feldspath führenden Formationen. Man nennt sie Kaoline.

2) Thone secundärer, sedimentärer Lagerung, das sind die weichen, plastischen, eigentlichen Thone, die durch Wasser von ihrem Ursprungsort fortgeschwemmt sich in den geschichteten Gesteinen absetzten und daher in der Uebergangsformation sich finden.

Nach L. v. Buch kennt man mehrere Becken in Deutschland mit den angrenzenden Ländern mit reichen Thonablagerungen.

1) Das norddeutsche Becken, durch das ganze nördliche Preussen und Polen verbreitet, dann in Sachsen und Oberschlesien.

2) Das niederschlesische Becken mit den Braunkohlenthonen bei Bunzlau, Grünberg und Nimptsch.

3) Das böhmische in drei gesonderte Theile zerfallende Becken bei Falkenau-Carlsbad, Saaz-Aussig und Budweis.

4) Das rheinisch-hessische Becken mit den Thonen bei Mainz, Salzhausen und am Vogelsberg.

5) Das niederrheinische Becken bei Bonn, Aachen, Düren und an der Sieg.

6) Das oberrheinische Becken zwischen den Vogesen und dem Schwarzwald.

Die besten aller Thonsorten sind die aus der Steinkohlenformation stammenden in England und Belgien.

In Oesterreich finden sich weiters feuerfeste Thone bei Wilshut im Salzburg'schen, Mautern (Göttweih) und Krummnussbaum in Niederösterreich, bei Leoben, Windischgratz, Thurnau, Voitsberg-Köflach, Tüchern und Pulsgau in Steiermark, bei Sagor,

Ratschach und im Mörautscher Thal in Krain, Prevali in Kärnten, Blansko, Johnsdorf, Müglitz und Brenditz in Mähren, bei Gömör und Russkberg in Ungarn. (Siehe Tabelle S. 254.)

Nach Bischof[1]) lässt sich aus der Zusammensetzung eines Thons in der Regel ein ganz bestimmter Schluss hinsichtlich seines Verhaltens im Feuer ziehen; zwischen der Schmelzbarkeit und Zusammensetzung besteht eine gesetzmässige Uebereinstimmung.

Die reine Thonerde ist schwerer schmelzbar, als die reine Kieselerde, und in den höchsten Temperaturen — nur für solche ist der Grad der Strengflüssigkeit anzugeben — nimmt die Schwerschmelzbarkeit eines Thons mit vermehrtem Thonerdegehalt zu, oder was dasselbe besagt, das in höherer Temperatur sich bildende Thonerdesilicat wird flüssiger, wenn die Kieselerde vorwaltender ist, jedoch nicht zu sehr überwiegt. Die natürlich vorkommenden Thone enthalten aber immer mehr Kieselerde, als Thonerde.

Der pyrometrische Werth eines feuerfesten Thons ist daher zunächst von der Menge der darin enthaltenen Thonerde, und von dem Verhältniss abhängig, in welchem diese gegenüber den gleichzeitig anwesenden Mengen an Kieselsäure und den sonst zur Silicatbildung geneigten basischen Verunreinigungen gegenwärtig ist; die letzteren nennt man mit Rücksicht ihrer schädlichen Einwirkung auf die Feuerfestigkeit eines Thons die Flussmittel desselben.

Bei Vergleichung der Analyse zweier Thone wird demnach derjenige als der feuerbeständigere anzusehen sein, welcher sowohl der Kieselerde als den Flussmitteln gegenüber mehr Thonerde enthält; ist aber bei zwei Thonen das Verhältniss der Thonerde zu den Flussmitteln ein gleiches, so ist der an Kieselerde ärmere der feuerfestere Thon.

Zur Beurtheilung des pyrometrischen Werths eines feuerfesten Thons aus der Analyse sind durch Rechnung die beiden Verhältnisse zu ermitteln, in welchen die Thonerde neben Kieselerde und neben den Flussmitteln vorkömmt; ersteres wird das Kieselerdeverhältniss, letzteres das Flussmittelverhältniss genannt.

Der durch Division der beiden berechneten Zahlen sich ergebende Quotient ist der Ausdruck für den pyrometrischen,

---

1) Dingler's Journal, Bd. 196, pag. 438, dann Bd. 200 pag. 110 u. 289.

Thonanalysen haben folgende Zusammensetzungen ergeben:

Thon von	SiO₂	Al₂O₃	CaO	MgO	Fe₂O₃	Alka-lien	H₂O	Sand	P₂O₅	SO₃	Untersucht von
Gömör (Ungarn)	42.95	39.50	6.70	2.65	—	—	6.60	—	—	—	Maderspach.
Zettlitz	40.53	38.54	0.06	0.88	0.90	0.66	18.00	5.16	—	—	Bischof.
Drahlin	52.00	36.93	0.42	—	—	—	10.18	—	—	—	C. Balling.
Klikau (Böhmen)	47.15	33.65	0.21	1.06	2.20	—	13.50	—	—	—	
Saarau (Prov. Schlesien)	38.94	36.30	0.19	0.19	0.46	0.42	17.78	4.90	0.06	—	Bischof.
Schilddorf (Baiern)	45.79	28.10	2.00	—	6.55	—	16.60	—	—	—	
Göttweih (N.-Oesterreich)	65.60	20.76	1.66	—	2.00	—	10.00	—	—	—	Salvetat.
Helsingborg (Schweden)	60.70	20.45	0.55	Spur 0.47	7.95	—	9.00	—	—	—	
Hayange (Bel-gien)	66.10	19.80	—	—	6.30	—	16.40	—	—	—	?
Stroud-Maueroni	39.69	34.78	0.68	0.41	1.80	1.41	12.00	9.95	—	—	Berthier.
Garnkirk (Eng-land)	89.63	35.98	0.42	0.85	1.00	1.60	14.99	4.68	—	—	
Dowlais (Eng-land)	44.26	34.76	0.34	1.18	3.41	1.58	8.56	—	—	—	Bischof, Riley.
Glankoff, Russland	46.85	37.00	—	0.15	—	—	16.50	—	—	—	
Leja, aus dem südl. Spanien	39.88	15.22	3.61	—	25.58	—	15.47	—	—	—	?
Cheltenham, N.-Amerika	56.13	32.50	1.60	1.02	—	—	10.57	—	—	0.10	

aus der Analyse ermittelten Werth und heisst der Feuerfestigkeitsquotient.

Je grösser also der Zähler des Bruches, d. h. je bedeutender
das Flussmittelverhältniss, um so feuerbeständiger ist der Thon.

Die durch die Analyse und einen pyrometrischen Versuch erhaltenen Resultate controliren einander wechselseitig, doch kommen
bei sehr kieselerdereichen, namentlich stark sandigen Thonen Ab-
weichungen vor, und nehmen manchmal auch chemische Gemengtheile, z. B. Glimmer auf die Richtigkeit des so berechneten
Feuerfestigkeitsquotienten Einfluss.

Des leichteren Verständnisses wegen sei hier beispielsweise
die ganze Methode der Berechnung des technischen Feuerfestigkeitsquotienten mitgetheilt.

Die Analyse des Kaolins von Zettlitz (No. 2 der Tabelle
auf pag. 257) ergab die folgende Zusammensetzung:

Al_2O_3 38.54

SiO_2 geb.   40.53 }

Sand   5.15 } 45.68

MgO   0.38

CaO   0.08

Fe_2O_3 0.90

K_2O 0.66

Glühverlust   13.00

Zusammen   99.24

Die Formel für den Thon wird gesucht aus den Sauerstoffmengen der Thonerde, der Kieselerde und der Flussmittel, wobei
letztere als Aluminat, ebenso die Thonerde als Singulosilicat angenommen, der Ueberschuss der Kieselerde aber aus dem sich ergebenden Sauerstoffquotienten, welcher als Coëfficient vor das
Kieselerdezeichen (S) gesetzt wird, ersichtlich sind.

Mit Hilfe der Atomgewichte und auf Grund der älteren
Schreibweise ergeben sich durch Rechnung die folgenden Sauerstoffmengen:

In der Thonerde   17.995

   „   „   Kieselerde   24.355

In der Bittererde   0.152⎫   0.530 für ein Sauerstoff; in
„   „   Kalkerde   0.023⎪   dem Aluminat enthält aber
„ dem Eisenoxydul[1])   0.243⎬   die Base auch 3 Sauerstoff,
„   „   Kali   0.112⎭   demnach $3 \times 0.530 = 1.590$.

Das Kieselerdeverhältniss ergibt sich aus: $\dfrac{24.355}{17.995} = 1.35$

das Flussmittelverhältniss aus: $\dfrac{17.995}{1.590} = 11.31$,

und somit der Feuerfestigkeitsquotient aus: $\dfrac{11.31}{1.35} = 8.38$

Bischof stellte später sieben Thone, deren Analysen in der nebenstehenden Tabelle mitgetheilt werden, als Normalthone auf, welche zur vergleichenden Werthbestimmung der zu untersuchenden Thone benützt werden können.

Vor seiner Verwendung wird der Thon besonders vorbereitet. Ein mehrere Jahre andauerndes Verwitternlassen trägt sehr zur Verbesserung des Thons bei; in England setzt man den Thon, welcher zur Anfertigung feuerfester Ziegel dient, in 5—7 Meter hohen Haufen einige Jahre hindurch der Einwirkung der Atmosphärilien aus, wobei darin vorkommender Eisenkies zersetzt, die Eisensalze ausgelaugt, auch der kohlensaure Kalk als Gyps fortgeführt wird, und wirken zugleich anwesende organische Stoffe auflockernd, die Zersetzung befördernd, sowie sie auch zur Bildung löslicher Verbindungen beitragen. Noch besser ist das Schlämmen des Thons, besonders nach vorhergegangener Verwitterung, wobei Alkalien und lösliche Kieselsäure entfernt werden.

Weil alle feuerfesten Thone im Feuer schwinden und reissen, erhöht man die Feuerfestigkeit derselben durch Beimengen von Chamotte; je feiner das Korn der Chamotte, um so mehr davon verträgt der Thon und um so gleichartiger wird die Mischung, aber dieselbe leidet mehr durch raschen Temperaturwechsel, und schwindet mehr, wogegen das Gemenge um so besser Temperaturveränderungen verträgt, je gröber das Korn der Chamotte ist.

Die Chamotte ist ein sogenanntes Versatzmittel des Thons; sie ist ein zu Pulver von verschiedener Korngrösse zerstampfter, gebrannter und dadurch unveränderlich gemachter feuerfester Thon.

---

1) Der Eisenoxydgehalt des Thons wird auf Oxydul umgerechnet; 0.90 Fe_2O_3 entsprechen 0.81 Eisenoxydul.

Bestandtheile des Thons.	Feuerfester Thon von						
	1. Saarau, Preuss. Schlesien, ausgesuchte reinste und strengflüssigste Varietät.	2. Zettlitz, Böhmen, geschlämmter Kaolin.	3. Stroud-Maiseroul bei Andenne, bester belgischer Thon zweiter Linie.	4. Mühlheim bei Coblenz, beste Durchschnittsqualität.	5. Grünstadt, in der Pfalz, ausgelesene Sorte.	6. Oberkaufungen bei Cassel.	7. Niederpleis an der Sieg.
	Repräsentant von						
	Steinkohlenthon.	Kaolin.	bestem belg. Thon.	gut feuerfestem Thon.	kaolinartigem Thon auf secundärer Lagerstätte.	mittelmässigem Braunkohlenthon.	gewöhnlichem Braunkohlenthon.
Thonerde	36.80	38.54	34.78	36.00	35.05	27.97	28.05
Kieselerde	38.94 } 43.84	40.58 } 45.68	39.69 } 49.64	41.00 } 47.74	39.32 } 47.33	33.59 } 57.99	30.71 } 58.32
Sand . . .	4.90	5.15	9.95	6.74	8.01	24.40	27.61
Bittererde	0.19	0.38	0.41	0.33	1.11	0.54	0.75
Kalkerde	0.19	0.08	0.68	0.40	0.16	0.97	0.72
Eisenoxyd	0.46	0.90	1.80	2.57	2.30	2.01	1.89
Alkali, vorwaltend Kali	0.42	0.66	0.41	1.05	3.18	0.58	1.89
Glühverlust	17.78	13.00	12.00	11.81	10.51	9.43	8.66
Formel	19.26(A+1.38S) +R	11.81(A+1.85S) +R	6.86(A+1.69S) +R	5.96(A+1.51S) +R	3.65(A+1.54S) +R	4.78(A+2.87S) +R	3.89(A+2.87S) +R
Feuerfestigkeitsquotient	13.95	9.49	4.21	3.95	2.37	1.86	1.64
Grad d. Feuerfestigkeit	100 (höchst feuerfest)	70—80 (vorzüglich feuerfest)	50 (sehr feuerfest)	45 (gut feuerfest)	30 (mässig feuerfest)	20 (ziemlich feuerfest)	10 (wenig, aber noch feuerfest)
Grad d. Bindevermögens	3 (wenig bindend)	3 (wenig bindend)	10—11 (höchst bindend)	9—10 (vorzüglich bindend)	8 (sehr bindend)	9 (fast vorzüglich bindend)	8—9 (fast vorzüglich bindend)

Sie soll nicht mehr schwinden, und wird desshalb zum grossen
Theil aus ausgeklaubten Stücken schon gebrauchter, nicht glasirter
oder nicht geschmolzener Ziegel hergestellt. Seltener wird der
Thon direct zu Chamotte gebrannt und dieses Brennen muss man
anhaltend und hinlänglich stark vornehmen, damit der Thon
in seiner ganzen Masse gleichmässig durchgebrannt werde; in
Belgien nimmt man für die besten Fabricate das Brennen des Thons
zweimal vor. Durch das Brennen soll der Thon sich möglichst verdichten und alle Schwindung verlieren, ohne dass er verglase und
seine Verbindungsfähigkeit einbüsse, und er soll dadurch unauf-
schliessbar, somit feuerfester und indifferenter gegen flüssige Silicate werden. Die Chamottekörner sollen, um eine grosse Oberfläche zu bieten, mehr flach und eckig sein, und grober Chamotte
ist so viel von feiner Chamotte zuzumengen, als hinreicht, die
Zwischenräume der groben auszufüllen; dieses Gemenge ist dem
feuerfesten Thon beizumischen.

Der Chamottezusatz ist einem Versatz des Thons mit Quarz
im Allgemeinen vorzuziehen, und prüft man, um den richtigen Versatz zu wählen, derart, dass man den zu verwendenden Thon
einmal mit Quarz und einmal mit feiner Chamotte versetzt, und
beide Proben der Gussstahlschmelzhitze aussetzt; man wählt dann
jenen Versatz, bei welchem der Thon weder schmilzt noch erweicht.
Gute feuerfeste Thone sind immer mit Chamotte zu versetzen, wogegen mittelmässige und gering feuerfeste Thone vortheilhafter mit
Sand versetzt werden. Bei einem unversetzten Thon beginnt die
Schwindung bei 650° C. und hört bei 980° C. auf.

Der als häufig angewendetes Versatzmittel bereits genannte
Quarz (Feuerstein, Hornstein) wird vorher gebrannt, dann in
Wasser abgeschreckt und gepocht, und theils in Form grober
Körner bis Bohnengrösse, theils als Sand dem Thone beigemengt;
er wirkt ebenfalls dem Schwinden des Thons entgegen, ein Ueber-
schuss davon aber beeinträchtigt die Dichtigkeit des versetzten
Thons und macht ihn locker und löchrig.

Graphit findet als Versatzmittel ebenfalls, jedoch nur bei
Anfertigung von Tiegeln Verwendung; er muss möglichst gereinigt
und frei von Erden und Metalloxyden sein.

Zu gleichem Zweck dient statt des Graphits auch Anthrazit
oder Kok; beide wirken hauptsächlich dem Springen der Gefässe
entgegen, sie werden jedoch in geringerer Menge angewendet, und

so lange sich die Kohlentheilchen in der Thonumhüllung unverbrannt erhalten, machen sie den Thon sehr feuerfest.

Beauxit und Wocheinit sind wegen ihres hohen Thonerdegehaltes sehr schwer schmelzbar und vorzügliche Versatzmittel, wenn sie nicht durch Eisenoxyd allzusehr verunreinigt sind; wegen ihres bedeutenden Wassergehaltes aber schwinden beide bei dem Brennen sehr stark. Diese Mineralien enthalten:

Beauxit untersucht von Schwarz[1].

	von Feistritz			Pitten
	weiss	gelb	rothbraun	hellbraun
Al_2O_3	64.6	54.1	44.4	53.0
Fe_2O_3	2.0	10.4	30.3	24.2
SiO_2	7.5	12.0	15.0	7.5
CaO	—	—	—	1.5
H_2O	24.7	21.9	9.7	13.1

Wocheinit untersucht von Drexler[2].

	dunkelroth	lichtroth
Al_2O_3	63.16	72.87
Fe_2O_3	23.55	13.49
SiO_2	4.15	4.25
Alkalien	0.79	0.78
H_2O	8.34	8.50

Endlich werden auch Magnesia haltende Zuschläge, wie Magnesit, Talgschiefer und Speckstein als Versatzmittel für Thon verwendet.

Die künstlich dargestellten feuerfesten Steine oder Materialien müssen dieselben Eigenschaften besitzen, wie die natürlichen; es gehören hierher:

1) Mehr weniger feuerfeste Barren- oder Backsteine, welche, wenn sie bei dem Brennen eine schwache Schmelzung erfahren haben, Klinker heissen.

2) Feuerfester Thon, stets mit Chamotte versetzt, Chamottesteine, in Ziegelform gebracht und dann gebrannt; für Herstellung bester Fabricate wird die Chamotte zweimal gebrannt.

1) Dingler's Journal, Bd. 198, pag. 156.
2) Ebenda, Bd. 203, pag. 479.

Auf der Zinkhütte zu Borbeck in Westphalen mengt man für Ziegel erster Qualität:

1 Theil ungebrannten belgischen Thon
mit 2 Theilen gebranntem belgischem Thon;

für zweite Qualität:

1 Theil ungebrannten rheinischen Thon
mit 2 Theilen gereinigter Bruchstücke gebrauchter Muffeln
und 2 „ gebranntem rheinischem Thon;

für dritte Qualität:

2 Theile ungebrannten rheinischen Thon
mit 3 „ ungereinigter Muffelscherben.

Zu Reschitza erzeugt man Ziegel für Koksöfen von vorzüglichster Qualität aus:

1 Theil Blanskoer Thon ungebrannt,
3 „ „ „ gebrannt
2 „ binischen Thon ungebrannt und
6 „ „ „ gebrannt.

Noch bessere Ziegel fertigt man dort aus folgendem Gemenge:

1 Theil Blanskoer Thon roh
1½ „ Göttweiher Thon roh
6 „ Blanskoer Thon gebrannt
1 „ Quarz.

Gegenwärtig wird auch der Beauxit zur Herstellung feuerfester Ziegeln, Muffeln, Converterfuttern, zum Ausstampfen beschädigter Ofentheile im Innern der Oefen etc. verwendet. Zur Anfertiguug feuerfester Ziegel wird besonders empfohlen ein Gemenge von gebranntem Beauxit mit 30—40 Procent feuerfesten Thons, ebenso für Hohofengestellsteine und als Zustellungsmaterial für Puddlöfen ein Gemenge von 40—60 Theilen gebrannten Beauxits mit 34—60 Theilen desselben in rohem Zustande; beide werden gepulvert und mit 4—6 Procent Chlorcalcium oder 2—6 Procent ungelöschten Kalks gemengt, mit etwas Wasser angemacht, daraus die Steine oder Ziegel geformt und gebrannt.

3) Die Dinassteine. Das Material, woraus diese Steine erzeugt werden, wird bei den Dinafelsen im Vale of Neath (Südwales) in Form einer verwitterten Felsart gewonnen; es be-

steht fast ganz aus Kieselerde. Zwei vorgenommene Untersuchungen ergaben die folgende Zusammensetzung:

SiO$_2$	98.31	96.73
Al$_2$O$_3$	0.72	1.39
Fe$_2$O$_3$	0.18	0.48
CaO	0.22	0.19
Alkali	0.14	0.20
H$_2$O	0.35	0.50.

Der gewonnene Sand wird zwischen Walzen geknirscht und unter Zusatz von 1 Procent Kalk mit etwas Wasser gemischt und mittelst Pressen geformt; die gepressten Ziegel halten so wenig zusammen, dass sie selbst nach dem Formen nicht frei auf den Trockenplatz getragen werden können, und erst bei dem Brennen erhalten sie durch den Kalk hinreichende Festigkeit.

Diese Ziegel haben, wie Quarz überhaupt, die Eigenthümlichkeit, im Feuer zu wachsen, statt zu schwinden, und geben deshalb sehr dichte Mauerverbände, aber sie widerstehen nicht besonders oxydreichen Schlacken und der Flugasche, von welchen der Quarz sehr bald angegriffen wird. Gute Dinasbricks zeigen folgende Zusammensetzung:

SiO$_2$	95.93	96.65	95.20
Al$_2$O$_3$	1.20 }	2.20	2.00
Fe$_2$O$_3$	0.48 }		
Mn$_2$O$_3$	Spur	—	—
CaO	2.15	0.50	2.30
MgO	0.24	0.14	0.17

Statt des Kalks wird auch manchmal Thon als Bindemittel verwendet. Die besten englischen Dinassteine sind weiss mit einem Stich ins Gelbe, wie mit einer dünnen Glashaut sehr gleichmässig überzogen, compackt und fest, sie lassen sich erst durch mehrmaliges kräftiges Schlagen mit dem Hammer in Stücke zertrümmern, zeigen keine Risse, der Bruch ist feinkörnig, von lichter Farbe mit röthlichen Flecken. Der Hauptgrundsatz bei Herstellung derselben ist, sie so quarzreich wie möglich zu machen.

Bei der Wahl der Quarzziegel zu den verschiedenen Verwendungen muss man hauptsächlich beachten, dass der Quarz zwar der feuerfeste Bestandtheil des Ziegels ist, sich in der Hitze aber ausdehnt, wesshalb solche Ziegel nicht zu starken Innenmauern

und nicht für zu grosse Gewölbe verwendet werden sollen, hauptsächlich, wenn die Mauerungen starken Temperaturwechseln ausgesetzt sind. Der den Quarz bindende Thon schwindet dagegen
in der Hitze, gibt also dem wachsenden Quarze nach, darum muss
stets eine geeignete Thonsorte als Bindemittel gewählt werden,
und der Thonzusatz muss um so grösser sein, wenn starke und
feste Ziegel erzeugt werden sollen. Sandstein zeigt dieselbe Eigenschaft, wie Quarz, aber wenn er statt einer gleichen Menge Quarz
zur Anfertigung der Ziegel verwendet wird, verleiht er diesen bei
dem Behauen und dem Transport grössere Festigkeit.

In Schweden sind folgende erprobte Mischungen gebräuchlich:

1) 8 Theile Quarz und ein Theil roher, weisser holländischer
   Ballenthon — zu Ziegeln für Schweiss- und Puddlöfen, die
   nicht zu gross sind; die Ziegel schwellen stark an, doch
   schadet dies nicht, wenn der Ofen gehörig verankert ist.

2) 4 Theile Quarz, 4 Theile Sandstein und ein Theil roher
   Ballenthon — für dieselben Oefen; diese Ziegel sind besser
   zu behauen.

3) 5 Theile Quarz, 3 Theile Ziegelmehl schon gebrauchter
   Ziegel und ein Theil roher Ballenthon — für die Innenmauern von Stahl- und Tiegelöfen, Hohofenschächte, Frisch-
   heerde etc. Die Ziegel sind leicht zu behauen.

4) 3 Theile Quarz, drei Theile Ziegelmehl und ein Theil
   roher Ballenthon — für grosse Gewölbe, für die oberen
   Theile der Hohofenschächte, Feuerstätten u. s. w. Diese
   Ziegel sind noch leichter zu behauen, verändern in der
   Hitze ihre Form wenig und sind in kaltem Zustande sehr fest.

5) 10 Theile Quarz und ein Theil Thon von Namur oder
   Andenne; — diese Ziegel sind billiger und fester als die
   vorher angegebenen und dienen zu gleichen Zwecken, wie
   jene. Auch diese Ziegel sind sehr feuerfest.

6) 6 Theile Quarz und ein Theil guter, schwedischer Thon;
   solche Ziegel sind sehr feuerbeständig, nur sind sie lockerer und schwieriger zu behauen. In Schweissöfen stehen
   sie oft 3—5 Wochen.

Zu Kapfenberg in Steiermark erzeugt man nach Khern
Quarzziegel in folgender Weise: Reiner Quarz, 100--150 metr. Ctr.
wird in Rumford'schen Oefen 12 Stunden hindurch gebrannt, wobei man in der Mitte des Ofens des besseren Zuges wegen aus

grösseren Quarzstücken einen Quandelschacht anlegt; der gebrannte Quarz wird in Wasser abgeschreckt, durch Handscheidung sorgfältig sortirt, worauf er unter Pochwerken zerstampft und dann gesiebt wird. Der zur Bindung der Quarzkörner verwendete Thon soll möglichst fett sein, damit ein Minimum davon genüge, den Quarz zu binden; sehr gut erweisen sich hierzu die feuerfesten Thone von Göttweih in Niederösterreich und Blansko in Mähren, von welchen beiden letzterer der magerere ist. Der vorher getrocknete und gestampfte Thon wird wegen Erzeugung eines gleichmässigen und feinen Products noch über eine Mühle aufgegeben und durch ein feines Sieb durchgesiebt. Als Surrogat für den Quarz und für Erzeugung von Ziegeln zweiter Sorte dienen von anhaftenden Schlacken befreite, bereits in Verwendung gestandene und wieder gestampfte Ziegel; als Mischungen verwendet man:

Für die erste Sorte:	Für die zweite Sorte:
1 Theil Göttweiher Thon	1 Theil Thonmehl
16 „ reinsten Quarz	16 „ Ziegelmehl
oder	oder
1 „ Blanskoer Thon	1 „ Thonmehl
14 „ reinsten Quarz.	8 „ Ziegelmehl

Auf einmal wird nicht mehr, wie 0.66 Kubikmeter in Mischung genommen, weil grössere Mengen sich nicht gut mischen lassen, mit kleineren Mengen die Arbeit aber unökonomisch ist.

Das Material wird zuerst in einem Trog, in dem sich eine Flügelwelle bewegt, trocken gemengt, dann auf einen reinen Boden ausgestürzt und das nöthige Wasser in eine in den Haufen gemachte Vertiefung zugeschüttet; ist alles Wasser aufgesogen, so wird die ganze Masse flach auseinander getreten, gewendet, auf einen Haufen geworfen, und wenn zu trocken, noch etwas bespritzt, bis sich die Masse eben mit der Hand ballen lässt. Bei dem Mischen in der Trommel sind zwei Mann beschäftigt, die in einer Stunde leicht den Tagesbedarf von ein oder zwei Tretern herstellen; ein Mann kann in 12 Stunden das Material für 4—5 Haufen zuführen und treten.

Für Erzeugung von Ziegeln dritter Sorte wird die Masse blos in Blechformen eingestampft, für Erzeugung von Ziegeln erster und zweiter Sorte aber in gusseisernen Formen stark und anhaltend gepresst. Das Einstampfen geschieht lagenweise mittelst eines eisernen, 2—3 Kilo schweren Stössels nach Aufkratzen einer jeden festgestampften Lage, das Ueberschüssige wird sodann mit einem scharfen Messer abgeschnitten, der Ziegel auf ein Brettchen ausgestürzt, überputzt und auf die Trockenstellage gestellt. Die Form für die Pressziegeln ist an den Innenseiten gehobelt und polirt, an den Aussenseiten aber und unten mit zwei schmiedeeisernen Ringen armirt, so wie auch oben mit kleinen Ausschnitten versehen, um die Feuchtigkeit austreten zu lassen; das Einstampfen geschieht in gleicher Weise, dann wird der Ziegel mit einer dicken Platte von Gussstahl bedeckt und unter die Presse gebracht. Mit drei Pressen und vier Formen erzeugt ein Mann in 12 Stunden 45—50 Ziegel, doch können hierzu wegen der schweren Arbeit bei dem Pressen (Schraubenpressen) und der Behandlung der schweren Formen nur starke Leute verwendet werden. Gewölb-, Keil- und Façonziegel werden in gleicher Weise hergestellt.

Nach 24—30 Stunden stellt man die Ziegel auf den Stellagen auf die schmale Seite und nach 4—6tägiger Trocknung bringt man sie in den Brennofen, im Winter jedoch müssen sie in geheizten Stuben getrocknet werden, während im Sommer die Trocknung durch die Luft genügt.

Die Ziegel werden in den Brennofen gitterartig eingesetzt, wobei man sehr vorsichtig verfahren muss, damit sich die Hitze im Ofen möglichst gleichförmig vertheilt; ein Mann füllt den Ofen binnen 12 Stunden. Nach erfolgter Füllung wird die Eintragsthür bis auf ein etwa 30 cm hohes Loch zugemauert, in Augenhöhe ein Spähloch offen gelassen, und bei geschlossenem Temper ein leichtes Feuer angemacht; nach 36—48 Stunden wird die Eintragsthür ganz geschlossen und der Temper langsam, je nur 2—3 cm gehoben, so dass er in 18—24 Stunden seine höchste Lage erreicht und in 60—70 Stunden das Ziegelgitter Weissgluth angenommen hat. Nach Wahrnehmung dieses ist der Brand beendet, das Feuer wird abgeräumt, die Essenklappe geschlossen, der Rost mit Sand beschüttet und das Spähloch, so wie jede Fuge, verschmiert, worauf man den Ofen 24 Stunden sich selbst überlässt; dann wird die Eintragsthür zuerst wenig, hierauf nach und nach ganz aufgebrochen und nach 36—48 Stunden zum Austragen geschritten, was wegen der Hitze und sonstigen Beschwerlichkeiten 12 Stunden Zeit in Anspruch nimmt.

Die Oefen fassen 2300—2500 Stück Ziegel von 9 : 18 : 36 cm Dimensionen, zum Brennen werden 10 metr. Ctr. Feingries und 5 metr. Ctr. Mittelgries von Braunkohlen gebraucht, und wird der gröbere Brennstoff nur in den letzten Tagen zur Erzielung der höchsten Temperatur verwendet; auf 1000 Stück Ziegel entfällt demnach ein Brennstoffaufwand von 6 metr. Ctr., oder für je 100 Kilo Ziegel 80—90 Kilo Kohlenklein. Während des Brandes sind 4 Mann abwechselnd in zwölfstündigen Schichten zum Einsetzen und Austragen, Heizen und Ascheabführen beschäftigt. Wegen besserer Ausnützung der Wärme empfiehlt sich die Anwendung gekuppelter Oefen, indem man, wenn der eine Ofen ausgebrannt ist, in den inzwischen besetzten zweiten Ofen die heissen Gase aus dem ersten Ofen treten lässt, wozu in einem Verbindungscanal ein Schuber angebracht und die Essenklappe des ausgebrannten Ofens geschlossen ist; später öffnet man dann die Eintragsthür des ersten Ofens und den Temper des zweiten Ofens, wodurch der Zug hinübergeleitet wird, die ganze Wärme des ausgebrannten Ofens sich dem Nachbarofen mittheilt, und früher mit einer energischen Feuerung begonnen werden kann.

Nach den im Grossen gemachten Erfahrungen soll der Thonerdegehalt der Quarzziegel mindestens 6 Procent betragen, weil die Steine sonst zu leicht springen; der Gehalt an Kieselerde beträgt fast durchgängig 80 Procent.

Für die Gestelle der Eisenhohöfen wird auch künstlich dargestellte feuerfeste Masse als Ersatz solchen natürlichen Materials nach Bedarf zubereitet, indem man dieselbe nach Schablonen aufstampft oder daraus grosse Steine formt, welche gepresst, getrocknet und ungebrannt eingesetzt werden. Je grösser diese Steine oder die ganze Menge der Masse, um so grobkörnigeren Quarzversatz wählt man; sie müssen sehr langsam, 12—15 Monate hindurch getrocknet werden. Im Allgemeinen nimmt man für saure Beschickungen mehr Quarz, für basische mehr Thonerde (Chamotte) in die Mischung mit dem Thon.

4) Koksssteine, ein Gemenge von gesiebtem Koksklein mit wenig Lehmwasser, werden auf den Oberharzer Hütten zum Ausmauern der Bleiöfen und für Ziegelofenwände angewendet und empfohlen. Solche Steine bilden mit der Beschickung keine Schlacke, leiten die Wärme sehr schlecht und kommen billig zu stehen;. sie halten sich lange im Feuer, indem der Lehmüberzug die Kohle vor Verbrennung schützt und andererseits die Kohle den Lehm an dem Zusammenschmelzen hindert.

Feuerfeste lose Massen. Da nur in seltenen Fällen das
Schmelzen unmittelbar auf den feuerfesten Steinen selbst vorgenommen wird (Eisenhohofenprocess), so erhalten dieselben meistens
eine Decke, auf welcher erst die Schmelzung stattfindet; diese darf
ebenfalls nicht flüssig und nicht rissig werden, und keine chemische Wirkung auf die Schmelzmassen ausüben. Solche Decken
werden aus feuerfesten losen Massen hergestellt, von welchen die
folgenden zur Anwendung kommen:

1) Gestübbe, d. i. ein mit Kohlen- oder Kokspulver innig
vermengter Thon, von welchem Gemenge man dreierlei Arten verwendet, nämlich:

1 Theil Thon und 2 Theile Kohle — leichtes Gestübbe.
1 „   „   „ 1   „   „   — ordinäres „
2 „   „   „ 1   „   „   — schweres   „

Das Gestübbe schützt das innere Ofengemäuer gegen das
Wegfressen und hält die Hitze gut zusammen, es wirkt in Folge
seines Kohlegehaltes reducirend und lässt ein Ausräumen gebildeter Ansätze leicht zu. Je kohlenreicher dasselbe ist, um so
besser widersteht es der Einwirkung der Schwefelmetalle, aber
um so früher wird es abgenützt.

Koks geben dem Gestübbe grössere Haltbarkeit, sie sind
nämlich schwerer verbrennlich, und Zusätze von Sand oder Mergel
machen dasselbe feuerbeständiger; man bereitet das Gestübbe in
der Weise, dass man den Thon und die Kohlen oder Koks zu-
sammenpocht, dann siebt und mit nur so viel Wasser benetzt, dass
das Gemenge sich ballen lässt, ohne auf der Hand Feuchtigkeit
zu hinterlassen; es wird mit eisernen, erwärmten Stösseln auf die
Sohle und die untersten Ofenwandtheile festgestaucht (Blei- und
Kupferhüttenprocess in Schachtöfen).

2) Thon und Lehm ohne Beimengung von Kohle wird zur
Herstellung der Heerde dann angewendet, wenn man einer redu-
cirenden Wirkung der Sohle nicht bedarf (Spleissen des Kupfers);
die Heerde werden ebenfalls mit eisernen Stösseln oder mit ovalen
Kieselsteinen festgestossen, und müssen dann, um ein Reissen und
Springen zu verhüten, sehr sorgfältig abgewärmt werden.

3) Quarzsand kömmt ebenfalls in Verwendung (Schweiss-
und Kupferspleissöfen); da derselbe aber zu einer zusammenhängenden Masse nicht zusammenschmilzt, wird demselben ein wenig,

etwa 1 Procent fein gepulverte Schlacke beigemengt, worauf sich
eine solche Heerdsohle festbrennt.

4) Gare Schlacken und Schwal zur Herstellung der Frisch-
böden und der Heerde in den Puddlöfen.

5) Mergel, welcher seit Beginn des gegenwärtigen Jahrhunderts statt der früher hierzu gebrauchten Holzasche zur Herstellung
der Heerde in den Treiböfen verwendet wird. Kömmt ein solcher
natürlich nicht von der gewünschten Güte vor, so wird er entweder durch Mengen von Thon und Kalk erzeugt, oder es wird
einem an Kalkerde zu armen Mergel Kalk, einem an Thonerde zu
armen Mergel aber ein entsprechendes Mass von Thon beigemengt.
Derselbe gelangt ebenfalls in ganz schwach feuchtem Zustande, wie
das Gestübbe zur Verwendung, und wird die Heerdsohle mit
eisernen, rechenartigen, heissen Stösseln gestampft. Der Mergel
darf nicht zu viel Thon enthalten, weil der Heerd sonst leicht
rissig wird, aber auch nicht zu viel Kalk, weil er sonst keinen
genügenden Zusammenhang besitzt und während des darauf vorgenommenen Schmelzens zu viel Kohlensäure entwickelt wird, wobei
durch das Blasenwerfen leicht Verzettelungen entstehen. Er wird
ebenfalls gepocht und gesiebt, ehe er verwendet wird.

Gute Mergelsorten enthalten:

$$21—24\% \ SiO_2$$
$$5— 7 \ „ \ Al_2O_3$$
$$3— 5 \ „ \ Fe_2O_3$$
$$65—66 \ „ \ CaO$$
$$1— 2 \ „ \ MgO.$$

6) Seifensiederasche, ausgelaugte Holzasche und
Knochenasche wurden in früherer Zeit zur Herstellung der Treib-
heerde verwendet und werden dieselben auch noch zum Aus-
schlagen der kleinen Teste in den englischen Treiböfen gebraucht,
sie sind jedoch sehr theuer; Knochen werden vorher ausgebrannt,
zerstampft und geschlämmt, und enthalten dieselben vorwaltend
phosphorsauren und kohlensauren Kalk.

7) Ganister, ein in Sheffield unter den Steinkohlen-
schichten vorkommendes Quarzgestein, welches 1—2 Procent Thonerde und Eisenoxyd enthält, und in England zur Ausfütterung der
Bessemerbirnen dient. Eine solche Masse wird andererorts durch
Mengen von zerstossenem Sandstein mit etwas feuerfestem Thon
bereitet.

Feuerfeste Bindemittel, Cemente. Hat man zur Herstellung des Ofeninnern grosse und gut behauene Steine verwendet,
so bedarf es häufig keines Bindemittels bei dem Zusammensetzen
derselben, da man die Stücke, wenn sie nicht allzugross sind, an
den Auflagseiten und den Stossseiten zusammenschleifen kann, wo
dies aber nicht der Fall ist, werden je nach der in dem Ofen
herrschenden Temperatur Bindemittel von entsprechender Feuerfestigkeit angewendet. Für niedrigere Temperaturen genügen guter
Lehm oder solche feuerfeste Thone, welche eine plötzliche Erhitzung
ohne zu springen vertragen; man nennt sie Schmierthone.

Für höhere Temperaturen muss man feuerfesten Mörtel
anwenden: diesen stellt man wo möglich aus denselben Bestandtheilen her, aus denen die Mauersteine zusammengesetzt sind. Man
taucht dann die Steine in denselben ein, lässt das Ueberflüssige
abfliessen und setzt sie fest an Ort und Stelle.

Der feuerfeste Cement soll im Feuer ebenso unveränderlich sein
und eben so wenig schwinden, wie die feuerfesten Baumaterialien
selbst; er muss desshalb reichlich Chamotte- oder Quarzzusatz in
Form von kleinem Korn erhalten, damit er kürzer, d. i. magerer
werde, wie die Bausteine, und ist bei Quarzbeimengung feiner
Staubsand zu vermeiden.

Für bestimmte metallurgische Zwecke werden in den Oefen
noch Tiegel oder Hafen eingesetzt (Darstellung von Smalte, Gussstahl, Gewinnung von Schwefelantimon, von Zink nach der englischen Methode) oder man benützt Röhren oder Muffeln (Gewinnung des Zinks nach der belgischen und schlesischen Methode),
oder Krüge und Retorten (Gewinnung des Schwefels und Arsens)
endlich auch an beiden Enden offene, birnförmige Gefässe, Aludeln,
(bei der Gewinnung des Quecksilbers in Bustamenteöfen). Eine
nähere Beschreibung ihrer Anfertigung gehört in das Gebiet der
speziellen Hüttenkunde.

Anhang.

(Aus der Ofenbetriebslehre.)

Die pyrometallurgischen Processe werden grösstentheils in Oefen vorgenommen, welche von verschiedener, den jeweiligen Zwecken entsprechender Gestalt und Einrichtung sind.

Ein jeder Ofen muss, bevor er in Betrieb gesetzt wird, vorher wohl ausgewärmt werden, um alle Feuchtigkeit aus dem Mauerwerk zu vertreiben, dann wird der Ofen gefüllt und endlich in Gang gesetzt; man bezeichnet diese Arbeiten mit den Ausdrücken **Anwärmen** oder **Abwärmen**, **Füllen** und **Anlassen**, und wenn ein Gebläse hierbei mitwirkt, mit dem Ausdrucke **Anblasen** des Ofens.

Die Oefen stehen entweder ununterbrochen oder blos periodisch im Betriebe; die Zeit eines ununterbrochenen Ofenbetriebes wechselt je nach der Menge des zu verarbeitenden Materials, der Grösse des Ofens und dem darin vorzunehmenden Hüttenprocesse von einer Woche bis zu mehreren Jahren; wenn das vorhandene Material aufgearbeitet oder der Ofen nach längerem Betrieb schon zu stark ausgebrannt ist, und die Arbeit darin nicht mehr ökonomisch und vortheilhaft sich herausstellt, so wird der Ofenbetrieb eingestellt, welche Operation man das **Ausblasen** oder **Kaltlegen** des Ofens nennt. Die Zeit, während welcher ein Ofen in ununterbrochenem Betriebe stand, nennt man eine **Hüttenreise** oder auch **Campagne** (Schmelzcampagne).

Bei dem ununterbrochenen Betrieb eines Ofens werden die verhütteten Materialien in gewissen Zeiträumen aus dem Ofen entfernt oder fliessen von selbst ab, und frische Materialien müssen nachgetragen werden; man nennt dieses periodische Nachgeben einer bestimmten Menge von Brenn- und Verhüttungsmaterial in Schachtöfen das **Aufgichten** oder **Gichtensetzen**, bei der Arbeit in Flammöfen nennt man das Einbringen der darin zu behandelnden Materialien das Einsetzen oder Chargiren, das Nachgeben von Brennstoff das Beschüren des Rostes, und die Menge der auf einmal nachgetragenen Materialien heisst man bei der Schachtofenarbeit eine Gicht (einen Satz), bei der Flammofenarbeit eine Charge oder einen Einsatz. Man unterscheidet bei Schachtöfen eine Brennstoffgicht (Kohlensatz) und eine Erzgicht (Erzsatz). Die Brennstoffgichten sind immer constant und werden nie geändert, während die Erzgichten nur bei normalem Betrieb constant bleiben, bei jeder Betriebsänderung oder Betriebsstörung aber entsprechend erhöht werden können, oder verringert werden müssen.

Man unterscheidet bei dem Betriebe in Schachtöfen in Bezug auf die Erzgicht:

a) Stille Gichten; das sind diejenigen, welche noch vor dem Anlassen des Gebläses in den Ofen gefüllt werden und darin niedergehen.

b) Leere Gichten, das sind Brennstoffgichten allein (ohne Erz), welche behufs Erhöhung der Temperatur in dem Ofen zeitweilig gesetzt werden, oder den Zweck haben, gebildete Ansätze im Ofeninnern wegzuschmelzen.

c) Volle Gichten, das sind solche, welche auf den bestimmten Kohlensatz den normalen Erzsatz tragen; sie werden bei regelmässigem Betrieb gesetzt und heissen auch normale Gichten.

d) Leichte Gichten sind jene, welche kleiner als der normale Erzsatz sind; sie werden bei Eintreten von Betriebsstörungen und Temperaturerniedrigungen im Ofen angewendet, um den normalen Ofenbetrieb allmählich wieder herzustellen.

e) Schwere Gichten sind dagegen diejenigen, welche grösser als der normale Erzsatz sind, und nur zeitweise und blos so lange, als der Ofen sehr heiss geht, zur Ausnützung seiner Wärme angewendet werden können.

f) Gezogene Gichten nennt man jene, bei welchen abwechselnd je eine Kohlengicht und eine Erzgicht übereinander aufgegeben werden, und daher gleichsam schichtenweise im Ofen übereinanderliegen; bei dem Niedersinken der Gichten verliert sich aber diese Schichtung vollständig.

g) **Versetzende Gichten** nennt man jene Art des Füllens eines Schachtofens, wo das Erz blos auf einer Seite des Ofens, der Brandmauer oder Rückwand, die Kohlen aber an der Vorderwand aufgegeben werden, so dass gleichsam zwei getrennte Säulen von Erz und Brennstoff niedergehen. Diese Art des Gichtensetzens kömmt immer mehr ausser Gebrauch; sie ist nur bei niedrigen Oefen und Verschmelzung einer leichtflüssigen und leicht reducirbaren Erzbeschickung anwendbar.

Rücksichtlich der an der Aufgebeöffnung (Gichtmündung) herrschenden Temperatur unterscheidet man noch:

h) **Dunkle Gichten**, wenn die dem Ofen entströmenden Gase so abgekühlt sind, dass sie sich bei dem Austritt und Vermengen mit der atmosphärischen Luft nicht mehr entzünden,

i) **Helle Gichten**, wenn die an der Aufgebeöffnung austretenden Ofengase mit Flamme brennen.

Die Schnelligkeit, mit welcher die Gichten in den Schachtöfen niedergehen, das ist die Zeit, welche von dem Aufgeben oder Setzen einer Gicht (je einer Kohlen- und Erzgicht zusammen) bis zum Setzen der nächsten Gicht vergeht, nennt man den **Gichtenwechsel**.

Das jeweilig angewendete Verhältniss von Kohlengicht zur Erzgicht nennt man die **Satzführung**, und die dieser entsprechende Menge, Pressung und Temperatur der eingeblasenen Luft, die **Windführung**.

Diejenige Menge metallhältigen Materials, die während einer bestimmten Zeit in den Ofen eingebracht wird, bezeichnet man mit dem Ausdruck **Aufbringen**, und die Menge des hieraus erzeugten Metalls oder Products wird das **Ausbringen** genannt; das Letztere wird am häufigsten in Procenten angegeben, und zwar entweder blos in Bezug auf die verarbeitete Menge eines Erzes oder einer Erzgattirung oder der hältigen Beschickung, — oder aber auch in Bezug auf die gesammte Erzbeschickung (Möllerung).

Unter **Nase** versteht man einen aus Schlacke bestehenden, röhrenförmigen Ansatz an der Form, wodurch dieselbe gleichsam verlängert wird, und deren Bildung durch separates Aufgeben von Schlacke (Nasenschlacke) gleich zu Anfang des Betriebes absichtlich begünstigt wird; die Nase hat den Zweck, entweder die Form vor zu baldiger Zerstörung zu schützen, oder, weil durch sie die

Form als verlängert erscheint, die Schmelzzone im Ofen weiter in das Innere desselben zu verlegen. Ein Schmelzen mit Nase findet nur bei Krummöfen oder Halbhohöfen statt.

Die Entfernung der geschmolzenen Massen aus einem Hohofen (auch Flammofen) geschieht, wenn dieselben nicht von selbst abfliessen, abgezogen oder ausgeschöpft werden, durch einen eigens zu diesem Zweck bei der Herstellung des Schmelzheerdes ausgesparten Canal in der Zustellungsmasse der Schmelzsohle, dessen eine Oeffnung gewöhnlich im tiefsten Punct des Ofenheerdes, die andere aber an der Aussenseite des Ofengemäuers ausmündet; die innere Oeffnung ist während des Betriebes eines Ofens fast beständig durch einen eingedrückten Stopfen von feuerfestem Material (Thon, Gestübbe) geschlossen, und wird mit Hülfe einer spitzen Eisenstange nur dann geöffnet, wenn man die geschmolzenen Massen aus dem Ofeninnern auf einmal entleeren will. Man nennt diese Operation das Abstechen oder den Abstich, und die Oeffnung, durch welche der Abfluss erfolgt, den Stich oder die Stichöffnung. Sobald aus dem Ofen der in flüssigem Zustand befindliche Inhalt abgelaufen ist, wird der Stich wieder durch Einstossen eines Stopfens geschlossen.

Anhang.

Tabelle
der Atomgewichte und der spezifischen Gewichte der Elemente.

Name des Elementes.	Bezeichnung und Werthigkeit.	Atom- gewicht.	Spezifisches Gewicht.
Aluminium	Al^{IV}	27,4	2,67
Antimon	Sb^{V}	122	6,72
Arsen	As^{V}	75	5,63
Barium.	Ba^{II}	137	4,0
Beryllium.	Be^{II}	9,3	2,1
Blei	Pb^{II}	207	11,38
Bor	B^{III}	11	2,68
Brom	Br	80	2,97
Cadmium	Cd^{II}	112	8,67
Cäsium.	Cs	133	—
Calcium	Ca^{II}	40	3,1
Cerium.	Ce^{II}	92	—
Chlor	Cl	85,5	2,45
Chrom	Cr^{IV}	52	6,81
Didym	Di^{II}	95	—
Eisen	Fe^{IV}	56	7,7
Erbium	E^{II}	112,6	—
Fluor	Fl	19	—
Gold	Au^{III}	197	19,5
Indium.	In^{II}	75,6	—
Jod	J	127	4,98
Iridium	Ir^{IV}	197,4	21,15
Kalium.	K	39	0,865
Kobalt	Co^{IV}	58,8	8,5
Kohlenstoff	C^{IV}	12	3,5
Kupfer	Cu^{II}	63,4	8,88
Lanthan	La^{II}	92	—
Lithium	Li	7	0,59
Magnesium	Mg^{II}	24	1,74
Mangan	Mn^{IV}	55	8,0
Molybdän	Mo^{VI}	96	8,6
Natrium	Na	23	0,972
Nickel	Ni^{IV}	58,8	8,8
Niobium	Nb^{V}	94	6,67
Osmium	Os^{IV}	199,4	21,8
Palladium.	Pd^{IV}	106,6	11,8
Phosphor	P^{V}	31	1,84
Platin	Pt^{IV}	197,4	21,15
Quecksilber	Hg^{II}	200	13,59
Rhodium	Rh^{IV}	104,4	12,1
Rubidium	Rb	85,4	1,5
Ruthenium	Ru^{IV}	104,4	11,4
Sauerstoff	O^{II}	16	1,068

Name des Elementes.	Bezeichnung und Werthigkeit.	Atomgewicht.	Spezifisches Gewicht.
Schwefel	S^{II}	32	2,045
Selen	Se^{II}	79,4	4,28
Silber	Ag	108	10,5
Silicium	Si^{IV}	28	2,49
Stickstoff	N^{V}	14	0,972
Strontium	Sr^{II}	87,5	2,54
Tantal	Ta^{V}	182	10,78
Tellur	Te^{II}	128	6,18
Thallium	Tl	204	11,86
Thorium	Th^{IV}	231	7,7
Titan	Ti^{IV}	50	5,3
Uran	Ur^{IV}	120	18,4
Vanadin	V^{V}	51,3	5,5
Wasserstoff	H	1	0,069
Wismuth	Bi^{III}	208	9,799
Wolfram	W^{VI}	184	18,26
Yttrium	Y^{II}	61,7	61,7
Zink	Zn^{II}	65	6,86
Zinn	Sn^{IV}	118	7,29
Zirkonium	Zr^{IV}	89,6	4,2

Tabelle

zur Vergleichung einiger Pfundgewichte unter einander und mit dem Kilogramm.

Frankreich.	Sachsen, Baden, Hessen-Darmstadt, Schweiz.	England.	Preussen, (Hannover, Kur-Hessen), Braunschweig, Weimar, Würtemberg.	Baiern.	Oesterreich.	Dänemark, Norwegen.	Schweden.	Russland.
Kilogramm	Zollpfund	Pfund (avoir du poids)	Pfund	Pfund	Pfund	Pfund	Schalpfund	Pfund (1 Pud = 40 Pfund)
1	2,0000000	2,2045970	2,1880720	1,7857140	1,7856750	2,0027680	2,3510680	2,8862026
0,5000000	1	1,1022990	1,0690360	0,8928571	0,8928877	1,0018840	1,1755920	1,3431018
0,4585976	0,9071952	1	0,9698240	0,8099957	0,8099781	0,9084507	1,0664370	1,1636710
0,4677110	0,9854220	1,0811140	1	0,8351982	0,8351800	0,9867166	1,0996180	1,2568445
0,5600000	1,1290000	1,2846740	1,1973210	1	0,9999782	1,1215500	1,3165950	1,4042794
0,5600122	1,1200240	1,2846010	1,1973470	1,0000220	1	1,1215740	1,3166240	1,5043012
0,4998090	0,9986180	1,1007750	1,0675590	0,8916232	0,8916088	1	1,1789070	1,3412451
0,4253895	0,8506790	0,9877028	0,9094066	0,7596848	0,7596188	0,8518663	1	1,1516817
0,4095000	0,8190000	0,9037824	0,8755404	0,7312498	0,7312500	0,8201834	0,9627592	1

Schmelztemperaturen der Metalle.

Kalium	58° C.
Natrium	95,6° C.
Lithium	180° C.
Zinn	230 „
Wismuth	249 „
Thallium	290 „
Blei	334 „
Zink	412 „
Antimon	450 „
Cadmium	315 „
Silber	1023 „
Gold	1037 „
Kupfer	1090 „
Kobalt	1400 „
Gusseisen	1200 „ bis 1500° C.
Mangan Nickel Molybdän Uran Palladium	1600 „
Tellur	1775 „
Stahl	1700 „ bis 1900° C.
Wolfram	1700 „
Chrom	1700 „
Stabeisen	1900 „ bis 2100° C.
Platin	2534 „
Iridium	2700 „
Quecksilber . . .	—39 „

Bezeichnung der Temperaturen.

525° C.	Beginnendes Glühen.
700 „	Dunkle Rothgluth.
800 „	Beginnende Kirschrothgluth.
900 „	Starke „
1000 „	Völlige „

1100° C. . . . . . Dunkle Gelbgluth.
1200 „ . . . . . . Helle   „
1300 „ . . . . . . Weissgluth.
1400 „ . . . . . . Starke Weissgluth.
1500 „ bis 1600° C. Blendende „
In Blaugluth (Deville) schmelzen feuerfeste Tiegel wie Glas.

Volumen und Dichte der atmosphärischen Luft bei verschiedenen Temperaturen.

Temperatur.	Volumen.	Dichte.	Temperatur.	Volumen.	Dichte.
— 30	0.88750	1.12676	+ 1	1.00375	0.99625
29	0.89125	1.12201	2	1.00750	0.99251
28	0.89500	1.11731	3	1.01125	0.98878
27	0.89875	1.11265	4	1.01500	0.98507
26	0.90250	1.10803	5	1.01875	0.98137
25	0.90625	1.10343	6	1.02250	0.97768
24	0.91000	1.09890	7	1.02625	0.97412
23	0.91375	1.09439	8	1.03000	0.97046
22	0.91750	1.08991	9	1.03375	0.96682
21	0.92125	1.08548	10	1.03750	0.96319
20	0.92500	1.08108	11	1.04125	0.96038
19	0.92875	1.07671	12	1.04500	0.95693
18	0.93250	1.07238	13	1.04875	0.95351
17	0.93625	1.06809	14	1.05250	0.95011
16	0.94000	1.06382	15	1.05625	0.94674
15	0.94375	1.05960	16	1.06000	0.94339
14	0.94750	1.05540	17	1.06375	0.94007
13	0.95125	1.05124	18	1.06750	0.93676
12	0.95500	1.04712	19	1.07125	0.93348
11	0.95875	1.04302	20	1.07500	0.93023
10	0.96250	1.03875	21	1.07875	0.92699
9	0.96625	1.03492	22	1.08250	0.92378
8	0.97000	1.03092	23	1.08625	0.92059
7	0.97375	1.02695	24	1.09000	0.91743
6	0.97750	1.02301	25	1.09375	0.91428
5	0.98125	1.01900	26	1.09750	0.91116
4	0.98500	1.01522	27	1.10125	0.90804
3	0.98875	1.01137	28	1.10500	0.90497
2	0.99250	1.00756	29	1.10875	0.90191
1	0.99625	1.00375	30	1.11250	0.89887
0	1.00000	1.00000	31	1.11625	0.89594

Temperatur.	Volumen.	Dichte.	Temperatur.	Volumen.	Dichte.
+ 32	1.12000	0.89285	+ 67	1.25125	0.79920
33	1.12375	0.88987	68	1.25500	0.79681
34	1.12750	0.88691	69	1.25875	0.79364
35	1.13125	0.88398	70	1.26250	0.79207
36	1.13500	0.88105	71	1.26625	0.78972
37	1.13875	0.87815	72	1.27000	0.78898
38	1.14250	0.87527	73	1.27375	0.78500
39	1.14625	0.87241	74	1.27750	0.78277
40	1.15000	0.86956	75	1.28125	0.78048
41	1.15375	0.86673	76	1.28500	0.77821
42	1.15750	0 86393	77	1.28875	0.77594
43	1.16125	0.86114	78	1.29250	0.77369
44	1.16500	0.85836	79	1.29652	0.77145
45	1.16875	0.85561	80	1.30000	0 76923
46	1.17250	0.85287	81	1.30375	0.76701
47	1.17625	0.85015	82	1.30750	0.76481
48	1.18000	0.84745	83	1.31125	0.76263
49	1.18375	0.84477	84	1.31500	0.76045
50	1.18750	0.84210	85	1.31875	0.75829
51	1.19125	0.83945	86	1.32250	0.75614
52	1.19500	0.83682	87	1.32625	0.75362
53	1.19875	0.83420	88	1.33000	0.75187
54	1.20250	0.83160	89	1.33375	0.74976
55	1.20625	0.82901	90	1.33750	0.74766
56	1.21000	0.82644	91	1.34125	0.74557
57	1.21375	0.82389	92	1.34500	0.74349
58	1.21750	0.82135	93	1.34875	0.74142
59	1.22125	0.81883	94	1.35250	0.73937
60	1.22500	0.81632	95	1.35625	0.73732
61	1.22875	0.81383	96	1.36000	0.73522
62	1.23250	0.81135	97	1.36875	0.73327
63	1.23625	0.80889	98	1.36750	0.73126
64	1.24000	0.80646	99	1.37125	0.72962
65	1.24375	0.80402	100	1.37500	0.72727
66	1.24750	0.80160			

Prinsep's Pyrometerscala

für höhere Temperaturen nach Erhard und Schertel auf
Grund der neueren Untersuchungen von Violle.

		Reines Silber schmilzt bei					954°	C.
80	Theile	„	„	und	20	Theile Gold	975	„
60	„	„	•	•	40	„ •	995	„
40	„	„	„	„	60	„ „	1020	„
20	„	„	„	„	80	„ „	1045	„
		Reines Gold schmilzt bei					1075	„
95	„	„	„	und	5	Theile Platin	1100	„
90	„	„	„	„	10	„ „	1130	„
85	„	„	„	„	15	„ „	1160	„
80	„	„	„	„	20	„ „	1190	„
75	„	„	„	„	25	„ „	1220	„
70	„	„	„	„	30	„ „	1255	„
65	„	„	„	„	35	„ „	1285	„
60	„	„	„	„	40	„ „	1320	„
55	„	„	„	„	45	„ „	1350	„
50	„	„	„	„	50	„ „	1385	„
45	„	„	„	„	55	„ „	1420	„
40	„	„	„	„	60	„ „	1460	„
35	„	„	„	„	65	„ „	1495	„
30	„	„	„	„	70	„ „	1535	„
25	„	„	„	„	75	„ „	1570	„
20	„	„	„	„	80	„ „	1610	„
15	„	„	„	„	85	„ „	1650	„
10	„	„	„	„	90	„ „	1690	„
5	„	„	„	„	95	„ „	1730	„
		Reines Platin schmilzt bei					1775	„

Blei- und Kupferschlacken schmelzen bei 1220—1273°, Eisenhohofenschlacken bei 1392° C.

Pyrometerscala

für niedrigere Temperaturen.

8 Theile Wismuth, 3 Theile Zinn, 5 Theile Blei schmelzen bei 100° C.

8	„	„	8	„	„	8	„	„	„	„	123 „
8	„	„	14	„	„	16	„	„	„	„	143 „
8	„	„	36	„	„	32	„	„	„	„	160 „
8	„	„	24	„	„	30	„	„	„	„	172 „
1	„	„	8	„	„	—	„	„	„	„	199 „
—	„	„	4	„	„	7	„	„	„	„	216 „

Reines Zinn schmilzt bei . . . . 230 „

Reines Wismuth schmilzt bei . . . . 249 „

4 Theile Zinn, 30 Theile Blei schmelzen bei . . . . . 277 „

2 „ „ 50 „ „ „ „ . . . . . 292 „

Reines Blei schmilzt bei . . . . 334 „

Alphabetisches Register.

Berichtigungen.

Seite 27 Zeile 1 von unten lies: „Gemenge von Kieselerde etc." statt: Gemenge Kieselerde.

„ 58 „ 18 „ oben „ „neben freiem Oxyd noch" statt: neben freiem noch.

„ 65 „ 6 „ oben hat das Wörtchen mit fortzubleiben.

„ 76 „ 5 „ unten lies: „die übertragenden Agentien" statt: das übertragende Agens.

„ 125 „ 10 „ oben „ „den" statt: der.

„ 150 „ 7 „ unten „ „zur" statt: in.

„ 160 „ 16 „ oben „ „erhaltenen" statt: enthaltenen.

„ 161 „ 16 „ „ .„ „140" statt: 80 und: „80" statt: 45.7.

„ 161 „ 17 „ „ „ „24" statt: 14.

„ 192 „ 1 „ unten „ „desselben" statt: derselbe.

„ 200 „ 2 „ oben „ „Braunkohlen" statt: Steinkohlen.

„ 201 „ 12 „ unten „ „Verwendung" statt: Anwendung.

„ 209 ist zwischen Zeile 14 und 15 einzuschalten: Die neuesten Untersuchungen der Gase des Wrbnaofens in Eisenerz ergaben dem Volumen nach.

„ 213 Zeile 7 von unten lies: „nasen" statt: nahen.

„ 214 „ 19 „ oben „ „kaltem" statt: heissem.

„ 268 „ 10 „ unten „ „die" statt: den.

www.ingramcontent.com/pod-product-compliance
Lightning Source LLC
Chambersburg PA
CBHW020830210326
41598CB00019B/1853